鈴木 舞

Mai SUZUKI

科学鑑定のエスノグラフィ

ニュージーランドにおける法科学ラボラトリーの実践

An Ethnography of Forensic Science

Practices in the Forensic Laboratories of New Zealand

東京大学出版会

両親へ

An Ethnography of Forensic Science:
Practices in the Forensic Laboratories of New Zealand
Mai Suzuki
University of Tokyo Press, 2017
ISBN 978-4-13-060318-8

はしがき

一九世紀後半にその源流をたどることのできる文化人類学は、従来、いわゆる伝統社会に着目し、現地での長期間のフィールドワークやそれに基づいた数多くのエスノグラフィを生み出してきた。しかし、脱植民地化、経済や産業だけではなく社会、文化のグローバル化の中で文化人類学が対象としてきた伝統社会が変容を遂げると、文化人類学者の研究関心は、それまで伝統社会と対比的に考えられてきた現代社会そのものへと向くようになった。そして近年、学校や会社、病院などの現代的組織に関して民族誌的研究が精力的に行われている。

本書は、こうした文化人類学の研究潮流の変動の中で、現代社会の核ともいえる科学の現場を考察したエスノグラフィである。科学を対象とした研究は、科学哲学や科学史などの領域で盛んになされ、科学のあるべき姿や科学的制度、理論の変遷が分析されてきた。しかし、科学とは実際のところどのようなものなのかという根源的な疑問、具体的に科学の現場でリアルタイムに何が行われ、それが我々の生活とどのように関連しているのかという問いへの答えは出されてこなかった。この問いに答えるために、一九七〇年代から科学やそれに基づく技術を社会科学的観点から検討する試みが、世界的に行われている。そして、科学や技術の生成過程や、それらと社会との相互作用が数多く分析されてきた。こうした科学や技術に関する社会科学的研究伝統の中に、ラボラトリー研究という領域が存在する。

ラボラトリー研究とは、特に実験や観察、観測といった科学の活動が行われる現場であるラボラトリー（実験室、以下、ラボとする）に焦点化した、文化人類学的研究である。自らが現地に赴き、そこでの実践を数多く分析してきた文化人類学者たちは、その関心を現代社会に拡大させると、科学の現場にも目を向けるようになる。そして、ラボでフィールドワークが遂行され、世界各地のラボの現状が民族誌的に数多くまとめられ、科学的知識や理論の形成過程が綿密に明らかにされてきた。

文化人類学の始祖の一人であるラドクリフ＝ブラウンは、自然科学の手法を社会に応用したものが文化人類学である、と述べている［Radcliffe-Brown 1957］。ラボラトリー研究やそれが一部として含まれる科学や技術への社会科学的研究とは、文化人類学がその親としてきた科学を、ひとつの社会や文化、すなわち社会科学の研究対象とみなして分析したものであり、本書もこの流れに乗っている。

この本の中で扱うのはしかし、旧来検討されてきた科学やラボとは異なり、犯罪に関する資料の科学鑑定を担う法科学と法科学ラボラトリー（以下、法科学ラボとする）である。科学の果たす役割が社会で重大になる中で、客観的な犯罪捜査や裁判に貢献するものとして科学鑑定が重視されている。科学鑑定の背景となっている科学が法科学、科学鑑定が行われる現場が法科学ラボであるが、こうした法科学、法科学ラボは、これまで社会科学的枠組みから分析されてきた科学やラボとは異なる性質を持っている。

一般的に科学の目的は新たな科学的知識や理論を産出することであり、科学的実践の多くが同業者である科学者に向けて行われ、ラボでの実践の結果が社会と直接的に結びついていることはそれほど多くない。これに対して、法科学ラボで行われる科学鑑定の結果は、それが即座に犯罪捜査や裁判という法の場で利用されており、それゆえに法科学ラボの多様な実践は法の影響を強く受ける。法科学とはその名のとおり、法と科学との中間に位置するものである。本書では、ニュージーランドの法科学ラボを事例としてとりあげ、法と科学の間で試行錯誤しながら法科学ラボで何が行われているのか、そしてそれが従来分析されてきたラボなどの現代的組織での実践といかに異なっているのかを明らかにし、法科学の特性を分析する。

本書は八章から構成されている。第1章では分析対象である科学鑑定やそれを担う法科学、法科学ラボについてその歴史的な側面も含めて概略する。そして、法科学に関するこれまでの社会科学的研究を振り返り、その問題点と本書の目的、依拠する理論的背景を述べる。本書で展開される議論は、ニュージーランドの法科学ラボでの長期間のフィールドワークに基づいているが、第2章ではこの調査対象地を紹介する。

第3章以降では調査で得られたデータを利用しながら、法科学ラボの具体的な活動を分析する。科学においては、その活動や知識、理論の標準化が重視されており、本書では法科学ラボの分析にあたり、特にラボにおける様々な実践の標準化に注目する。第3章では、法科学ラボで使用されるマニュアルに着目し、それが法科学ラボで実施される科学鑑定の標準化にどのように貢献しているのかを、一般的な科学のラボでの実践や、その他の活動に関するマニュアルとの比較で考察する。続く第4章と第5章では、法科学の異種混合性に着目する。法科学には、鑑定対象に応じて異なる実践を行う様々な鑑定分野が含まれている。こうした複数の鑑定分野をひとつにまとめる動き、鑑定分野間でその鑑定実践を標準化する動きとそこで生じた問題を考察することで、法科学ラボの特性を明らかにする。それまでの章では、ニュージーランドという一国の法科学ラボというミクロ的文脈に焦点をおくのに対し、第6章では視点を拡張し国際的な科学鑑定の標準化について考察する。そして、法科学ラボでの実践をどのように国際的にまとめていくのかを、その際に生じる問題も含めて国際性と地域性という観点から分析し、法科学ラボの国際的ありようを検討する。

第3章から第6章をとおして、法科学ラボにおける科学鑑定の標準化を多層的に考察するが、第7章ではそもそもなぜ法科学ラボの実践の標準化が行われるのか、そしてその時に問題が生じる理由を、法科学の境界設定という観点から検討する。科学者たちはしばしば科学と非科学とを区別すること、科学の境界設定を行っており、その際、その活動や知識、理論が標準化されていることが重視される。法科学とは、一般的な科学とは異なり、特定の犯罪現場を復元し事件の解決に貢献することを目的としている。普遍的な知識や理論の産出を目指す科学とは異なるという点ゆえに、特殊な形で法科学の境界設定が行われ、それに基づいて様々な課題を含みながら法科学ラボの実践の標準化が遂行されていることを論じる。

第8章ではそれまでの論点をまとめ、法科学や法科学ラボの特徴を明らかにする。

文化人類学は、人々の実践を検討する中で、社会や文化といったものが多様な活動や認識の相互交流の中でいかに顕在化してくるのかを考察してきた。科学鑑定が行われる法科学ラボはまさに、人々の法科学に関する多様な認識がぶつかり合い、その相互作用を通して法科学が生み出される現場である。本書は文化人類学の伝統を引き継ぎながら、科学鑑定という特殊な実践が行われる場に注目し、法科学の複雑なありようをまとめたものである。

科学鑑定のエスノグラフィ　目次

第1章 科学鑑定を観る視座

――ラボラトリーに分け入る

本書の目的は、犯罪に関する資料[1]を科学的に分析する科学鑑定がどのように行われ、また科学鑑定に関するいかなる問題が生じているのか、そして科学鑑定の実践の場において法科学がどのように生成されるのかを、ニュージーランドの法科学ラボラトリー（以下、法科学ラボとする）を事例として検討することである。科学に対する社会科学的研究が盛んに行われる中で、科学の実践現場であるラボラトリー（実験室、以下、ラボとする）に注目し、そこでの科学的知識の産出プロセスを詳細に検討した民族誌的研究が行われている。こうした研究はラボラトリー研究と呼ばれているが、本書はこのラボラトリー研究の潮流に乗りながら、科学鑑定を行う法科学ラボという、これまで研究されてきたラボとはその性格をまったく異にする対象に焦点を合わせることで、従来のラボラトリー研究を拡張するものである。

科学鑑定を担っているのが法科学[2]という学問領域であり、こうした法科学の実践の場となっているのが法科学ラボである。法科学ラボでは、DNA型鑑定[3]など多様な科学鑑定が行われているが、そこでの科学鑑定の結果が犯罪捜査や裁判で利用されるという特性から、法科学ラボはラボ外部、とりわけ法の影響を強く受ける。本書では法科学ラボというまさに法と科学とが出会う場を、ミクロからマクロまで多層的観点から分析することで、科学鑑定に関する法と科学との複雑な相互作用を明らかにし、ラボラトリー研究、ひいては科学に対する社会科学的研究の新たな方向性を探る。

1　法科学とは

まず、本書の対象となる科学鑑定やそれを担っている法科学とはそもそも何なのかについて論じていく。

犯罪現場の復元

法科学とは、forensic science の訳語である。(4) forensic とは古代ローマ帝国の都市広場を意味するフォーラム（forum）というラテン語から来ている。フォーラムとは元来多くの人々が集まり商取引や話し合いを行う場を意味しており、現代では公開討論会の意味が一般的となっているが、裁判所の意味も持っている。そこから派生した forensic とは、「法の、法廷弁論のための」という意味を持つ形容詞であり、forensic science とは「自然科学の理論と技術を犯罪の捜査に適用し、さらに裁判の裁定に貢献する学問」と定義される［Bell 2008b: 2; 現代化学編集グループ 2013: 32; 瀬田・井上 1998: 33］。より分かりやすく定義すると法科学は、「犯罪解決のために犯罪捜査や裁判で利用される科学」といえる。

法科学という日本語での呼び名のとおり、「法」のための「科学」であり、法科学は犯罪に関係した資料の採取やその資料の鑑定に関する知識の体系からなっている［cf. Bell 2008b］。

法科学とは犯罪解決[5]のための科学であるが、法科学者[6]が具体的に行っている科学鑑定とは、様々な資料を利用して、犯罪現場[7]で誰によって何が行われたのかを復元することである[8]［Houck 2007: ix］。法科学は、犯罪現場に残された血痕や繊維、ガラス、足跡や弾丸など多様な資料を鑑定することにより、犯罪現場で行われたことを明らかにするという、過去に起こった特定事象の復元を目的としている。法科学者たちは、事件が起こると警察官らとともに現場に赴き、犯罪に関係する資料を採取する。そして、ラボでの資料の鑑定をとおして犯罪現場で起こったことを復元していく。さらに法科学に関する知識を持った専門家証人として、必要に応じて鑑定の内容について裁判で証言をしたりする。なお犯罪現場の復元を目指す、という法科学の特性に関しては、第7章でより詳細に議論する。

法科学の多様性

法のための科学であり犯罪現場の復元を目指す法科学は、そこに非常に多くの下位領域[9]が含まれるという特徴を持つ。事件の復元のためには、犯罪現場に残された様々な資料の鑑定が行われ、それらの結果をもとにして現場で何が起こったのかが明らかにされていく。こうした多種多様な資料に応じて法科学には多くの鑑定分野が存在する。

法科学にどのような領域が含まれ、法科学ラボにおいてそれぞれの鑑定分野でいかなる科学鑑定が行われているのかは本書の中でしだいに分析されていくが、法科学に含まれる鑑定分野としてはたとえば、人の生物学的特徴を利用して、犯罪現場で採取された資料が誰のものかを検討する指紋鑑定やDNA型鑑定、現場で見つかった物的資料の化学的・物理的・形態的特性を分析することで、それがどこからきたものか、現場で何が起こったのかを検討するガラス鑑定、塗料鑑定、銃器鑑定、足跡鑑定、血痕鑑定、型照合鑑定などが含まれる[10]。本書では、こうした法科学の多様性に着目して考察を行う。

2　法科学の歴史

続いて、法科学やそれに基づいた科学鑑定、法科学ラボの歴史について概説する。

神判・拷問の利用

犯罪に関する書物をひも解けば、それがいかに普遍的なものか、すなわち犯罪とはどの時代にもどの社会にも存在するものであることが分かる［Altick 1970（1988）; Carrabine *et al.* 2004; Cyriax 2005; Oudin 2010（2012）; 瀬川 1998］。起きてしまった犯罪に対応すること、犯罪捜査により被疑者を逮捕し裁判によってその処遇を決めることは、社会の秩序維持のために重視されてきた。

こうした犯罪捜査や裁判において、かつては神に判定を求める神判や、拷問を利用した自白などが使用されていた。神判とは、たとえば熱湯の中の石を取らせ、火傷すれば有罪、しなければ無罪と判定する方法であり、神が犯罪を審理し神のお告げで有罪、無罪が決まるものである。神判は古代に行われていたが、一一世紀から一二世紀にかけてキリスト教社会で理性や合理主義が重視されるようになった。その結果、文書や証人、自白などを中心に据えた合理的手続きにそって裁判を行うべきであると教会が定め、神判が廃止される[11]［川端 1997; 山内 2000］。

そして、自白を得るための手段として拷問が利用されるようになる[12]。犯罪捜査や裁判における拷問の利用は、異端審問や魔女狩りと結びついて欧米社会で拡大していくが、近代になって啓蒙主義思想が展開される中で、イタリアの刑事法思想家ベッカリーアなどが拷問の廃止を訴えた［Beccaria 1984（2011）; 川端 1997: 8-12; 森島 1975］。その結果、神判や拷問にかかわるものとしてしだいに科学を利用して犯罪が解決されるようになる。

科学の利用

犯罪捜査や裁判のための科学である法科学がいつ頃誕生したのかを、正確に示すことは難しい。犯罪と呼ぶことができるものに、科学と呼ぶことができるものを誰が最初に導入したのかは分からないからである［Bell 2008b: 2］。しかし、犯罪解決のために科学的知見や考え方を利用する試みは古くから行われてきた。

たとえば二五〇〇年以上前に書かれた聖書外典の中で、足跡の形態からその人が誰かを特定する足跡鑑定について記述がある。それによれば、天と地の神であるベル神への供物を人が盗んで食べていることを明らかにするために、床に灰がまかれ、そこについた足跡から人の悪事が暴露されたという(13)［Nelson 1986: 6］。

また直接手を下す必要のない毒殺は古代から頻繁に行われていたため、殺された者の体から毒を検出し、それが何かを特定する毒物鑑定は古くからなされていた［Bell 2008b: 6; 法科学鑑定研究所 2009: 11］。ただし、毒物の特定はその化学的組成を分析することでなされるが、一九世紀初頭まで毒物を化学的に同定することはほとんどなされず、現場から見つかった資料を動物や鳥に与え、それが死ぬかどうかで毒物かどうかを判断する程度であった［Emsley 2008［2010］: xvii; 瀬田 2001: 210］。

さらに指先の模様である指紋の形態的特性を利用して、犯罪に関係した個人を特定することも昔から行われていた。八世紀の中国や一四世紀のペルシア、一七世紀のイングランドなどでは、公文書に指紋が押印されていたが、これは指紋によって個人を同定することの歴史が古いことの現れである［Kaye 1995（1996）: 233; Swanson *et al.* 2011: 10–11］。

このように一七世紀に近代科学が成立する以前にも、犯罪に関係する資料を科学的に分析する試みがなされていた。しかし本格的に生物学や化学などの様々な科学的知識を利用して資料の鑑定が行われるようになるのは、近代科学が成熟期を迎えた一九世紀以降である［瀬田 2001; Wagner 2006（2009）］。

犯罪現場には血痕や精液、毛髪などの生物資料、ガラスや繊維、塗料、弾丸などの物的資料が残されるが、一九世紀以降こうした資料の生物学的組成や化学的組成などを分析し、資料が誰のものなのか、どこから来たのかが明らかにされていく。さらに近代科学では実験や観察が重視されているが［井山・金森 2002: 25］、実験や観察装置は科学鑑定の中でも利用されるようになる。二〇世紀には顕微鏡を使った資料の特定方法が生み出され、実際の事件に関する資料の鑑定にも利用された［Bell 2008b: 141–144; Wagner 2006（2009）: 185］。

加えて二〇世紀後半に、分子レベルで生物を解明するゲノム科学が科学領域においてひとつの潮流となると、法科学の中にも犯罪現場に残された血痕などの生物資料が誰のものであるか、つまり資料の個人識別を分子レベル、DNAに注目して行うDNA型鑑定が誕生し、多くの事件解決に貢献するようになる。

近代科学が成立し発展する中で、それが犯罪捜査や裁判に利用され、その中で資料の採取方法や鑑定方法に関する法科学という領域が育まれていく。そして、法科学に基づいて資料に対する科学鑑定が行われる。前述したように法科学の原初形態は古代にまでさかのぼることが可能だが、それが科学的装いを持ち始め、犯罪捜査や裁判で重視されるようになってきたのは、近代科学が確立し拷問などが廃止された一九世紀以降といえよう。

こうした法科学に基づいた科学鑑定は、それぞれの事件ごとにその鑑定ができそうな専門家、たとえば薬剤師や医者、顕微鏡専門家や銃を取り扱う軍人や鍛冶、靴職人に鑑定を依頼する形で行われてきた。専門家をまとめ、そこで一手に様々な鑑定を行う法科学研究所が初めて設立されたのは一九一〇年とされている。医学と法学を学び、フランスのシャーロック・ホームズとして名をはせたロカールが、この年にリヨン市に初の法科学研究所を設立した。この研究所にはいくつかの法科学ラボが存在し、多種多様な鑑定が個々のラボで行われた［Bell 2008a: 88; Erzinclioglu 2004: 8–10; Marriner 1991: 215–216］。

続いて本書でどのような理論的観点から法科学、とりわけ法科学の実践(14)の場である法科学ラボを分析するのかを述べる。

3　法科学に関する科学技術社会論（ＳＴＳ）研究

ＤＮＡ型鑑定にみるＳＴＳ研究

本書では科学技術社会論（Science and Technology Studies/Science, Technology and Society、科学技術人類学、科学社会学なども称される。以下ＳＴＳとする）の観点から分析を行う。一九七〇年代から、現代社会での影響力が非常に大きいにもかかわらず、その実態があまり分かっていなかった科学やそれに基づく技術を、社会科学的観点から明らかにすることを目的とし、ＳＴＳという学問領域が成立した。ＳＴＳの研究者たちは、科学の活動が行われる現場であるラボや技術が生み出される場に注目し、そこでの参与観察調査やインタビュー調査、文献調査をとおして、科学的知識や理論、技術がどのように誕生するのかを詳細に明らかにしてきた。また、科学や技術と社会がどのように相互作用しているのかを、生き生きと描きだしてきた [cf. Bimber and Guston 1995; Cambrosio and Keating 1995; Coopmans *et al.* 2012; 福島 2011b; Fukushima 2013; Hackett et al. 2008; 井山・金森 2002; Keating and Cambrosio 2003; Kleinman 2003; 松本 1998; Petty and Heimer 2011; Rabeharisoa and Callon 2004; Sismondo 2008]。

そしてＳＴＳ研究者の関心は法に関係した科学である法科学にも及び、一九九〇年代から法科学をＳＴＳ的な観点から考察する研究が行われている。法科学とは法のための科学であり、犯罪現場での資料採取や法科学ラボでの科学鑑定、警察官による捜査、裁判などで利用されている。こうした法科学に関しては主に、裁判という場に注目し、また法科学の諸分野の中でもＤＮＡ型鑑定に着目した分析が行われてきた。

裁判において、専門的な知識を持った専門家証人として科学者の知見が利用されることは、医療や環境問題などに関して広く行われている。STSの研究者たちは、法科学に限らず科学一般が裁判の中で人々からどのように理解され、利用されているのかについて検討してきた［Abraham 1994, 1995; Demeritt 2006］。たとえばマクゴイは製薬会社の関節炎治療薬をめぐる訴訟を例とし、薬が本質的に持っている科学的不確実性（scientific uncertainty）［McGoey 2009: 152］を製薬会社が利用し、自身の主張の正しさを証明していく様子を分析している［McGoey 2009］。

こうした裁判と科学という研究枠組みの中で、裁判において法科学、その中でも特にDNA型鑑定がどのように取り扱われているのかについて、多数の研究がなされてきた。

（1）DNA型鑑定への不信

一九九四年にアメリカンフットボールのスター選手であったシンプソンが、元妻とその友人とを殺害した罪で逮捕、起訴された。そしてその裁判の中で、彼が殺人を犯したことを証明するものとして、検察側から提出されたDNA型鑑定結果の信頼性をめぐって、検察側と弁護側とで激しい論戦がくりひろげられた［Lynch and Jasanoff 1998: 675］。

この裁判を分析したリンチは、裁判で行われていることと科学的知識の社会学（SSK: Sociology of Scientific Knowledge）との類似性を主張した［Pinch and Bijker 2012: 12］。シンプソンの裁判では、検察側から提出されたDNA型鑑定結果に対して弁護側が反対したが、弁護側がその反対の論拠としたのが、DNA型鑑定が社会的に構成されているという点であった。弁護側は、DNA型鑑定で利用されている手法の信頼性に関して科学者の間に論争が存在していること、資料の扱いや得られたデータの解釈について人種差別的な偏見が介在している可能性を指摘した［Lynch 1998: 845-852］(15)。

こうした弁護側の指摘は、科学的知識や理論の内容そのものに着目し、科学者のデータ解釈や科学者間の論争などをとおして、科学的知識がどのように社会的に構成されてきたのかを分析する、科学的知識の社会学においてなされてきたものであり、シンプソン裁判の弁護士たちはまさに、ＤＮＡ型鑑定という科学的知識に関する社会学を実践していたとリンチは主張する［Lynch 1998: 853-857］。

一九八六年に初めて実際の刑事事件で利用されたＤＮＡ型鑑定は、その後世界各地の数多くの裁判で証拠[16]として利用されることになる。当初、ＤＮＡ型鑑定は確実に個人識別が可能で間違うことのないものとして裁判の中で受け入れられ、それに疑問が呈されることはなかった。しかし、一九八七年にアメリカで起きたカストロ事件の裁判[17]においてＤＮＡ型鑑定の信頼性が疑問視されると、この鑑定分野が当初考えられていたような客観的で確固たるものではないことが明らかになっていく［Lynch *et al.* 2008: 48-57］。

裁判での裁判官、検察官、弁護士、ＤＮＡ型鑑定を行う法科学者のやり取りをとおして、ＤＮＡ型鑑定というブラックボックスが開かれ［cf. Latour 1987（1999）］、その不確実性が露呈されていく様子はＳＴＳ研究者の大きな関心を集めた。そして、裁判の中でどのようにＤＮＡ型鑑定の不確実性や社会性が明らかになっていくのかが、数多く考察されてきた［Halfon 1998; Jordan and Lynch 1998; Lynch and Jasanoff 1998］。

（2）　非専門家の理解

裁判において法科学、特にＤＮＡ型鑑定の不確実性が明らかにされていく一方で、こうした法科学を裁判にかかわる人々、法科学の非専門家がどのように理解しているのかに着目した研究も行われている［cf. Jasanoff 1998］。たとえば、エドモンドは裁判の判決文を利用しながら、検察側と弁護側とで相反する鑑定結果が出てきた場合や、いくつかの証拠（複数の法科学分野による鑑定結果や目撃者証言など）が裁判に提出された場合に、裁判官が独自の判断で証拠の意味づけ、順位づけを行いそれに基づいて判決を下していることを検討した［Edmond 2004］。

またクルーズは、裁判を、法科学者と裁判官、検察官、弁護士との間のコミュニケーションの場とみなしている。法科学ラボでの鑑定結果は数値として表現されることがあるが、彼女はこの数値化によって法科学者と裁判官、検察官、弁護士との間のコミュニケーションがいかに円滑に行われているのかを分析している［Kruse 2013］。一方でクルーズの主張とは逆に、裁判官や陪審員などが数値で表現されたDNA型鑑定結果を正しく理解できなかったり、数値を過大評価してしまったりする様子も検討されている［Grace *et al.* 2011］。

前述した研究は主に、裁判官や検察官、弁護士、陪審員がDNA型鑑定をどのように理解しているのかに焦点を合わせたものであるが、裁判にはそこで裁かれる対象である被告人も存在する。プレインサックとキッツベルガーは、被告となった人々がDNA型鑑定をどのように捉えているのかを分析している。彼女らは、二八人の囚人へのインタビュー調査をとおして、彼らが他の法科学分野と比較して、DNA型鑑定を特殊なものとみなしていることを明らかにした。拭き取ることのできる指紋とは異なり、DNAを犯罪現場に残さないことは不可能であり、またDNA型鑑定が非常に専門的なものであることなどから、囚人たちはDNA型鑑定を自身ではコントロールできないものと捉えていた。そして、犯罪現場から自分のDNAが見つかったと告げられると、たとえその犯罪に関与していなくても、やったと述べてしまう場合もあったという［Prainsack and Kitzberger 2009: 52, 62, 76］。

非専門家が、科学をどのように理解しているのかはSTS研究の重要なテーマである［Wynne 1995］。法科学に関しても、裁判に関係する法科学の非専門家たちがどのようにそれを理解しているのかが考察されてきた(18)。

DNA型データベースの技術と管理

このように裁判という場において法科学、その中でもとりわけDNA型鑑定が人々にどのように理解され、利用されているのかについてＳＴＳ研究者による分析が行われてきた。その一方で技術やそれに基づいた管理との関係で、ＤＮＡ型鑑定に関する検討がなされている(19)。

一九九五年に、ＤＮＡ型鑑定の結果得られたＤＮＡデータ(20)を登録するＤＮＡ型データベースが、イギリスで初めて構築された。そして、犯罪現場から採取された資料や有罪判決を受けた被告人のＤＮＡデータがデータベースに登録されることとなった［Johnson *et al.* 2003: 7］。このデータベースの検討を行った、ウィリアムズとジョンソンは、ＤＮＡ型鑑定で利用される手法の改良やデータベースに関連する法、政策、犯罪捜査におけるデータの利用などの多種多様な要素の相互作用の中で、データベースが構築され発展してきた様子を明らかにしている［Williams and Johnson 2008］。

また、こうしたデータベースは世界各地で設置されているが、それぞれの文化や社会において、データベースの構築過程やその利用のされ方が異なる点も分析されている［Hindmarsh and Prainsack 2010］。

さらに、ＤＮＡ型鑑定は個人情報であるＤＮＡに関連した鑑定分野であるが、ＤＮＡへの着目やＤＮＡ型鑑定の結果をデータベース化することで、ＤＮＡに基づいた人々の管理という新たな統制の形が生まれていると指摘する研究も存在する。たとえばローズは、一九六〇年代から一九七〇年代に提唱された、犯罪行為を引き起こす犯罪遺伝子が存在するという主張によって、犯罪者の矯正を重視するのではなく、厳しい罰を与え社会の防衛を第一とするという新たな取り締まりの形が生じた様子を分析している［Rose 2007］。またアメリカにおいて、ＤＮＡに関するデータベースを利用して犯罪と人種との関係性を考察したり、その分析に基づいて特定人種に対する取り締まりが行われたりしていることも指摘されている［Duster 2003］。

ＤＮＡ型鑑定は、犯罪現場に残された資料が誰のものなのか、その個人識別を行うことを目的としており、こうした個人識別を行う法科学分野はＤＮＡ型鑑定以外にも指紋鑑定などが存在する［Cole 1998, 2002］。個人識別は、犯罪捜査や裁判のみならず個人、自己とは何なのかという認識と関係しており、指紋やＤＮＡ型鑑定をとおして近代的自己が形作られ、国によって管理されてきた様子を歴史的に分析することも行われている(21)［橋本 2010; 渡辺 2003］。

4　ラボラトリーと鑑定分野の複雑性へ

前述した先行研究は、科学を社会科学的に考察するというＳＴＳの問題関心の中で、法科学という新たな領域、しかも犯罪解決のために利用されるという、社会と非常に接点の多い分野に着目し分析を行うことで、ＳＴＳでこれまでなされてきた科学や技術に対する研究に多大なる貢献をし、法科学への理解を助けた。しかし、これまでの法科学に関するＳＴＳ研究は非常に限定的なものであるという問題点も存在する。限定的というのは、先行研究で扱われてきた対象に関する限定性である。

裁判という場への着目

従来の研究で主に注目されてきたのは、裁判という場であり、そこでどのように法科学の不確実性が明らかとされたり、科学鑑定が誤って理解されたりしているのかが検討されてきた。そして研究の分析対象となってきたのは、裁判記録や判決文などの文書資料であった。

法科学は犯罪捜査や裁判のために利用される法のための科学であり、それが利用されるのは裁判だけではない。犯罪現場での資料採取や法科学ラボでの科学鑑定、それらの鑑定結果や目撃者証言などの多くの情報を活用しながら被疑者を特定していく犯罪捜査でも、法科学は利用されている。こうした資料採取や法科学ラボ、犯罪捜査過程における法科学の利用や理解、そういった場で法科学が法や政策、経済などの社会的要素からどのような影響を受けているのかに関しては、こうした場へのアクセスの難しさからあまり研究が行われてこなかった。

裁判は一般に公開されており、裁判記録などの利用が可能であることから、これまでの研究では法科学が利用される状況として、裁判という限定的な場に着目し、また文書資料を使用した分析が主であったと思われる。

こうした研究の対象となる状況の限定性や、主に文書資料を分析するという考察対象の限定性を克服する研究も最近では行われている。たとえば先にも挙げたクルーズは、スウェーデンにおいて犯罪現場での資料採取から法科学ラボでの鑑定、警察官や検察官による捜査の観察、関係者へのインタビューなどの質的調査を行っている［Kruse 2010, 2012, 2013］。またリンチらも、法科学者へのインタビュー調査をとおして、法科学ラボにおける法科学者たちの活動について考察している［Lynch *et al.* 2008］。

DNA型鑑定への着目

しかしこれまでの研究は、それが裁判や文書資料に限定されたものであれ、裁判以外の文脈に着目した質的調査によるものであれ、根本的な限定性を抱えている。それは、法科学に関するSTS研究は概して、DNA型鑑定をその主な分析対象としているという点である。

本書の第4章でも改めて述べるように、DNAは犯罪捜査や裁判のみならず医療や農業など現代社会の様々な領域で利用され、その社会的インパクトや注目度は非常に大きい［cf. Hubbard and Wald 1999（2000）］。したがって、STSにおいてもDNAに関連した研究が数多くなされている［Eischen 2001; Fortun and Mendelsohn 1999; Heller and Escobar 2003］。こうした流れの中で、法科学に関してもDNA型鑑定に注目した研究が主流であった。

しかし、先に述べたように法科学の特徴のひとつは、それが非常に多くの鑑定分野を含むという点であり、DNA型鑑定以外にも物的資料を扱う領域も存在する。こうした法科学の異種混合性［cf. Latour 1991（2008）: 10-29］に注目し、それぞれの領域でどのような鑑定実践が行われているのか、さらに諸領域間の複雑な関係性に着目した研究はこれまでほとんど行われてこなかった。

またDNA型鑑定に関するSTS研究が盛んに行われた理由として、そこで扱われるDNAが法科学以外の領域でも着目されているということに加え、前述したように一九八〇年代から一九九〇年代にかけて、DNA型鑑定の信頼性をめぐって法科学者や他分野の科学者（ゲノム科学者や統計学者など）、司法関係者（裁判官、検察官、弁護士など）との間で激しい論争が繰り広げられたという点がある。科学的知識の確立過程を分析するためにこれまで数多くの科学論争に着目してきたSTSの研究者にとって、激しい議論のただ中にあったDNA型鑑定は非常に魅力的な研究対象として捉えられたのであろう。

しかし、従来の法科学に対する研究が裁判という場に着目していたこともあり、DNA型鑑定に対する不信、論争に対して、DNA型鑑定以外のラボも含む法科学ラボが実際にどのように対応しているのかについて、つまり論争を収束させるために法科学ラボが具体的にどのような戦略をとり、科学鑑定を実施しているのかについて、法科学の多様性を考慮に入れた詳細な検討はあまりなされてこなかったように思われる。先行研究では、裁判におけるDNA型鑑定をめぐる論争がいかに収束したのかについて、一定の考察がなされているものの、本書で明らかにするように、法科学への批判に対して実際の法科学ラボではこれまで検討されてこなかったような、より複雑な戦略がとられ、科学鑑定が行われている。

さらに、一九九〇年代にDNA型鑑定をめぐる論争が終結すると、事態は新たな方向へと向かっていく。これまで、DNA型鑑定に関する論争が終結した後の法科学の状況に関して、論争が指紋鑑定にもたらした影響などは考察されているが［Lynch *et al.* 2008］、それ以外の法科学全体に与えた影響などについて、実際に鑑定を行う現場に着目して分析したものはほとんどない。

このように、法科学に関する旧来のＳＴＳ研究には、その限定性という問題が存在する。つまり先行研究では、文書資料を利用した裁判という場への注目、ＤＮＡ型鑑定への着目といった、研究対象とする場、対象とする法科学分野が限定的なものにとどまっていた。

複雑性への着目

本書ではこうした先行研究の問題点をうけ、法科学の複雑性に焦点を合わせる。法科学は、犯罪現場で何が起こったのかを復元し、犯罪を解決するために様々な場で利用される[22]。そして、法科学はＤＮＡ型鑑定以外にも多様な領域を含んでいる。さらに、法科学はそれぞれの国のみで完結しているものではなく、国際的な関係性の中で存在しているものであり、国家間のマクロな影響も受けている。

先行研究では、裁判やＤＮＡ型鑑定という限定的な枠組みの中で法科学が考察されてきた。従来の研究では、裁判以前に行われる法科学ラボでの鑑定実践や、ＤＮＡ型鑑定以外の法科学諸分野の状況は自明のものとされ、考察対象となってこなかった。しかし後に考察されるように、法科学ラボでの活動や法科学諸分野のありようは決して自明のものではなく、そこには複雑で興味深いダイナミクスが存在する。本書では、裁判の前段階であり知識の源泉である法科学ラボにおける様々な法科学諸分野の実践を分析することで、これまで見落とされてきた法科学ラボ、ＤＮＡ型鑑定以外の諸領域に光を当て、科学鑑定が様々な問題に直面しながらどのように遂行されているのかを詳細に解明する。そして、科学鑑定とそれに付随する多様な実践が行われる法科学ラボにおいて、いかに法科学が生み出されるのかを明らかにする。

5　ラボラトリー研究の体系——本書の分析枠組み

前述した目的を達成するために本書では、これまでラボに関するＳＴＳ研究の中で重要な論点となってきた、標準化、境界設定という二つの理論的観点から法科学ラボを分析する。

科学的知の源泉としてのラボ

本書では、法科学ラボにおける実践に注目するが、ラボへの着目はラボラトリー研究という研究体系としてＳＴＳにおいて重要な考察課題となってきた。

福島は、その先駆けとして精神病院の民族誌を挙げているが［福島 2010: 212-213］、ラボラトリー研究とは、一九七〇年代から始まるラボでの科学者や技官たちの活動に着目した一連の研究群である［福島 2011a; Knorr-Cetina 1981; Latour and Woolgar 1986; Law and Williams 1982; Lynch 1985; Traweek 1992; Zenzen and Restivo 1982］。

たとえばラトゥールとウルガーは、アメリカ、カリフォルニアのソーク研究所で甲状腺刺激ホルモンの研究をする、ギュイマンのラボに二年間滞在し調査を行っている。彼らは、ラボの実験マニュアルや報告書、論文の原案、科学者たちの会話を分析することで、ラボでどのように実験が行われ、論文という形になり、それが科学者の中で受け入れられていくのかを分析している。

ラトゥールとウルガーはその議論の中で、科学者が利用する「様相（modality）」に着目している。様相とは、ある主張に対する確実性の程度を表すものであり、科学者たちはいくつかの様相を使用することで、ある主張の真実らしさを高めていく。たとえば「ＡはＢと関係する」という主張に関して、レビュー論文では「「ＡはＢと関係する」ことがX氏によって報告された」と表現されるのに対し、教科書では「AはBと関係する」と表現される。レビュー論文よりも教科書における記述の方が、主張の真実さが高く表現されるのである［Latour and Woolgar 1986: 75–90］。

そして、こうしたある主張の真実らしさを証明するために利用されるのが、ラトゥールとウルガーが「刻印（inscription）」と呼ぶ、グラフや表、数字など実験結果が目に見える形で表されたものである［Latour and Woolgar 1986: 88］。科学的知識や理論というのは、はじめから厳然とそこに存在しているものではなく、科学者たちは様々なグラフや表、数字などを利用しながら、特定の主張の正しさを証明していく。ラトゥールとウルガーは、科学的知識や理論の成立をこうした様々な要素を利用した、ある主張の真実さの程度を上げていく交渉過程として論じている［Latour and Woolgar 1986］。

また、クノール＝セティナはカリフォルニアの生物学系ラボでの調査をとおして、科学的研究の状況依存性を分析している。彼女によれば、ラボにおいてどのような装置や実験動物を利用し、どのような実験を行うか、そしてその結果として得られた新たな科学的知識や理論は、ラボの予算や利用できる人材や材料の制約を受けたり、偶然それが利用可能であったりしたなどの状況に依存している。しかし、こうした偶然性や制約などは論文の中では忘れ去られ、あたかも特定の実験を行い特定の結果が得られたことが、「それが真理であったから」のように記述されるという。ラボにおける活動とは、どのようなテーマを扱い、どういった装置を使って実験を行うか、データをどのように分析するのかといった選択の連続であるが、そうした選択は、実はアドホックに行われることを彼女は明らかにしている［Knorr-Cetina 1981］。

さらに、近年はＤＮＡ型鑑定に関する研究も行っているリンチも、一九七〇年代にカリフォルニアの神経科学ラボでの調査によって、ラボでの科学的実践が社会的相互作用の中で行われることを分析している。彼によれば、実験の中で、正しい結果ではない人工物がデータとして検出される場合があるが、得られたデータを人工物とするか、実験結果とするかは状況に依存するという。また、科学者の主張が同僚から反対される場合があるが、科学者はその反対を賛成へと変更するために、科学的結果だけではなく種々の社会的要素を利用して交渉していくという［Lynch 1985］。

こうした科学的知[23]の源泉であるラボに着目したＳＴＳ研究者によって、科学的知識や理論はラボでの多様な実践や科学者間の相互作用、複雑なダイナミクスの中で誕生してくることが明らかとなった。旧来のラボラトリー研究において着目されてきたラボとは、実験や観察をとおして新たな知識や理論を生み出すことを目的としている。こうしたラボでは、日々の実践により数多くの実験結果や観察結果が産出されていく。そして多くの結果が蓄積される中で、新たな知識や理論が生み出され、さらには新しい科学領域が誕生していく［福島 2013a: 52］。ラボでの調査をとおしてＳＴＳの研究者たちは、科学的知識や理論は所与のものではなく、様々な実験や観察、その解釈や科学者同士の交渉などをとおして成立することを描き出してきた。こうしたラボラトリー研究の中で重要な論点となってきたのが、標準化と境界設定である。

ひとつの科学的知へ

標準化（standardization）とは「自由に放置すれば、多様化、複雑化、無秩序化する事柄を少数化、単純化、秩序化すること」であり、標準（standards）とは、「標準化によって制定される取決め」と定義されている[24]。本書ではさらに簡潔に標準化を、「様々に異なるものをひとつにまとめること」と定義する。

ラボでは様々な実験や観察により、多くの結果が生み出される。こうした結果は科学的知識や理論として結実するが、特定の科学的知識や理論が確立するまでには様々な主張が存在する。そして科学者同士の論争をとおして、こうした主張がひとつの科学的知へと標準化されていく［Engelhardt and Caplan 1987; Nelkin 1992］。

科学とは標準化された知を産出するものであるといえるが［cf. Sismondo 2010: 120］、その際に重要なのが、ラボの実践を標準化することである。科学的知をめぐる論争において、ある主張が正しいかどうかは、他のラボでも同様の実験や観察を行い、同じ結果が得られるかどうかによって判断される。そのため科学においては、実験手法や観察手法を同じにし、他のラボと同様の実験や観察を行うこと、つまり他のラボとの間で実践を標準化することが重視されている［Paylor 2009; cf. Fujimura 1992, 1996］。

ラボの間で実験や観察などの実践を標準化し、それに基づいて複数のラボで同じ実験結果や観察結果が得られるかどうかを確認することで特定の主張の正しさが証明され、論争が収束し、ひとつの科学的知識や理論として結実する。そして新たな科学的知は、新しい科学領域の誕生へとつながる。新たな科学分野誕生の際に重要になるのが、境界設定（demarcation）である。

科学とそうでないもの

「科学とは何か」という問いは科学を考察対象とする人文・社会科学の領域で長年問われてきたものである［菊池2012; Woolgar 1988］。科学哲学者のポパーは、反証可能性を持つことが科学の要件であると主張し［Popper 1959（1971–72）］、社会学者のマートンは、四つの規範（普遍主義、公有性、利害の超越、系統的懐疑主義）が科学者集団の特性であると論じた［Merton 1949（1961）: 506–513］。

科学とは何かを考察することとは、科学とそうではないものとを区分することであり、科学と非科学とを区別することは境界設定と呼ばれている［井山・金森 2006: 112; 高山 1981: 121］。

境界設定とは、科学というものが作り出されていく過程であるといえるが、こうした境界設定に関して、ＳＴＳ研究者のギアリンは、科学者たちが科学と非科学とを分けるために、境界設定作業（boundary-work）を行っていることを分析している。彼によれば境界設定作業とは、科学と非科学との間に境界線を引くために、科学者が特定の性質を科学に帰属させることである[Gieryn 1983: 782]。境界設定において科学者たちは、科学の特徴を述べ非科学にはそれがないと主張する。しかし、科学者の主張する科学の特性は状況に応じて様々に変更され、科学と非科学との境界は非常にあいまいなものであるというのがギアリンの主張である(25)[Gieryn 1983: 782, 792]。たとえば、物理学者のティンダルは、一九世紀にイングランドで宗教や工学と比較して科学の重要性を提唱したが、その際、何を科学の特性とするかは一定ではなかった。科学と宗教の違いを述べる際、ティンダルは宗教が形而上学的な知であり人々の情緒面への貢献しかしないのに対し、科学は経験的な知であり実用に役立つものだと主張した。これに対し、科学と工学の違いを述べる際、彼は、科学は理論的なものであり、工学は一般常識や実務に基づいたものであると主張したという。宗教や工学それぞれとの対比において、ティンダルが科学の特性としたものは矛盾しており、何と対比するかによって科学の要件は変化するのである[Gieryn 1983]。

ギアリンの述べるように、科学と非科学とを分離する境界設定において科学者たちは、様々な事象を科学の特徴として戦略的に利用しているが[Gieryn 1983: 792]、境界設定に際し科学の特性のひとつとして、その知識や理論、実践などが標準化されていることが挙げられる場合がある。たとえば、ホグルは、治療者の感覚に頼っていた治療行為が科学的・技術的な医学へと転換するために患者や病気の分類や、治療手順や判断、治療道具の標準化が行われたと論じている[Hogle 2008: 848-849]。

新たな科学領域の成立に際しては、その正当性を他の領域や古い分野の人々に認めさせる必要があるが、そのために新たな分野の科学者たちは教科書を作ったり、学会や学術雑誌の創設を行ったりする[福島 2013a]。教科書とはまさにひとつにまとまった知の体系であり、学会や学術雑誌も、その分野が共通の知識や理論を持っていることを示すとともに、さらなる知の統一を促すものである。ひとつにまとまった知識や理論が、科学の要件として重要であり、後述するように、科学者たちが、標準化された科学的知を生み出すために様々な戦略をとっている様子がこれまで分析されてきた。

法科学ラボという対象

以上述べてきたように、旧来、ＳＴＳ研究者が対象としてきたのは、新たな知識や理論の産出を目指すラボである。しかしラボには他にも、ある物質が何か、食品や大気などに農薬や汚染物質がどのくらい含まれているのかなどの判定を業務とする、検査ラボが存在する。検査ラボの実践に関してはＳＴＳの研究が乏しいが、本書で対象とする法科学ラボは、検査ラボの一種であると考えることができる。法科学ラボの目的は、新しい普遍的な知識の産出ではなく、特定の資料の分析によってその資料が何か、犯罪とどのような関係があるのかを検討することであり、検査ラボと類似点が多い。しかし、後に明らかとなるように法科学ラボには、独自の特性が存在する。

「科学とは何か」という問いへの回答として、ラボがあり、大学教育がなされ、学会があり、学術雑誌が存在し、ラボでの実践や知識・理論が標準化されている、などの答えが想定される。後述するように、これまでＳＴＳ研究者が対象としてきた科学と本書が対象とする法科学は両方とも、こうした科学の要件を満たす様々な要素を持っており、両者は非常に似通っているようにみえる。しかし、実際のところこの二つはまったく異なる性質を持っており、本書では法科学ラボに着目しながら、従来のＳＴＳで対象とされてきた科学と比較して法科学やその実践の特性を明らかにする。

ラボでの実践が実験結果や観察結果の増大を産み、それが標準化、境界設定へと結びついていることは、これまでのラボラトリー研究の中で重要な論点となってきた［cf. Bucchi 2004; Sismondo 2010］。法科学ラボでも、その実践の標準化が行われているが、そこで実施される標準化は、従来分析されてきたラボのそれとは様相を異にする。本書では法科学ラボに関して、そこでなされる標準化を様々なレベルから分析する。

具体的には、ひとつの法科学ラボ内、異なる法科学分野のラボ間、国際的ラボ間という三つのレベルに着目する。この三つのレベルそれぞれにおいて、いかにして法科学ラボの実践が標準化されているのかを法科学の境界設定との関係、さらにはラボの外部との関連で考察する。

こうした検討をとおして、科学鑑定の実情を明らかにし、DNA型鑑定や裁判という場のみに焦点化するという限定的な研究を行ってきた法科学に関するこれまでのSTS研究を拡張する。さらに、ラボ外部の社会的要素、その中でも特に法とラボの実践との関係性を標準化や境界設定という観点から多層的に分析することで、従来のラボラトリー研究にはなかった視点を導入し、ラボラトリー研究に新たな道筋を提示する。

なお、以下では「科学ラボ」や「科学」といった場合、新たな知識や理論を産出することを目指した科学ラボや科学を指すこととする。[26] また、ラボラトリー研究においては検査ラボについての研究蓄積がほとんどないため、本書では主に新たな知を産出することを目指した科学や科学ラボに関する分析と比較する形で、法科学や法科学ラボを検討する。

（1） 本書では法科学ラボにおいて鑑定されるものを「資料」と表現している。通常、科学ラボにおいて分析対象となるものは「試料」と表現されることが多いが、科学鑑定の対象となるものは人によって様々に表記される。たとえば瀬田・井上は、法科学においては犯罪現場から採取される物的証拠を証拠資料と表記し、その資料から分析の対象とされる物質を分離して、分析機器の分析に供するに至ったものを試料と表記する［瀬田・井上 1998: 32］と主張する。また、鑑定対象となるものを証拠と表現する場合もある［Evett *et al.* 2000: 234］。

本書では、たとえば現場で採取された弾丸はそれ自体が分析対象となるなど、証拠資料と試料とが区別できない場合があること、証拠という用語は科学鑑定の段階で利用される言葉ではなく、裁判の段階で使用される言葉であるという指摘があることなどから［Evett *et al.* 2000: 234］、混乱を防ぐために資料という表現を使用する。

（2）なお以下では、法科学の知識を利用して資料を鑑定することを「科学鑑定」、「鑑定実践」、「法科学実践」、「鑑定業務」などとする。また、法科学に含まれる分野はＤＮＡ型鑑定や繊維鑑定などのように、○○鑑定と呼ばれることが多いが、本書では、たとえばＤＮＡ型鑑定といった場合、学問分野としての意味と、それを利用した鑑定活動そのものを指すこととする。

（3）ＤＮＡ型鑑定では、ＤＮＡの構成要素である塩基そのものではなく、塩基のパターン（型）に注目して鑑定が行われるため、ＤＮＡ鑑定ではなく、ＤＮＡ「型」鑑定と呼ばれる。後述するデータベースも、塩基の型に関するデータベースであるため、ＤＮＡ「型」データベースと呼ばれる。詳細は第４章参照のこと。

（4）法科学を意味する英語としては、criminalistics も存在する。criminalistics という用語はオーストリアの治安判事であったグロスによって初めて生み出された。グロスは、犯罪学（criminology）が犯罪への社会科学の応用であるのに対し、法科学（criminalistics）は犯罪への自然科学の応用であると考えた。犯罪学とは、犯罪者の分類、記録や犯罪の原因などを研究するものである。それに対し法科学とは、科学的手法を犯罪捜査に導入し特定の犯罪の状況を明らかにしたり、被疑者を同定したりするものであり、両者はまったくの別物である［Burney and Pemberton 2013: 1-2; Gross 1906］。法科学とはforensic science、criminalistics という二つの用語で表現されるが、エベットによれば criminalistics とはイギリスでまれに使用される用語である［Evett 1991: 10］。本書の調査対象であるニュージーランドの法科学研究所の職員は criminalistics よりも forensic science を使用していたため、本書はそれにしたがう。
　また、法科学は時に警察科学（police science）と呼ばれることがあるが、警察科学とは、現場での資料採取や鑑定実践、尋問の技術や刑法に関する知識など、犯罪捜査に関する領域すべてを含んでいるあいまいな概念であるために、法科学を警察科学と呼称することを誤りと考える人々もいる。ただし、法科学者の間でもどのような用語を使うのかはまだ決まっておらず、いろいろな用語が使用されている［Bell 2008b: 3］。

（5）本書では、犯罪解決と事件解決を同義とする。

(6) 法科学者の定義は第2章参照のこと。本章では暫定的に、法科学ラボで科学鑑定を行う人を法科学者とする。

(7) 本書では、犯罪現場を「現場」と略す場合がある。

(8) 以下では、犯罪現場で誰によって何が行われたのかを明らかにすることを、「犯罪現場の復元」、「犯罪の復元」、「事件の復元」、などとする。

(9) 以下では、法科学の下位領域を、「法科学分野」、「法科学諸分野」、「鑑定分野」などとする。

(10) これ以外にも血液型鑑定、毛髪鑑定、繊維鑑定、タイヤ痕鑑定、筆跡鑑定、顔画像鑑定、音声鑑定、製造番号鑑定、花粉鑑定、昆虫鑑定、法医学など多種多様な分野が法科学には含まれている［赤根 2010; Bainbridge 2010; Blitzer *et al.* 2008; Dijk and Sheldon 2004; Gerber 1983（1986）; Goff 2000（2002）; Hollein 2002; Lane 1992; Miller 1998; O'Brien 2007; Owen 2004; Rose 2002］。

(11) 一二一五年にローマ教皇インノケンティウス三世によって神判を廃止する規定が出された［山内 2000: 70-74］。

(12) 一五三二年のカロリーナ刑事法典の中で、犯罪事実の自白をさせることを目的として正式に拷問が認められるようになる［川端 1997: 8-12］。

(13) 古代ギリシャ時代には、罪人の処刑にドクニンジンの種子エキスが用いられた。ソクラテスもこれにより処刑されている［船山 2008: 11］。

(14) 本書では、法科学ラボにおける「実践」とは、「科学鑑定」、「鑑定実践」、「法科学実践」、「鑑定業務」などと同義とする。

(15) シンプソンは黒人、殺害された被害者二人は白人であり、現場でＤＮＡ型鑑定のための資料を発見した警察官が人種差別主義者であったことから、こうした偏見の可能性が指摘された［瀬田 2005: 180］。

(16) 本書で証拠とは、裁判における意思決定の根拠となるものを指す［cf. 瀬田・井上 1998: 32］。

(17) カストロが近所の母娘を殺害したとして逮捕、起訴された事件［瀬田 2005: 72-80］。

(18) 裁判における法科学に関する非専門家の理解については、ＤＮＡ型鑑定に着目したものが多いが、画像に着目した研究も存在する。科学に対する人々の理解促進や、特定の主張を裏付けるものとして利用される画像の重要性はＳＴＳの研究でもこれまで指摘されてきたが［Burri 2013; Doyle 2007; Harris 2011］、法科学の諸分野でも画像、特に写真は重視されている。一九世紀には個人識別のために顔写真が利用され、現在では犯罪現場の状況が写真によって記録されている。しかし、写真は必ずしも現実をすべて写し取るものではなく、そこには構図や何を撮るかなど撮影者の主観が介在する［Porter 2007: 81-82］。裁判では写真に関するこうした特性が無視され、それが客観的なものと捉えられ、事実とは異なる解釈がなされていることが研究されている［Porter 2007］。

(19) また、犯罪捜査と技術との関係について、コンピュータなどの情報技術（IT: Informaion Technology）を警察で利用しようとしたところ、警察官が行っている実際の業務や状況に応じた意思決定のやり方と、コンピュータによる画一的な意思決定の仕方とが対立を起こし、技術導入が失敗に終わった例なども検討されている［Benson 1993］。

(20) ＤＮＡプロファイルのこと。ＤＮＡプロファイルの詳細は第4章参照のこと。

(21) これ以外の法科学に関するＳＴＳの研究としては、いかにして犯罪現場で採取された血痕や指紋などの物質が鑑定結果という情報となり、最終的に証拠として犯罪捜査や裁判の中で利用されていくのかに着目した研究もある［Kruse 2010］。また、裁判の前に行われる公判前整理手続き（pre-trial）に着目し、そこで科学鑑定の結果を利用して検察官や被告人が犯罪に関するどのような物語を語るのかも考察されている［Kruse 2012］。公判前整理手続きは、実際の裁判の前に裁判所が検察官と弁護士、被告人を出頭させて行うものであり、そこでは検察官と弁護士、被告人がそれぞれの主張を明らかにし、裁判所は事件の争点の確認と裁判で取り調べる証拠を決定する［井田 2006: 224-225］。

さらに法科学はフィクションの題材としても人々の興味を引いており、近年では法科学者の活躍を題材としたテレビドラマが世界各地で数多く放映されている。こうしたドラマが、陪審員の判断にどのような影響を与えているのかが、そもそも影響があるのかという議論も含めて検討されている［Byers and Johnson 2009; Cole 2005; Heinrick 2006; Schweitzer and Saks 2007; Shelton *et al.* 2006; Weaver *et al.* 2012］。また、法科学と文化との関係について一六世紀のヨーロッパから近年のアメリカのポップカルチャーにいたるまで、法科学がそれぞれの国の文化との関係でどのように発展してきたのかを分析したものなどもある［Hamlin 2013］。

これらに加え、法科学者が鑑定実践を学習する過程について、実践共同体［Lave and Wenger 1991（2004）: 2］という観点から考察した研究［Doak and Assimakopoulos 2007］などが行われている。

（22）なお法科学ラボの鑑定結果を警察がどのように利用して被疑者を逮捕しているのかについては、警察における調査許可が下りなかったため、本書の考察外とする。
（23）本書では「科学的知」とは、科学的知識および理論を指す。
（24）URL: https://www.jisc.go.jp/std/（2014/06/06 確認）。URL: https://www.jisc.go.jp/dictionary/index.html#50H04（2014/06/06 確認）。URL: www.jsa.or.jp/stdz/edu/pdf/b1/1_01.pdf（2014/06/06 確認）。URL: www.jsa.or.jp/stdz/research/pdf/hseminar3.pdf（2014/06/06 確認）。
（25）また、非科学の中でも一見科学のようで科学ではない疑似科学（pseudo-science）［cf. 伊勢田 2011: 6］と科学との関係性については、科学史の領域で数多くの研究が存在する［cf. 下坂ほか 1987］。
たとえば、ウォリスが編集した論文集では、特定の時代の一流の専門科学者すべてに是認される科学である正統科学に対し、疑似科学というレッテルを貼られる、正統的な専門科学者たちによって公認されていない逸脱科学に着目している［Dolby 1979（1986）: 310］。そして、正統的科学がどのように特定の見解を逸脱的とするのか、一方で逸脱的とレッテルを貼られた人々がいかにしてそのレッテルをはがそうとするか、彼らの利用する制度的、社会的、知的な戦略に関して創造論、進化論、医学、占星術、超心理学などを事例として分析している［Wallis 1979（1986）］。

さらに物理学者のフリードランダーは、その著作の中で大陸移動説や常温核融合などの事例を取り上げ、当初疑似科学と捉えられていたものが科学として受け入れられた場合や、その逆に科学と考えられていたものが、後に疑似科学であったと判明した場合が歴史的に数多く存在することを分析した。そして、科学と疑似科学とを明確に分けることは難しいが、疑似科学の主張が一般人はおろか専門外の科学者にまで受け入れられるという危険があるため、科学界には疑似科学に立ち向かう義務があると主張している［Friedlander 1995（1997）］。疑似科学に対して科学者にどのような倫理的責任があるのかは、伊勢田の分析も参照のこと［伊勢田 2011］。
（26）本書では、科学ラボの実践について主に実験や観察と表記しているが、それらの中には観測も含まれることとする。

第2章　科学鑑定の現場
——ニュージーランドの法科学研究所ＥＳＲ

本書での考察は、ニュージーランドで科学鑑定を担っているＥＳＲ（The Institute of Environmental Science and Research）という法科学研究所でのフィールドワークに基づいている。法科学研究所とは、様々な科学鑑定を担ういくつかの法科学ラボが集まった研究所であり、日本の法科学研究所としては、各都道府県警に所属する科学捜査研究所と警察庁に所属する科学警察研究所が存在する。本章では、議論に入る前に、調査対象地であるニュージーランドの紹介をするとともに、科学鑑定の現場であるＥＳＲで何が行われているのかを概観する。なお、調査で得られたデータを使用した詳細な分析は次章以降で行うが、本章でも調査に基づいたデータを利用している。

1　調査対象の背景

ニュージーランドの歴史

アオテアロア（Aotearoa）、マオリ語で「白く長い雲のたなびく島」を意味する別名を持つニュージーランドは、南太平洋に位置し、面積二六万八六八〇平方キロメートル（日本の約四分の三）、人口約四〇〇万人、北島と南島および周辺の小さな島々で形成される。首都は北島の南端ウェリントン（Wellington）である［ニュージーランド学会 2007; Orsman and Orsman 2003］（図2－1）。

ニュージーランドは人間の居住が開始された最後の陸地のひとつであり、八～九世紀頃、ポリネシア系の民族が移住しはじめたのがその始まりである。この時代は、モアと呼ばれる巨大な鳥の狩猟などが行われていた。その後、一一世紀から一二世紀にかけて、同じポリネシア系のマオリが徐々にニュージーランドに移住しはじめ、一四世紀中頃に大規模な移住が行われた(1)。マオリは多くの部族に分かれ、北島と南島の両方に居住し、主な生業は農耕、漁労であった。彼らは文字や金属器を使用せず、多くの口頭伝承を持ち石器による生活を送っていた［青柳 2008: 49-53, 60-69, 71-73; Barnett 1985: 9-10; 地引 1984: 24］。

こうしたニュージーランドも、他の南太平洋の島々同様にヨーロッパの大航海時代の中で、西欧人に「発見」される。まず、一六四二年にオランダ東インド会社のタスマンがニュージーランドの南島に到着した。タスマンはニュージーランドに上陸しておらず、単にその存在の一端を見つけたにすぎなかったが、一七六八年にイギリス海軍のクックが北島に上陸し、沿岸を探索した。これにより、ニュージーランドが狭い海峡で隔てられている北島と南島の二つからなっていることが分かり、その存在が世界に明らかとなる［Bawden 1987: 14-23; 地引 1984: 23］(2)。

その後、捕鯨やアザラシの捕獲、木材や麻の採取のために、主にオーストラリアのシドニーから商人がニュージー

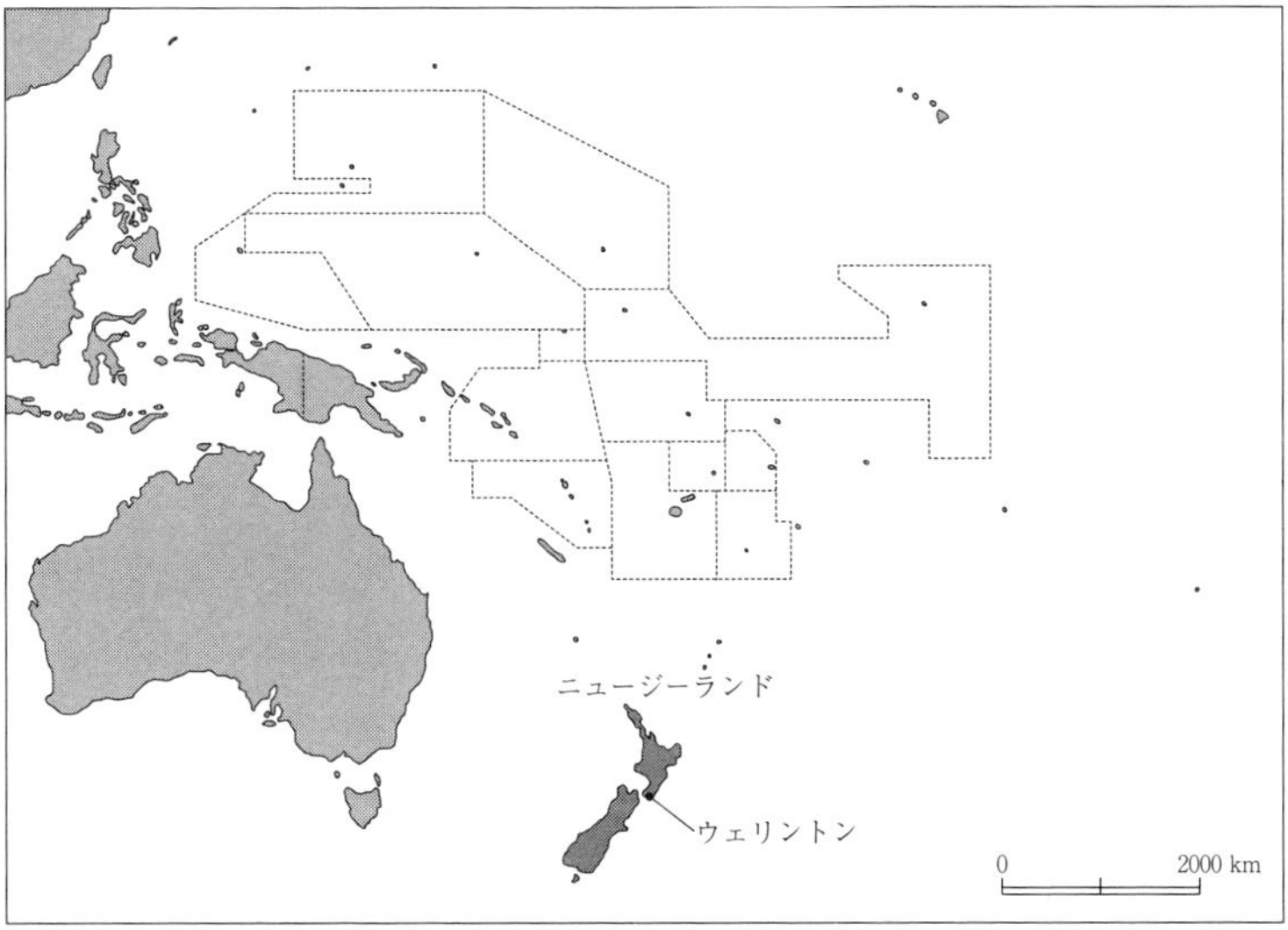

図 2-1 ニュージーランドの位置

ランドに渡来し、マオリとの交易を行い移住する人々もいた。さらにヨーロッパからの移住も行われたが、[3]ウェークフィールドが一八三八年にイギリスに設立したニュージーランド土地会社[4]により、イギリスからの移住が促進される。この会社はニュージーランドへの植民運動の宣伝を行い、土地をマオリから購入、イギリス人に販売し、土地購入者のうち希望者を移住させた。これにより、イギリスからニュージーランドへの組織的な移民がなされた［地引 1984: 25-26, 34-36］。

こうしたイギリス人入植の中で、一八四〇年イギリスとニュージーランドのマオリの部族長たちとの間で交わされたワイタンギ条約により、ニュージーランドはイギリスの植民地となった[5]。そしてニュージーランドは本国イギリスからの労働、資本投入によるインフラ整備、および対イギリス貿易に大きく依存する形で経済発展を遂げる[6]［Belich 1996; 宮尾 2001: 191］。

その後、脱植民地化の世界的な流れの中で、一八五二年ニュージーランドはイギリス直轄植民地から自治植民地となり、内政について自治が認められるようになった。さらに一九〇七年には、イギリスの管轄下で、ある程度国家に近い地位が認められるドミニオン（自治領）となり、[7] 一九四七年には独立を果たした。現在はイギリス国王を君主とする立憲君主制国家であり、イギリス連邦に加盟している［青柳 2008: 26; King 2003］。なお、イギリスとニュージーランドとの関係性については第5章や第6章でさらに詳しく議論する。

科学技術事業の民営化と法科学研究所

イギリスとの関係の強さはニュージーランドの独立後も続き、特に経済面では独立以後も全輸出の多くを対イギリスが占めるなど、大きく依存していた。[8] しかし一九七三年にイギリスがヨーロッパ共同体（EC: European Community）に加盟した結果、イギリス農作物市場への特別な参入権を喪失し、さらに一九七三年の石油危機で、輸入燃料に大きく依存するニュージーランド経済は深刻な影響を受け、インフレの拡大、失業率の上昇、政府の財政赤字が増大した［青柳 2008: 214; 宮尾 2001: 192; 岡田 2012: 110–111］。

こうした経済危機を打開するために、一九八五年に国民党に代わり政権を獲得した労働党の下で、大規模で革新的な行財政改革が行われる。この改革の基本原理は、市場メカニズムに基づく小さな政府を目指す新自由主義の経済モデルであった。その中で行政サービスの質の向上と効率化を目指し、多くの公共事業、公共サービスが民営化された［宮尾 2001: 190; 岡田 2001: 155–179; 佐島 2012: 114–115］。

本書の対象となる法科学研究所もそこに含まれる科学技術事業については、一九八九年から一九九二年にかけて広範囲の改革が行われ、科学技術に関する政府の業務のうち、政策立案、資金供給、研究開発の実施の三種の業務が組織的に分離される。そして政策立案は研究科学技術省[9]（Ministry of Research, Science and Technology）に、資金供給は独立した代行機関であるいくつかの財団に、研究開発の実施は民営化された研究会社（CRI: Crown Research Institute）に委ねられた[10]［根本 1998a: 16; 和田 2007: 43–60］。

研究会社（ＣＲＩ）の成立

科学技術事業の改革以前には、ニュージーランドの公的研究は主に各行政機関の下で遂行され、研究組織ごとに政府から予算が割り当てられていた。一九九二年七月一日にこれらの研究組織は、政府を株主とする独立した研究会社（ＣＲＩ）として改編された[11]。通常の会社同様、各研究会社には最高経営責任者、取締役会が存在し、これらがその運営管理に当たっている。最高経営責任者などの任命は、各研究会社の株式を保有する大臣[12]によって行われる［根本 1998a: 18］。

研究会社の職員は、かつては国家公務員であったが、一九九二年以降は企業の会社員となった。民営化の中で実績の良い研究会社は基金への応募や受諾を通じ、それだけ多くの研究費を獲得できる。そしてその結果として研究会社で利益が発生すれば、研究開発費に再投資できる。その一方で、大学、民間企業に比して競争力のない研究会社は破産し、当初一〇機関あった研究会社は九機関に減少している[13]［French and Norman 1999: 4; 根本 1998a: 19, 1998b: 25–26］。

ニュージーランドで科学鑑定を行う法科学研究所、ＥＳＲはこうした研究会社のひとつである。公的サービス民営化の中で、それまで科学鑑定や伝染病予防、地域公衆衛生に関する研究を行っていた三つの政府機関[14]が解体され、それらをひとつにまとめる形で一九九二年七月一日にＥＳＲが誕生した[15]［Bedford 2011a: 148; French and Norman 1999: 1; Galbreath 1998: 257］。

その前身である三つの政府機関の業務を引き継ぎ、ＥＳＲは法科学、環境保健[16]、科学情報マネージメントの三つの業務を行っている[17]［Bedford and Mitchell 2004: 38］。これら三業務はオークランド、ウェリントン、クライストチャーチの三都市に置かれた研究所で行われているが、本書ではその中でも法科学業務、つまり科学鑑定に着目する。

一般的に、科学鑑定を行う法科学研究所の形態としては三種類存在する。ひとつめは警察や環境省などの公的機関に所属する公的研究所で、警察や検察、裁判所などの公的機関からの依頼を受けて資料の科学鑑定を行うものである。二つめは、公的研究所を退職した法科学者や大学で科学を専攻した人々、在野の鑑定人などによって運営され、弁護士や被疑者、被害者などからの依頼で鑑定を行う私的研究所である［Bass and Jefferson 2003（2008）; Houck 2007: 5-6］。最後に、警察や検察、弁護士、裁判所などの依頼を受けて鑑定を行う大学の法科学研究所がある［古畑 1959; 寺沢 2000］。

ニュージーランドには完全に私的な法科学研究所も存在するが［Sandiford 2010: 8］、ESRは、ニュージーランドの公共事業民営化という行財政改革の中で誕生し、公的研究所でも私的研究所でも大学の研究所でもない、国を株主とする研究会社という特殊な形態をとっている。そして、それぞれの鑑定業務は詳細に料金が設定され、ESRの収入源となっている(18)［Bedford 2011b: 287］。

ESRの科学鑑定の顧客は、主にニュージーランド警察であるが、ESRはニュージーランド警察や検察、裁判所のみならず、弁護士からの依頼も受けている(19)。さらにニュージーランド税関や、健康省、矯正局などもESRの科学鑑定を利用している［ESR 2012: 16, 2014: 6］。

ESRの組織構造

法科学、環境保健、科学情報マネージメントの三つの業務を担うESRのトップは最高経営責任者であり、その下で法科学業務に関して責任を持つのが、総責任者（General Manager, Forensics）である。総責任者の下には職務に応じて何人かの責任者が存在し、さらにその下に、科学鑑定を実際に行ういくつかの法科学ラボ(20)（鑑識ラボ、DNAラボ、薬物証ラボなど）が位置づけられている（図2-2）。

法科学研究所はそれがしばしば警察機関に所属していることが多く、官僚主義的で縦割りである場合が多い。ES

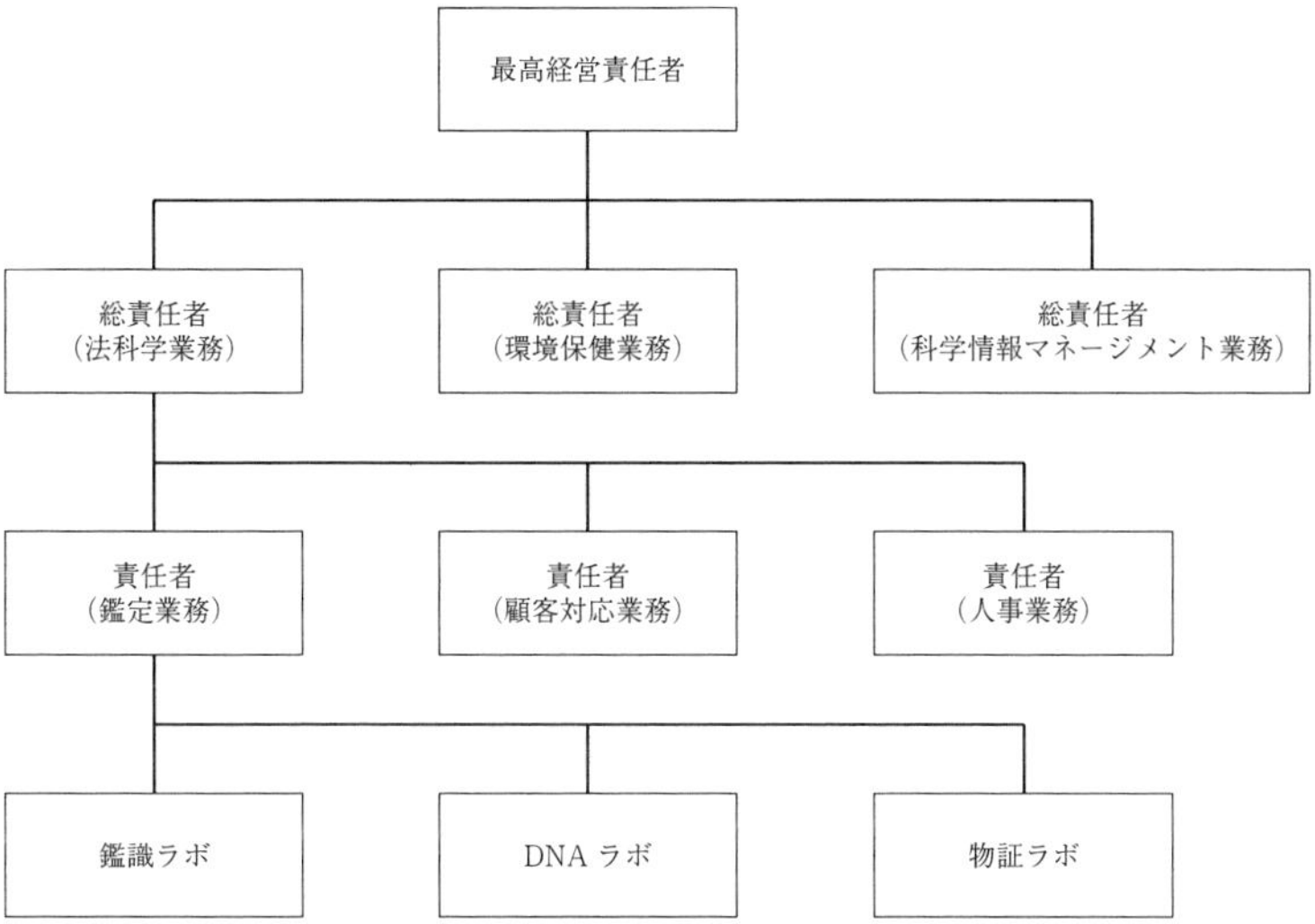

図 2-2 ESR の組織構造（筆者作成）

図中に記入したもの以外にも，業務に応じて総責任者，責任者が存在する．

R誕生以前の政府機関だった時代には、その傾向があったものの、研究会社となったESRではそれ以前の組織に比べて意思決定が単純化され、直接的になっているという。総責任者が法科学業務のすべての責任を持ち、最高経営責任者に直接報告を行うことで、意思決定が単純化され、業務の機敏さに繋がっているという指摘もある［Bedford 2011a: 286］。

また各責任者の下に位置づけられている法科学ラボは、「自己組織チーム（self organizing team）」という形態をとっており、ラボごとに運営がなされ、どのような科学鑑定を行うのか、ラボの支出管理、今後どのような鑑定業務や研究を行っていくのかは各ラボの職員が自由に決めることができる。最高経営責任者や総責任者、責任者などのESRの経営陣がその業務に介入したりすることはほとんどない。ラボごとに会議が頻繁に行われ、職員一人ひとりが自分の思ったことを自由に発言でき、どの意見も尊重される。後述するようにラボをまとめるためのラボ長はいるものの、ラボの職員間に目に見える大きな上下関係は存在しない(21)。

こうしたESRの組織構造は、「ESRでは個人が尊重され、職員の仕事とプライベート双方への配慮がなされている(22)

」、「官僚主義的な組織とは異なり、ＥＳＲでは自由に仕事ができるのでモチベーションが高まる[23]」、と職員たちが述べるように、ＥＳＲでの科学鑑定の効率的な遂行に効果的に機能していると思われる。

なお、ＥＳＲにおける組織構造や鑑定実践に関する各ラボの自立性については第5章で改めて触れる。

2　法科学業務

続いてＥＳＲでの法科学業務、つまり科学鑑定がどのような人々によって、いかに行われるのかを簡単に述べる。

犯罪捜査・裁判とＥＳＲの役割

犯罪が発生すると、様々な資料が犯罪現場で採取される。そして、採取された資料が法科学研究所に運ばれ、その資料が何か、犯罪とどのような関係があるのかについて科学鑑定が行われる。こうした科学鑑定の結果や目撃者証言などのその他様々な情報をもとにして、警察による捜査がなされ、裁判で判決が下される。

犯罪発生からその解決までの一連の流れの中で、ＥＳＲが関係するのは現場での資料採取と法科学ラボでの科学鑑定、裁判において専門家証人として鑑定結果について証言することである。法科学を題材としたテレビドラマなどで描かれているものとは異なり、ＥＳＲの職員たちは、被害者に話を聞いたり、被疑者に鑑定結果を突きつけ罪を認めさせたりはしない。そうした仕事はニュージーランド警察の役割である。

法科学ラボと職員

（1）　オークランドの法科学研究所

先述のとおり、ＥＳＲはニュージーランド国内の三都市に三つの法科学研究所を持っており、個々の法科学研究所には法科学の領域に応じていくつかの法科学ラボが存在する。

三つの研究所の中でもオークランドの研究所が一番多くの種類の科学鑑定を担っており、ニュージーランドの法科学実践の中枢であるといえるため［Bedford 2011b］、本書のもとになっている調査はオークランドの研究所で行われた（図２－３）。

ここではＥＳＲの中でもオークランドの研究所にどのような法科学ラボが存在し、そこで何が行われるのかを述べる。なお以下では「ＥＳＲ」といった場合、基本的にオークランドの法科学研究所を指すものとする。

図 2-3　ESR のオークランド法科学研究所
（ESR 職員提供 ©ESR）

ＥＳＲには、犯罪現場に赴きそこで資料の採取や現場の検証を行う鑑識ラボ[24]（Auckland Forensic Service Centre）、ＤＮＡ型鑑定などの生物資料の鑑定を行うＤＮＡラボ（Forensic Biology Team）、ガラスや繊維、塗料などの物的資料を鑑定する物証ラボ（Physical Evidence Team）、違法薬物を鑑定する薬物ラボ[25]（Drug Laboratory）、違法薬物製造所の捜索および鑑定を行う薬物捜索ラボ[26]（Clandestine Laboratory）が存在する[27]（図２－４）。

犯罪が発生すると、鑑識ラボの職員がニュージーランド警察の警察官とともに現場検証を行い、資料を採取する。その後資料がＥＳＲに送られ、各ラボで鑑定業務が行われる[28]。なお、本書の考察対象となるのは鑑識ラボ、ＤＮＡラボ、物証ラボの三つである。以下で述べるように、三つの法科学ラボは扱う資料に応じて異なる鑑定実践を行っている。

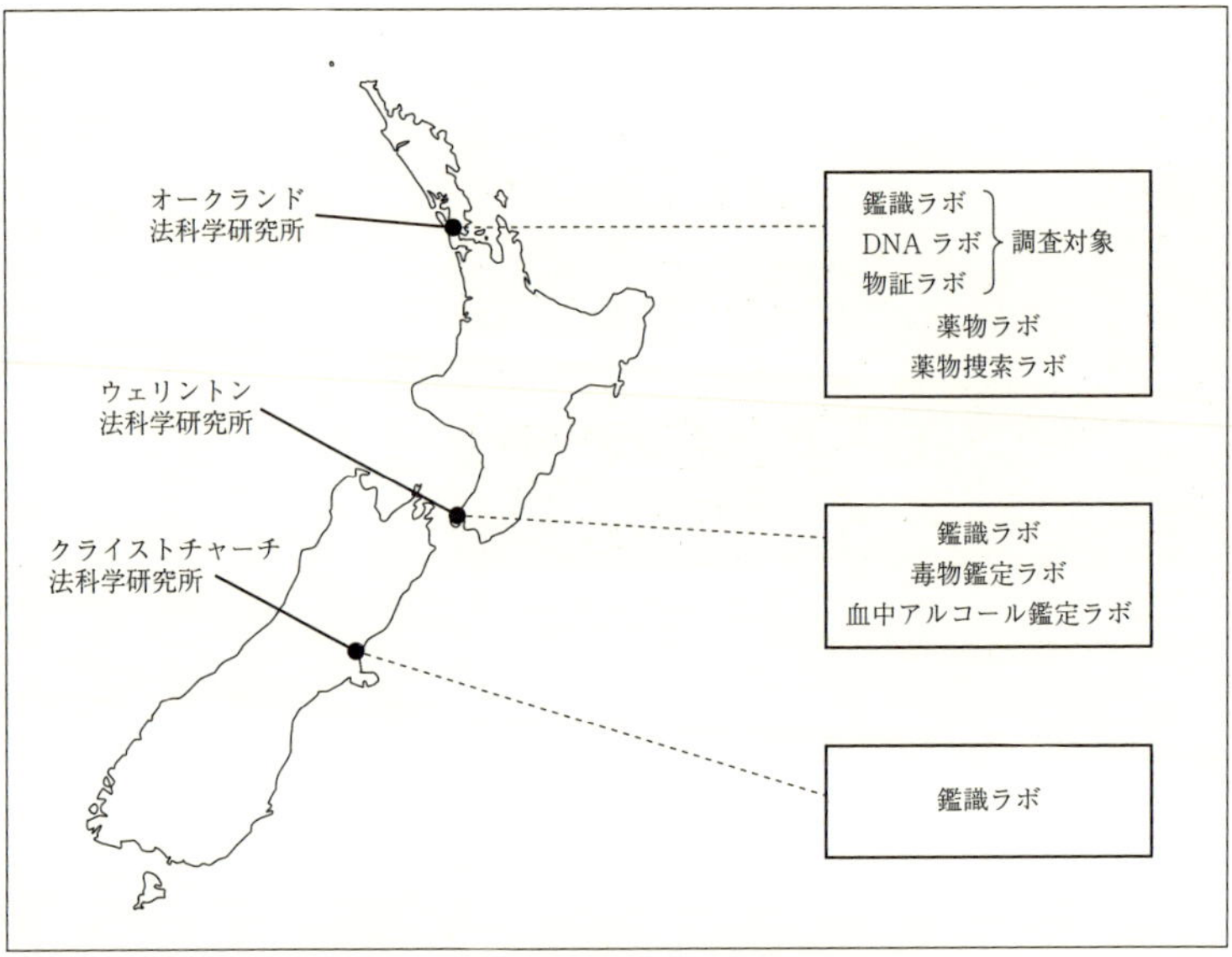

図 2-4　3つの研究所とラボ（筆者作成）

（2） 職員の呼称と役割

ＥＳＲの各法科学ラボで科学鑑定にあたる職員には事務員、補助員、技官、法科学者、上級法科学者、ラボ長という分類が存在する。

事務員（administrator）の役割は、送られてきた資料の受け取り・保管、事件や鑑定に関連する書類を入れるファイルの準備、鑑定結果を記述した鑑定書の送付、資料の破棄や返却などの事務作業である。

補助員（technician）の仕事は、鑑定の際に利用する薬品の準備、資料採取や鑑定で利用する機器のメンテナンスなどの補助業務である。

技官（senior technician）は、鑑定実践そのものを補助する役割を担っており、ラボでの観察、化学分析などを行い、法科学者や上級法科学者、ラボ長がそれを解釈するデータを生み出す役割を果たす。

法科学者[29]（scientist）は、住居侵入など、人に危害が加えられていない軽犯罪の鑑定を担当する。法科学者は、技官にどのような分析を行うか指示を出し、技官が生み出したデータを解釈し、鑑定結果を鑑定書の形でまとめる。また検察官や弁護士、裁判官からの依頼を受けた場合には裁判で証言を行い、鑑定結果について説明する。

これに対し上級法科学者（senior scientist）は、軽犯罪から、強盗や殺人など人が関係する重大犯罪までほぼすべての事件を担当する。業務としては法科学者同様に技官への指示、データの解釈、鑑定書の作成、裁判での証言を担当する。

ラボ長（science leader）の役割は上級法科学者と同じであるが、それに加えてラボで行われる業務の全責任を持つ。

第3章で述べるようにこうした職員の呼称や役割は、ESRのマニュアルの中で定義されている。しかし、職員の呼称について、ESRの日々の実践では、法科学者、上級法科学者、ラボ長がすべて「法科学者」と呼ばれていたため、以降ではそれにしたがう。事務員が受け取った資料を確認した法科学者は、技官にどのような分析や観察を行うのか指示を出す。この指示に基づいて技官が実際に資料を手にとり分析、観察、記録をする。そして得られたデータを法科学者が解釈し、その結果を鑑定書の形でまとめ、事務員が鑑定書と残った資料を依頼者に送付する、というのがESRの各ラボにおける法科学実践の大まかな流れである（図2－5）。また、法科学者はその鑑定結果について裁判で証言を行い、検察官や弁護士、裁判官、陪審員からの質問に答えたりする。こうした職員の業務の大枠は、鑑識ラボ、DNAラボ、物証ラボすべてで同様である。

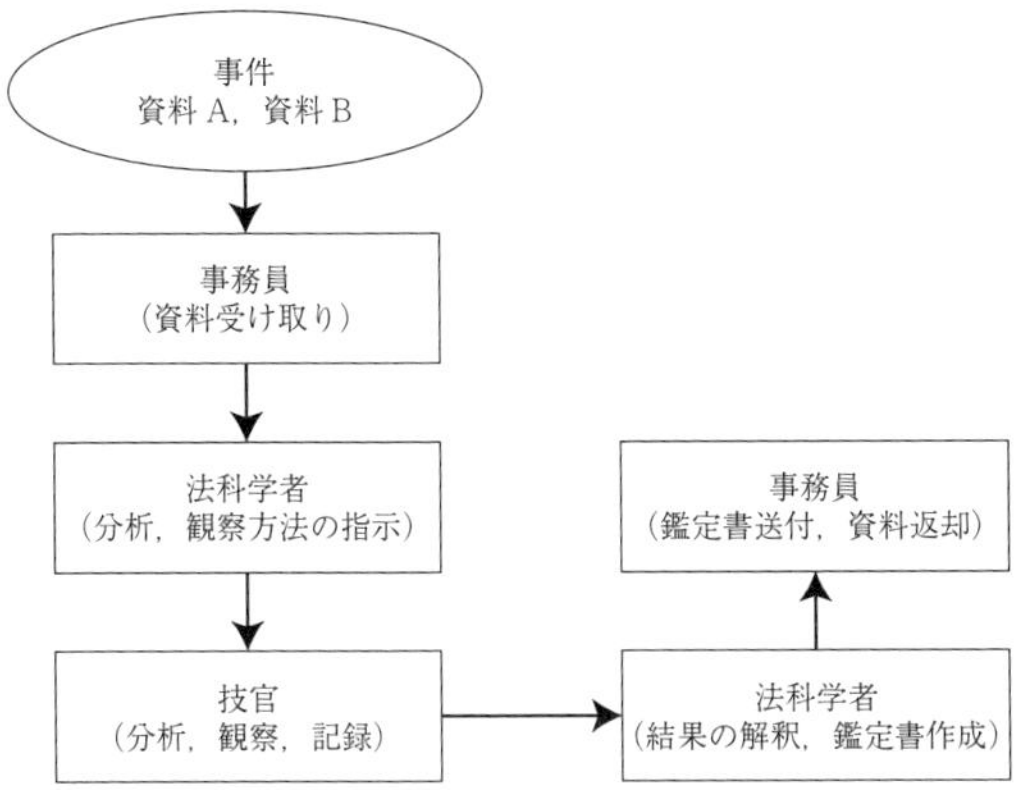

図2-5　職員の役割と鑑定の流れ（筆者作成）

鑑識ラボ

続いて、本書で議論される鑑識ラボ、DNAラボ、物証ラボにおいてどのような鑑定実践が行われているのか、ラボの職員構成や施設について述べる。まずは、ESRでの科学鑑定の窓口となっている鑑識ラボについて記述する。(30)

(1) 現場検証

犯罪が発生すると、それが窃盗など人に直接危害が加えられていない軽犯罪の場合には、ESRの職員ではなく、ニュージーランド警察(31)によって犯罪現場の資料採取や現場の状態の記録などの現場検証が行われる。しかし人への危害が加わる重大犯罪、たとえば暴行や強姦、殺人事件の場合は、ニュージーランド警察と一緒にESRの鑑識ラボの技官と法科学者が現場に赴き(32)、資料の採取を行ったり現場の状況を記録したりする(33)[O'Brien 2007: 17-18]。

(2) 資料の受け取りと割り振り

現場検証によって採取された資料は鑑識ラボの職員が持ち帰ったり、ニュージーランド警察からESRに届けられたりする。ESRに運ばれた資料はすべて鑑識ラボの受付で受け取られ（図2－6）、一旦鑑識ラボの保管庫に入れられる（図2－7）。

鑑識ラボで受け取られた資料は、保管庫の中で事件ごとにまとめられる。犯罪現場からは様々な種類の資料が採取されるため、個々の資料に応じて異なる鑑定が必要となる。鑑識ラボの法科学者は、送られてきた資料を確認し、それぞれに必要な鑑定に応じてDNAラボや物証ラボに資料を割り振る（図2－8）。資料が他のラボに移された後も、鑑識ラボとDNAラボ、物証ラボの法科学者たちは鑑定の進捗状況や結果などについて議論を行う。

また警察だけではなく、税関や健康省などから科学鑑定を依頼される場合がある。その際も一旦鑑識ラボの受付で資料が受け取られ、そこから必要な鑑定を行う法科学ラボに移管される。

（3）鑑定業務

鑑識ラボは、資料の採取および、送られてきた資料の受け取り、その割り振りなど鑑定の流れを管理する役割を果たしているが、一方で資料に関する科学鑑定も行っている。鑑識ラボで鑑定される事件は年間一〇〇〇件程度である[34]。

鑑識ラボで行われる鑑定は、犯罪現場に残された足跡がどの靴によるものなのかを検討する足跡鑑定、現場のタイヤ痕がどのタイヤによってつけられたのかを検証するタイヤ痕鑑定、血痕から現場での人々の動きを明らかにする血痕鑑定、ある物質が大麻かどうかを分析する大麻鑑定[35]、引き裂かれた二つのものがもともと同じものだったのか、どのように破損が生じたのかを明らかにする型照合鑑定、銃や車、バイクなどに記載されている製造番号の鑑定などである。なお、血痕鑑定については第3章で、足跡鑑定については第6章で、型照合鑑定については第7章で詳述す

図 2-6　鑑識ラボの受付（筆者撮影 ©ESR）

図 2-7　鑑識ラボの資料保管庫（筆者撮影 ©ESR）
1つの事件の資料は1つのボックスにまとめられる．

図 2-8　資料の割り振り（筆者撮影 ©ESR）

る。

さらに資料に付着したシミが何なのか、血液なのか唾液なのか精液なのかを確認するスクリーニングも鑑識ラボで行われ、資料がどの体液なのかが明らかにされる[36]（図2－9）。

鑑識ラボでの科学鑑定の結果は鑑定書の形でまとめられ、依頼者であるニュージーランド警察やそれ以外の機関、人に送付される。なお、鑑識ラボから他のラボに移管された資料の鑑定書は一旦鑑識ラボに集められ、そこからまとめて依頼者に送付される。この際、鑑識ラボの鑑定書には他のラボの鑑定書からの抜粋が入れられる。これによって、依頼者が個々のラボの鑑定書を読まなくても、鑑識ラボの鑑定書を読めばある程度の鑑定結果が分かるようになっている[37]（図2－10）。鑑定終了後、資料は依頼者に返却される。

図 2-9 スクリーニング（筆者撮影 ©ESR）
机の上の女性用下着についた体液が何か分析中.

このように鑑識ラボでもある程度の科学鑑定は行われるが、高度な分析機器などを利用した、より専門的な鑑定は、ＤＮＡラボや物証ラボで行われる。他のラボでの鑑定業務を述べる前に、鑑識ラボの職員構成および施設について記述しておく。

（4） 職員構成および施設

鑑識ラボには事務員二名、補助員一名、技官五名、法科学者八名が所属していた[38]。

また鑑識ラボには、事務員が資料の受け取りをする受付、資料の保管庫、試薬の準備室、技官が資料を実際に扱い化学分析や観察を行う複数の分析室、技官が文書作業をしたり、法科学者が分析結果の解釈および鑑定書作成をした

XXX

Formal Written Statement

XXX states:

My full name is XXX. I am a forensic scientist employed by the Institute of Environmental Science and Research Limited, known as ESR, at Mt Albert, Auckland.

ESR is a Crown Research Institute and its functions include the provision of independent forensic testing and advice. The forensic laboratories of ESR are accredited by the Accreditation Board of the American Society of Crime Laboratory Directors. ESR case files and any samples remaining are available for independent examination upon request and in accordance with defence access principles.

I have completed a Master of Science Degree with First Class Honours in Forensic Science in 2004 and a Bachelor of Science Degree in Pharmacology in 2001, both awarded by the University of Auckland. Since joining the Forensic Biology group of ESR in May 2002, I have worked as a technician and then as a scientist since June 2004, specialising in the area of forensic biology including DNA analysis. I have provided expert witness testimony on several occasions.

This statement updates and replaces my previous statement dated 04 October 2011.

Receipt of Samples

Laboratory records show that on 15 September 2011 and 18 October 2011 a number of samples were received at ESR Mt Albert Auckland via CourierPost for DNA analysis. A full list of samples is provided in Appendix I.

The sample descriptions used in this statement have been taken from sample packaging or accompanying documentation.

Page 1 of 8 pages

図 2-10　DNA 型鑑定の鑑定書（ESR 職員提供 ©ESR）

りする事務室、補助員が現場検証のための道具の準備やメンテナンスなどを行うガレージが存在した[39]。鑑識ラボで受け取られた資料は他のラボでの鑑定の必要性があれば、DNAラボ、物証ラボへと送られる。続いてDNAラボについて、その業務と職員構成などを概観する。

DNAラボ

DNAラボではDNA型鑑定などの生物学的鑑定が行われる[40]。DNAとはデオキシリボ核酸（deoxyribonucleic acid）の略称で、遺伝子の本体として生物の核内およびミトコンドリア内に存在する物質である。詳しくは第4章で述べるが、DNA型鑑定とは個人が異なるDNAの特徴（DNAプロファイルと呼ばれる）[41]を持っていることを利用して、個人識別を行う鑑定分野である［cf. Butler 2005（2009）］。

（1）　鑑定業務

ESRのDNAラボでは、主に二種類のDNA型鑑定が行われる。ひとつは、特定事件に関連する資料、たとえば犯罪現場で採取された血痕や精液、被害者、被疑者から採取された口腔粘膜細胞などの鑑定である。犯罪現場や被害者、被疑者などから採取された資料がDNAラボに持ち込まれると、まずそれらの資料のDNAプロファイルが明らかにされる。そして、様々なDNAプロファイルを比較したり、後述するDNA型データベースを利用したりすることで、特定の資料が誰のものなのかが検討される[42]（図2－11・図2－12・図2－13・図2－14）。

こうした特定の事件に関係した資料のDNA型鑑定に加え、DNAラボではDNA型データベース登録用の資料の鑑定も行っている。ニュージーランドは一九九六年、イギリスに次いで世界で二番目にDNA型データベースを設立し、国民のDNAプロファイルを収集している。刑事事件で有罪になった人や刑務所に収監された人、自発的に提供を申し出た人々から資料が集められ、ＤＮＡラボでの鑑定を通して明らかとなったプロファイルがデータベースに登録される［O'Brien 2007; Veth and Midgley 2010］。

なお、このデータベースは、犯罪捜査法（Criminal Investigation（Bodily Samples）Act（1995））の下でニュージーランド警察が所有しているが、その管理運用はＥＳＲのＤＮＡラボが行っている[43]。

送られてきた資料のＤＮＡプロファイルを明らかにし、データベースなどを利用して、ある資料が誰のものなのかを検討すること、またデータベースへのデータの登録およびその管理がＤＮＡラボの主な業務である。ＤＮＡラボでの鑑定結果は、鑑定書の形でまとめられ、鑑識ラボに送られそこから依頼者に送付される。鑑定が終了すると、資料は依頼者に返却される[44]。

ＤＮＡラボでは一年あたり約一〇〇〇件の事件の鑑定を行い、二〇〇〇件程度のデータベース登録用の資料の鑑定

図 2-11　DNA ラボに送られてきた資料
（ESR 職員提供 ©ESR）

図 2-12　DNA 分析機器（筆者撮影 ©ESR）
細胞からの DNA の抽出などを自動で行う機器.

図 2-13　DNA プロファイルの分析室
（筆者撮影 ©ESR）

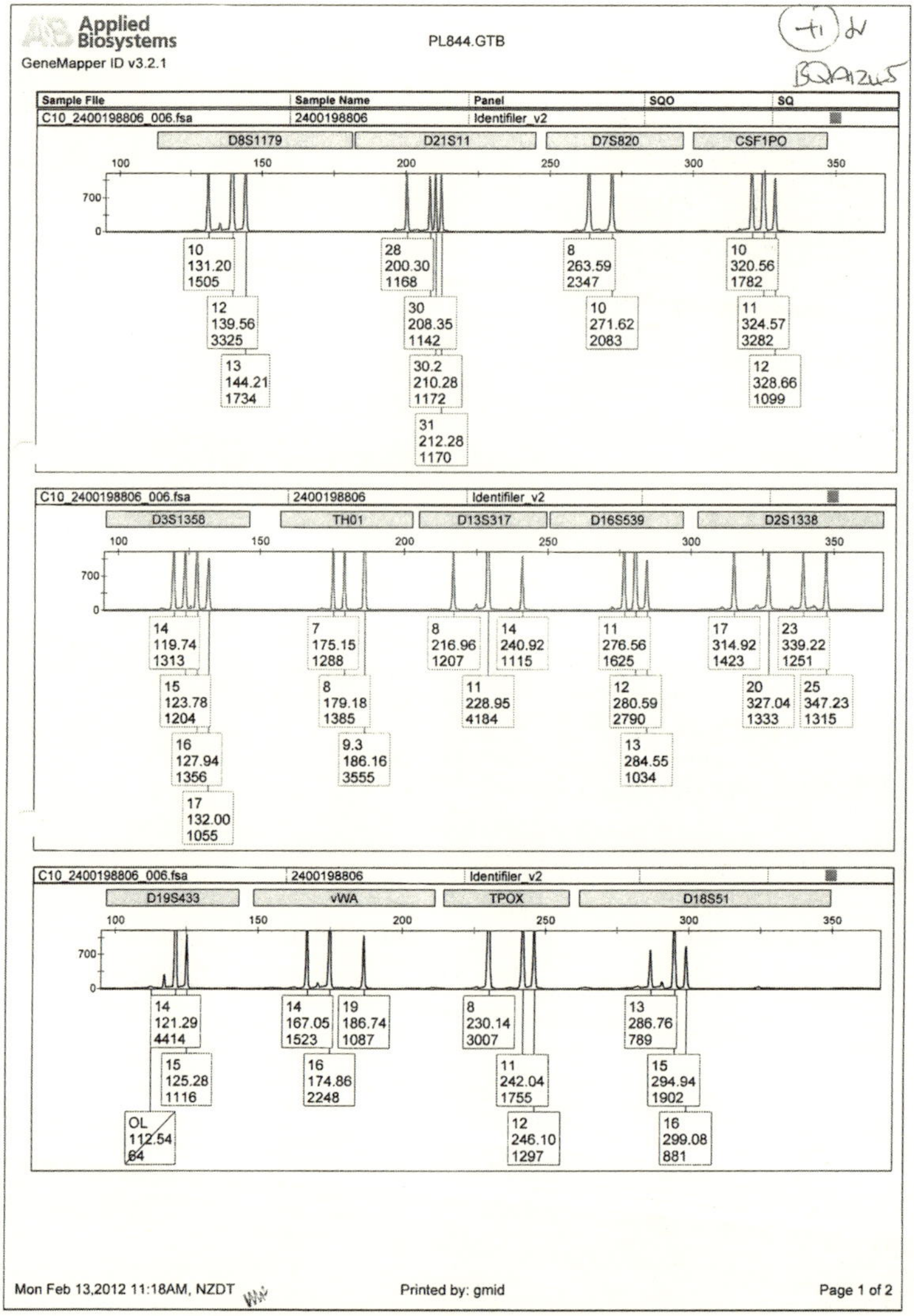

図 2-14　DNA プロファイル（ESR 職員提供 ©ESR）

図中のピークおよび四角内の一番上の数字が，DNA プロファイル．

を行っている。[45] なお本書ではDNAラボでの二つの鑑定業務の中でも、データベース登録用資料の鑑定ではなく、犯罪に関係した資料のDNA型鑑定について論じる。

(2) 職員構成および施設

DNAラボには事務員六名、補助員一名、技官八名、法科学者二二名が所属していた。

DNAラボは職員、とりわけ技官の出入りが多く、調査中何人かの技官が退職していた。こうした退職した職員を補う目的に加え、近年DNA型鑑定が犯罪捜査や裁判で重視されているため、新たな職員の採用も多く調査中何人かの職員が新しく雇われていた。

DNAラボには、専用の受付、[46] 資料の保管庫、試薬の準備室、技官が細胞からのDNA抽出などの業務を行う資料の分析室と機器室、研究用資料[47]の分析室、顕微鏡室、法科学者が業務を行うプロファイル分析室、技官が文書作業をしたり、法科学者が鑑定書を作成したりする事務室などがあった。

物証ラボ

鑑識ラボで受け取られた資料は、より専門的な鑑定のために物証ラボにも移管される。物証ラボの特色は、物的資料に関連した非常に多くの科学鑑定を行っている点である。

(1) 鑑定業務

物証ラボで鑑定される資料は、ガラス、塗料、繊維、工具痕、銃器、足跡、タイヤ痕、爆発物など多岐にわたる。第4章で詳述するが、犯罪現場や被疑者の自宅などから採取された様々な資料の特徴、たとえばガラスの色や屈折率、塗料の化学的組成、工具痕や弾丸についた傷などを観察したり分析したりすることで、犯罪現場に残された資料がどこからきたものなのか、また、犯罪現場で何が行われたのかを明らかにすることが物証ラボの役割である［cf. Brown and Llewellyn 1991: 35-37; Newton 2008: 124-125］（図2－15・図2－16・図2－17・図2－18・図2－19）。

物証ラボでは多様な鑑定が行われるが、銃を発射した時に硝煙が手に付着することを利用して、誰が銃を発射したのかを明らかにする硝煙反応（GSR: Gun Shot Residue）に関する分析や走査型電子顕微鏡（SEM: Scanning Electron Microscope）と呼ばれる顕微鏡を使用した分析は、ＥＳＲにはそのための設備がない。したがって、これらの資料の分析はＥＳＲの外部、たとえばオーストラリアの法科学研究所やニュージーランドのオークランド大学などで行われ、得られた結果をＥＳＲの法科学者が検討し、鑑定書を作成している。

こうしたラボでの鑑定実践に加え、銃が使われた事件に関しては、鑑識ラボの職員に代わって、銃器鑑定の専門家である物証ラボの技官と法科学者とが現場検証を行い、資料を採取する。さらに物証ラボの法科学者は銃器鑑定に際し、検死官によって行われた検死結果も利用している(48)。

他のラボ同様、物証ラボでの鑑定結果は鑑定書の形にまとめられ鑑識ラボに送付され、依頼者に送られる。鑑定が終了すると資料は依頼者に返却される。物証ラボでは年間、約二〇〇件の事件の科学鑑定を行っている(49)。

（2）　職員構成および施設

物証ラボには、事務員一名、技官二名、法科学者四名が所属していた(50)。ＤＮＡラボとは異なり、物証ラボで勤務する技官や法科学者は長年その業務を担当しており、新たな職員の雇用もあまり行われていない(51)。また物証ラボは、資料の保管庫、試薬の準備室、顕微鏡室、暗室、技官や法科学者が業務を行う資料の分析室や機器室(52)、技官の文書作業や法科学者の業務が行われる事務室を保有していた。

ＥＳＲで科学鑑定を行う鑑識ラボ、ＤＮＡラボ、物証ラボはそれぞれ異なる資料を対象とした鑑定活動を行っており、また扱う事件数や職員数なども異なっている。ラボ間のこうした違いについては第4章および第5章で詳細に分析する。

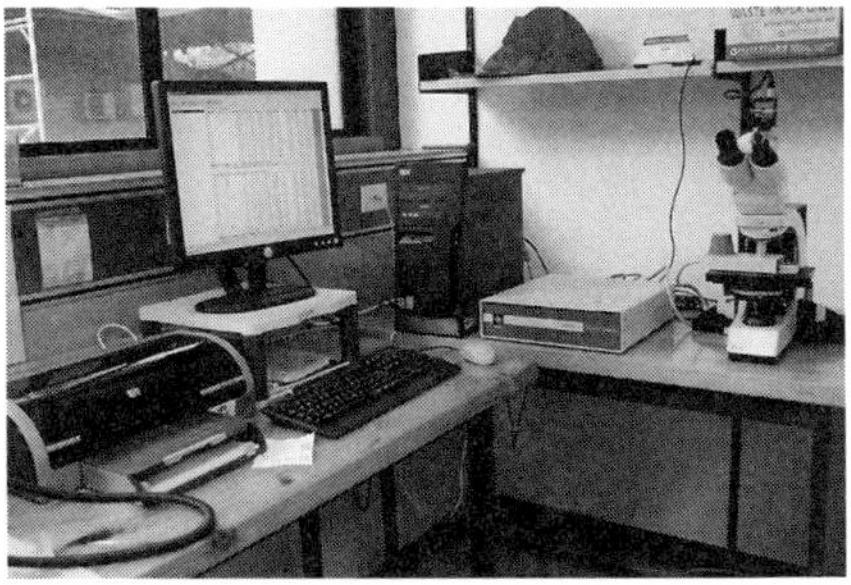

図 2-15　ガラスの屈折率測定機器（筆者撮影 ©ESR）

ガラスの種類によってその屈折率が異なるため，屈折率を測定することで，たとえば被害者の服から採取されたガラス片が，被疑者の車のフロントガラスのものかどうかが検討される．

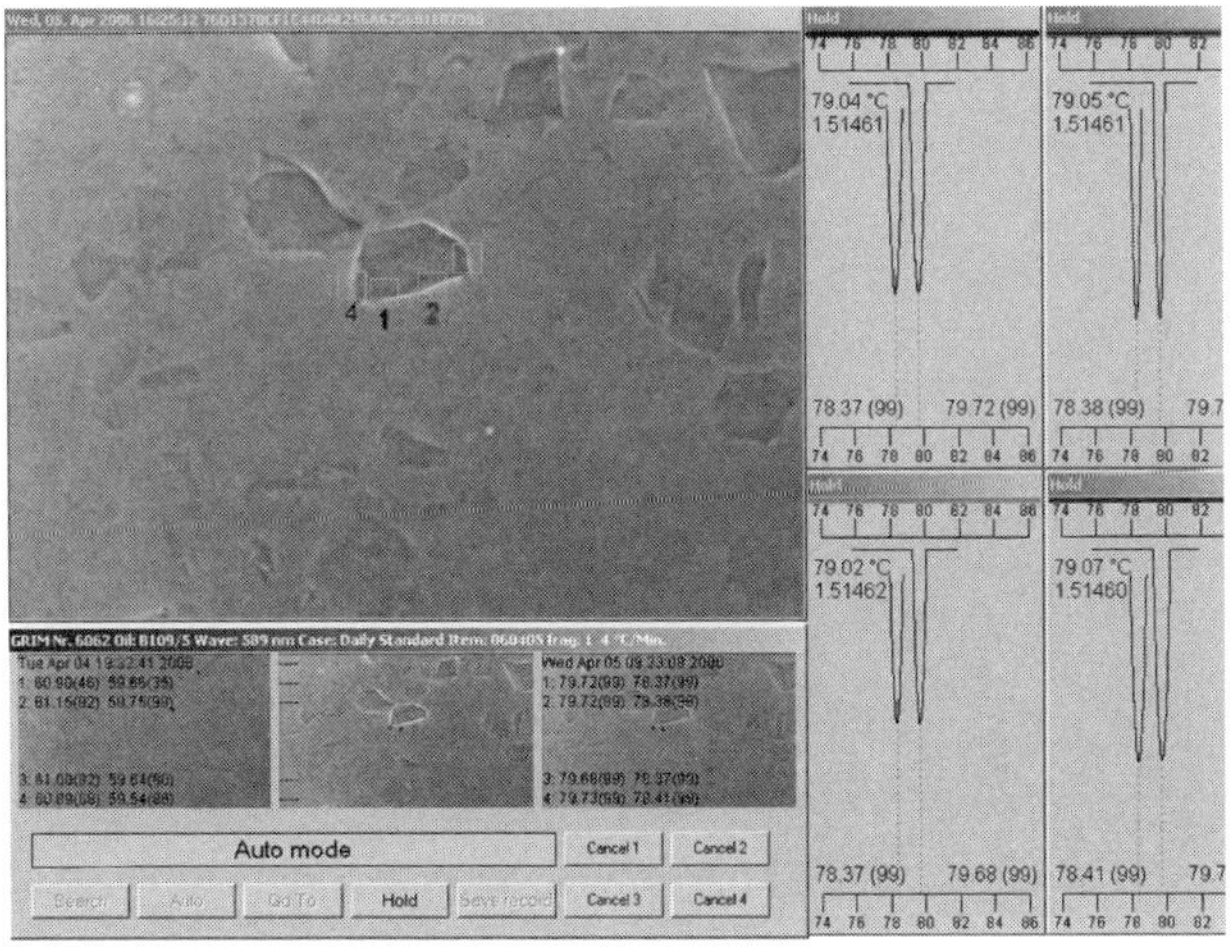

図 2-16　ガラスの屈折率測定結果（ESR 職員提供 ©ESR）

ひとつのガラス片に関して，4 か所の屈折率を測定する．図中左側の 1～4 番部分の屈折率を測定した結果が，図中右側の 4 つのグラフ．

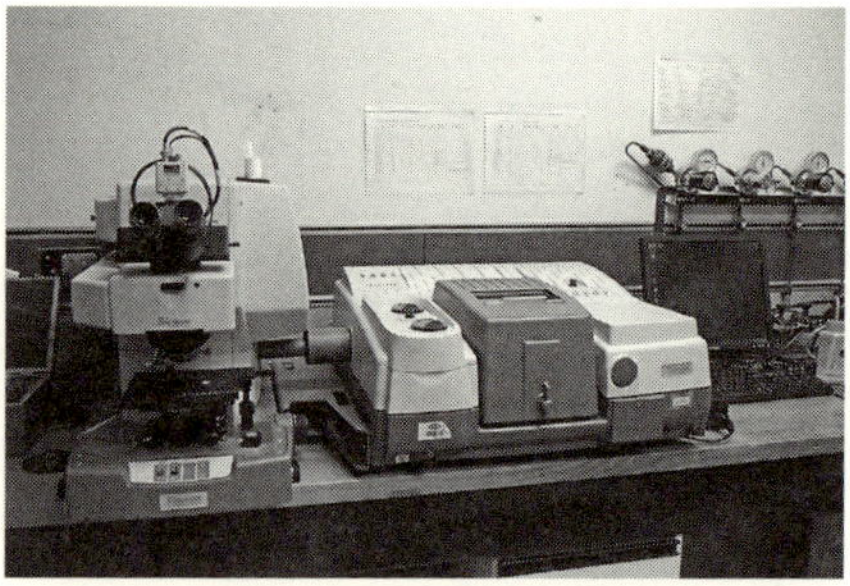

図 2-17　赤外吸収分光光度計（筆者撮影 ©ESR）

塗料に赤外線を当て，化学的組成を明らかにする機器．たとえば，被害者の服についた塗料の化学的組成と，被疑者の車の塗料の化学的組成が一致するかどうかが検討される．さらに塗料鑑定では，2つの対象に付着した塗料について，塗料の層がどのくらい一致するかも分析される．

図 2-18　工具痕鑑定（筆者撮影 ©ESR）

金庫についた工具痕から，どの工具によって傷がつけられたのかを分析している．物証ラボでは，生物資料を扱わない場合，分析室でラボコートや帽子，マスクなどをかぶる必要がない．分析室での服装については，第3章を参照．

図 2-19　物証ラボの法科学者の業務（筆者撮影 ©ESR）

鑑定書を作成中．

鑑定業務以外の活動

犯罪に関係する資料の科学鑑定以外にも、ＥＳＲは大学での法科学教育カリキュラムにかかわり、ＥＳＲの職員が大学での講義を行ったり、大学院生にＥＳＲのラボでの研究機会を提供したりしている。またＥＳＲの職員は、小中高等学校での講演、警察官や裁判官、検察官、弁護士への科学鑑定に関するトレーニング、法科学に関連する学会への参加や研究活動なども行っている。こうした鑑定業務以外の活動については、第7章で議論する。

3　犯罪に関するデータと制度

ＥＳＲでは、複数の様々な資料が法科学ラボで鑑定され、その鑑定結果が犯罪解決のために利用される。ここでは視点を法科学ラボの外部に移し、ニュージーランドではどのような犯罪が起こっているのか、またＥＳＲでの鑑定結果が利用されるニュージーランドの司法制度について概説する。

犯罪統計

ニュージーランド警察の集計によれば、ニュージーランドで筆者が調査を行っていた二〇一〇年度（二〇一〇年七月から二〇一一年六月まで）および二〇一一年度（二〇一一年七月から二〇一二年六月まで）において、犯罪の認知件数[53]は表２－１のとおりである。

なお、同時期の日本の一年あたりの犯罪認知件数は、殺人約一〇〇〇件、暴行約一万五〇〇〇件、強姦約一五〇〇件、強盗約三五〇〇件、住居侵入約二万件、窃盗約一二万五〇〇〇件となっており[55]、人口比を考慮にいれると日本より安全とは言い切れないものの、ニュージーランドは世界的にも比較的安全な国とされている［青柳 2008: 288-291］。

表 2-1　ニュージーランドの犯罪統計（注 54）

年度	殺人	暴行	強姦	強盗	住居侵入	窃盗
2010	93	43,594	3,327	2,503	59,361	136,524
2011	73	40,646	3,448	2,304	58,351	129,378

司法制度

ニュージーランドは慣習法を基礎とする法体系をとっており、司法制度は、最高裁判所（supreme court）、控訴院（court of appeal）、高等法院（high court）、地方裁判所（district courts）およびその他特別な紛争を扱う裁判所から構成され、三審制を採用している。最高裁、控訴院、高等法院はニュージーランド国内にひとつ、地方裁判所は六六存在している［荻野 2007a: 31］。なお、最高裁は二〇〇四年に設立され、それ以前はロンドンにある枢密院（privy council）に上告が行われていたなど、司法制度に関してもニュージーランドとイギリスの関係は深い［荻野 2007b: 41］。

また、ニュージーランドでは陪審制度が採用されている。裁判所の中でも、高等法院および地方裁判所において、起訴された犯罪に対する刑罰の上限が三か月以上の拘禁刑である刑事事件において、陪審制度が利用される。民事事件では請求額が三〇〇〇ニュージーランドドルを超える場合に陪審裁判を選択することができる［荻野 2007b: 42］。

さらにニュージーランドでは、日本をはじめとした多くの国と同様に対審制度がとられている。対審制度とは、対立する当事者同士（刑事事件の場合は検察官と被告人・弁護士）が裁判でそれぞれの主張を述べ、それを裁判官および陪審員が判断するという意思決定の方法である。したがって検察側と弁護側それぞれが、科学鑑定をＥＳＲなどの法科学研究所に依頼し、鑑定を行った法科学者が検察側、弁護側それぞれの専門家証人として裁判で証言をすることになる［cf. 久岡 2005; Sankoff 2007］。こうした司法制度に関しては第6章で改めて考察する。

4　調査方法

最後に、本書のもととなっている調査がどのように行われたのかを述べる。

本章で述べてきたように、ＥＳＲはニュージーランドの科学技術事業民営化をとおして成立した法科学研究所であり、世界的に公的な法科学研究所が主流である中で特異な形態をとっている。こうしたＥＳＲの特殊性は、その鑑定活動にも影響を及ぼしており、世界で二番目にＤＮＡ型データベースを構築したり、数多くの最先端の科学鑑定を実施したりするなど［ESR 2015a, 2015b］、ＥＳＲは世界の科学鑑定をリードする存在である。また、ニュージーランドはイギリスとの関係が深く、後述するようにこうした国際的関係性は、ＥＳＲにおける鑑定活動にも反映されている。ＥＳＲを分析することで、法科学の最新の状況を把握することができ、また法科学の複雑性を、国際的観点も含めて多角的に分析できると考えたため、調査対象として選定した。

筆者は二〇一〇年八月から二〇一二年三月までＥＳＲに滞在し、調査を遂行した。調査は、ＤＮＡラボからはじめ、物証ラボ、鑑識ラボへとその対象を拡大していった。ＥＳＲは通常月曜日から金曜日の午前八時から午後五時まで開館し鑑定業務を行っていたため、平日はほぼ毎日、開館時から閉館時まで調査を行った。具体的な調査内容としては、それぞれのラボの職員のうち四九名（事務員、補助員、技官、法科学者すべてを含む）の日々の活動を参与観察するとともに[56]、三四名の職員に対して鑑定実践に関するフォーマルなインタビュー調査を行った[57]。

職員に対する参与観察調査およびインタビュー調査に加え、ほとんど毎週行われる多種多様な職員会議[58]や各種トレーニング[59]に出席した。観察内容や観察の際にかわしたインフォーマルな会話はその場でフィールドノートへの記録を行い、一部録音も行った。また、インタビュー調査および出席した会議は一部を除いてすべて録音し、会議の議事録の保有も許可された。さらにＥＳＲの図書室およびオークランド市立図書館で科学鑑定に関する文献調査を行った。

本書の主な考察対象となるデータは、二〇一二年までの調査の中およびその後の調査対象者とのメールのやり取りによって得られたものだが、筆者は二〇一四年七月にも一か月間、ニュージーランドで調査を行っており、その内容も本書には反映されている。二〇一四年の調査では、法科学教育や科学鑑定に関するトレーニングについてＥＳＲの職員、ニュージーランド警察の職員、ニュージーランドのオークランド大学の教員と大学院生のべ一四名へのインタビュー調査、ＥＳＲでの文献調査を行った。

調査はすべて英語で行われ、本書で引用された調査データは、筆者がその内容を邦訳したものである。引用に際しては参与観察対象者やインタビュー対象者、私信のやり取りの相手の名前をアルファベットで無作為に表記し、所属ラボおよび職名、観察日、インタビュー日、私信のやりとり日を併記している[60]。なお、個人の特定が容易な場合には、所属ラボではなく「ＥＳＲの」と表記したり、職名の代わりに「職員」と表記したりするなど、特定されない配慮を施した。

次章以降では、調査データをもとに本書の目的である法科学ラボでの標準化と法科学の境界設定について議論する。

（1）一七六八年頃には、二〇万人ほどのマオリがいたとされている［地引 1984: 24］。
（2）オーストラリアは一七八八年に、流刑地としてイギリス人の移民が始まっていた［前川 2005: 20］。
（3）一八三〇年までには約二〇〇〇人のヨーロッパ人が居住していた［青柳 2008: 92］。
（4）後にニュージーランド会社となる。
（5）ワイタンギ条約では、（1）マオリの部族長は、その主権をイギリス女王に譲り渡す、（2）イギリスはマオリに対し、彼らが従来保有してきた土地や財産の所有を引き続き保障する。その代わりにマオリは今後、土地の売買はイギリス政府に対してのみ行う、（3）マオリは今後イギリス国民としての権利と特権を認められる、といった三点が定められている［地引 1984: 37］。
（6）二〇〇六年の国勢調査によれば、ニュージーランドの人口の六七・六パーセントがヨーロッパ系、一四・六パーセントがマオリ、九・二パーセントがアジア系、六・九パーセントがマオリ以外のポリネシア系である。URL: http://www.stats.govt.nz/Census/2006CensusHomePage/QuickStats/quickstats-about-a-subject/culture-and-identity.aspx（2014/10/27 確認）。
（7）ドミニオンでは、貿易の自由や軍隊の保持が可能となる［青柳 2008: 26］。
（8）ニュージーランドの主要輸出品は、バター、チーズ、食肉、羊毛などの農畜産物である［青柳 2008: 212; 宮尾 2001: 191］。
（9）研究科学技術省は、二〇一一年二月から、科学革新省（Ministry of Science and Innovation）となり、二〇一二年七月に科学革新省は、職業革新雇用省（Ministry of Business, Innovation and Employment）へと統合された。URL: http://www.mbie.govt.nz/about-us/our-formation（2014/09/11 確認）。
（10）政策立案に関係するのが一九八九年に設立された研究科学技術省（Ministry of Research, Science and Technology）であり、この省が研究科学技術大臣に対し、科学技術政策や投資に関する助言を行う。資金供給に関しては、公共のための科学基金（PGSF: Public Good Science Fund）などの基金が存在する。そして、独立の決定機関である財団（研究科学技術財団など）によって、基金に申請をしてきた研究会社、国立研究所、行政組織、大学、企業、個人、在外研究機関に予算が配分される［根本 1998a: 16-17, 1998b: 24-25; 和田 2007］。

（11）研究会社は、研究会社法（Crown Research Institute Act（1992））に基づいて成立し、会社法（Companies Act（1955））の下で法人格を与えられている。さらに公的資金法（Public Finance Act（1989））の下で経営されている。研究会社は、研究および関連業務を行い、研究以外の特別な生産活動は行っていない［根本 1998a: 18］。

（12）財務大臣や研究科学技術大臣。

（13）一九九二年には、ニュージーランド牧畜農業研究所（New Zealand Pastoral Agriculture Research Institute Ltd.）、ニュージーランド園芸食品研究所（The Horticulture and Food Research Institute of New Zealand Ltd.）、ニュージーランド農作物食品研究所（New Zealand Institute for Crop and Food Research Ltd.）、ニュージーランド森林研究所（New Zealand Forest Research Institute Ltd.）、産業研究所（Industrial Research Ltd.）、ニュージーランド土地環境保護研究所（Landcare Research New Zealand Ltd.）、地質原子力科学研究所（Institute of Geological and Nuclear Sciences Ltd.）、水質大気国立研究所（National Institute of Water and Atmospheric Research Ltd.）、社会調査開発研究所（New Zealand Institute of Social Research and Development Ltd.）、ＥＳＲの一〇機関の研究会社が成立したが、一九九五年に社会調査開発研究所が廃止された［French and Norman 1999: 4; The Ministry of Research, Science and Technology 1994: 5］。

（14）科学産業研究省（Department of Scientific and Industrial Research）の化学部門、健康省（Department of Health）の伝染病センター、地域公衆衛生研究所（Regional Public Health Laboratories）の三つ［Bedford 2011b: 285］。なお、科学産業研究省の化学部門は、一八六五年にウェリントンに設立された植民地研究所（Colonial Laboratory）までその歴史を遡ることができる［Hughson and Ellis 1981］。

植民地研究所の時代から、法科学業務および食品と薬物検査が重要な活動であり［Bedford and Mitchell 2004: 38］、一八六九年に植民地研究所の分析官であるスケイが、ヒ素による砂糖の汚染の調査を行ったという報告がある［Leary 1985: 119］。なお植民地研究所は、一九〇七年にはドミニオン研究所（The Dominion Laboratory）、一九六四年には科学産業研究省の化学部門となる［Nelson 1986: 9］。

(15) ＥＳＲは、本書に関する主要な調査終了時の二〇一二年三月には、科学革新省（前身は研究科学技術省）と財務省を株主としており、その業務運営は、最高経営責任者と取締役会の下ですべてＥＳＲ自身が管理していた。

(16) 環境保健に関するサービスとしては、オークランド、ウェリントン、クライストチャーチの研究所で、伝染病、公衆衛生、食品安全および水質汚染に関連した業務が行われている。これらの業務の顧客は、政府や一般企業であり、たとえばニュージーランドから輸出されるワインの品質保証や、輸出入される食品や家庭用品の品質調査などがＥＳＲで行われる。また、ＥＳＲは大学と共同で環境衛生や食品に関する研究も行っている［Bedford and Mitchell 2004: 38］。

(17) ＥＳＲを含む研究会社の役割は、研究および関連業務とされているが、ＥＳＲは科学鑑定や環境保健に関する検査を主な業務として行い、研究がその主活動ではないために、正確には研究会社とはいえないのではないか、という主張も存在する［French and Norman 1999: 5］。

(18) 鑑定業務からの収入以外にも、ＥＳＲは研究費としてニュージーランド警察などから資金提供を受けたり、国の助成金や基金への申請なども行っている。政府事業の民営化の中で誕生したニュージーランドの研究会社の中には、経営難に苦しむ企業がある一方で、ＥＳＲは積極的に新たな鑑定手法、鑑定機器を導入することで利益を産出し、優良に経営がなされているといえる［Bedford 2011a］。

(19) ただし、弁護士からの鑑定依頼を受けるのは、その事件について警察から依頼を受けていない場合のみである。

(20) ラボの名称は、本章第2節「法科学ラボと職員」を参照のこと。

(21) なお二〇一四年の調査時には、組織構造が変化しており、それぞれの法科学ラボは自己組織チームではなくなり、ラボを監督するラボ責任者がおかれていた（総責任者の下に責任者、責任者の下にラボ責任者という構造）。ただしある法科学者によると、組織構造は変わったものの実際の活動はそれほど変化しておらず、ラボの職員が自立的にその活動内容を決めており、また職員が自由に意見をいえる雰囲気は継続しているとのことである。ＤＮＡラボの法科学者Ｂとの私信（2014/07/08）。引用の仕方については本章の第4節を参照のこと。

(22) ＤＮＡラボの法科学者Ｃへのインタビュー（2014/07/22）。

(23) 鑑識ラボの技官Dへのインタビュー（2012/03/14）。

(24) 本書では、Centre、Teamをラボと訳した。Auckland Forensic Service Centre、Forensic Biology Team、Physical Evidence Teamという呼称は、ESRのマニュアルの中で定められている各グループの名前であり、実際のESRの職員たちは、laboratoryという呼称を使用することもあった。また、一般的に科学鑑定を行う場所は法科学ラボ（forensic science laboratory）とされるため、本書でもそれに従った［cf. Houck 2007］。

(25) 覚せい剤をはじめとする様々な薬物の鑑定が行われている［ESR 2014: 6］。

(26) 一九九六年にニュージーランドで初めて覚せい剤製造所が見つかったが、その後、違法薬物製造所が劇的に増加した。二〇〇〇年には発見されたものが九つであったのに対し、二〇〇三年の一月から一〇月の間には、一四七もの製造所が警察により発見、封鎖されている［Bedford and Mitchell 2004: 39］。こうした違法薬物製造所に赴き、その調査を行うのが薬物捜索ラボの職員の役割である。

(27) 鑑識ラボはウェリントン、クライストチャーチの研究所にも置かれている。さらにウェリントンの研究所には、毒物鑑定を行うラボと血中アルコール鑑定を行うラボがある。

(28) 指紋鑑定、文書鑑定、コンピュータ鑑定（computer forensics）と呼ばれるコンピュータ犯罪に関連する鑑定はニュージーランド警察が行っている［Bedford 2011b: 286］。

(29) 本来、scientistは科学者と訳すのが正しいが、本書はこれまでSTSで対象とされてきたラボと法科学ラボとの比較を目的としており、分かりやすくするために、また一般的に法科学ラボで鑑定を行う科学者のことを法科学者（forensic scientist）と呼ぶことが多いため、法科学者と訳した。なお、ESRのマニュアルの中では職員の呼称について、scientistという用語が使用されていたが、ESRで作成される鑑定書においては、scientistに代わりforensic scientistという呼称が使用されるなど、ESR内部での職員の呼称は一定ではなかった。また、ESRでは自らをforensic scientistと呼ぶ職員が多かった。

(30) ウェリントンおよびクライストチャーチの鑑識ラボでもオークランドのものと同じような業務を行っている。鑑識ラボの法科学者Eへのインタビュー（2012/01/25）。

(31) ニュージーランド警察で現場検証を行う警察官は鑑識官（SOCO: Scene Of Crime Officer）と呼ばれている［O'Brien 2007: 17］。

(32) 殺人事件の場合は検死官も現場検証を行う［O'Brien 2007: 18］。

(33) オークランドの鑑識ラボはニュージーランドの北島の北半分に関して、ウェリントンの鑑識ラボは北島の南半分に関して、クライストチャーチの鑑識ラボは南島の犯罪現場の検証業務を担っている。またこうした現場検証業務は、二四時間三六五日ニュージーランド警察に提供されている。一方で、オークランド法科学研究所での資料の受け取りや各ラボによる鑑定業務は、平日午前八時から午後五時に行われている。鑑識ラボの法科学者Ｅへのインタビュー（2012/01/25）。

(34) 鑑識ラボの法科学者Ｆとの私信（2012/03/21）。

(35) 違法薬物の鑑定は、薬物ラボで行われているが、大麻と思われるものに関しては、鑑識ラボでも鑑定がなされる。

(36) スクリーニングされた資料はＤＮＡラボに運ばれ、ＤＮＡ型鑑定が行われる。資料が唾液か精液か血液かによってＤＮＡ型鑑定のやり方が違ってくるため、スクリーニングは重要である［cf. Butler 2005（2009）: 34-43］。

(37) ＤＮＡラボの法科学者Ｇへのインタビュー（2012/03/12）。

(38) 職員構成はすべて二〇一二年三月当時のものである。

(39) 施設の状況はすべて、二〇一二年三月当時のものである。オークランドの法科学研究所は、二〇一二年から二〇一三年にかけて大規模な改装を行っており、ここで述べたものとは様子が変わっている施設もある。

(40) ニュージーランドでは一九九〇年に初めて、ＤＮＡ型鑑定の結果が証拠として裁判で利用された［Cordiner *et al.* 2003: 39］。

(41) 本書では、ＤＮＡプロファイルを単に「プロファイル」と呼ぶ場合もあるが、両者は同じものを意味する。

(42) 正確には、ＤＮＡ型鑑定では、特定の資料のＤＮＡが誰のものかが検討されるが、本書では分かりやすくするために、特定の資料が誰のものかを検討する、とした。

(43) ニュージーランドには、国家ＤＮＡ型データベース（National DNA Database）と、犯罪現場資料データベース（Criminal Sample Database）の二種類のデータベースがある。前者のデータベースには、特定の個人のＤＮＡプロファイルが登録されるのに対し、後者のデータベースには、犯罪現場から収集した、誰のものかが分からないプロファイルが登録される。二〇一五年の段階で、国家ＤＮＡ型データベースには約一六万件のＤＮＡプロファイルが、犯罪現場資料データベースには約三万四〇〇〇件が登録されている。URL: http://www.ESR.cri.nz/home/latest-news/ESR-held-databank-marks-20-years-of-crime-fighting/（2016/06/01 確認）。

(44) 鑑定途中に新たに発見された毛やシミなどはＥＳＲで保管されるなど、返却されない資料もある。

(45) ＤＮＡラボの法科学者Ｇとの私信（2012/03/22）。

(46) ＤＮＡラボでは、扱う資料の数が多いことに加え、生物資料を扱っており、コンタミネーション（資料間の混合）を防ぐために専用の受付が設置されている。

(47) ＤＮＡラボでは、鑑定業務のみならずオークランド大学の大学院生やＥＳＲの職員によってＤＮＡ型鑑定を改良するための研究も行われており、ラボにはそのための施設も存在する。法科学ラボにおける鑑定と研究の関係については第7章参照のこと。

(48) 物証ラボの法科学者Ｈへのインタビュー（2014/07/21）。

(49) 物証ラボの法科学者Ａとの私信（2012/03/09）。

(50) 物証ラボの事務員と技官は、鑑識ラボとの兼任となっており、週の何日かは鑑識ラボで業務にあたっていた。

(51) 物証ラボの法科学者Ａへのインタビュー（2012/03/09）。

(52) 銃器鑑定などは、法科学者がすべての鑑定業務を行うため、法科学者が分析室で弾丸の観察を行ったりする。詳細は第4章参照のこと。

(53) 犯罪について、被害の届出、告訴、告発その他の端緒により、警察などが発生を認知した事件の数。URL: http://hakusyo1.moj.go.jp/jp/62/nfm/n62_1_2_0_0.html（2016/12/12 確認）。実際の犯罪の発生件数とは異なる場合がある。

(54) URL: http://www.police.govt.nz/about-us/publication/crime-statistics-fiscal-year-ending-30-june-2011（2014/10/27 確認）。URL: http://www.police.govt.nz/about-us/publication/crime-statistics-fiscal-year-ending-30-june-2012（2014/10/27 確認）。

(55) URL: https://www.npa.go.jp/toukei/seianki/h23hanzaizyousei.pdf (2014/09/23 確認)。

(56) ＥＳＲの責任者の業務も数回参与観察した。

(57) 参与観察調査やインタビュー調査に際しては、事前に調査対象者に調査内容を説明し、対象者が調査への参加を承諾した場合のみ、同意書への署名をお願いし調査を行った。インタビューは四〇分から一時間半程度のものを、一回から二回行った。筆者の調査時にオークランドの研究所には全部で一〇〇名程度の職員がおり、科学鑑定にかかわっていた。

(58) 参加した会議は次のとおりである。ＤＮＡラボのすべての職員を対象としたもの、ＤＮＡラボの事務員を対象としたもの、ＤＮＡラボの技官を対象としたもの、ＤＮＡラボの法科学者を対象としたもの、ＤＮＡラボの中でも特別な鑑定を行う人々を対象としたもの、物証ラボのすべての職員を対象としたもの、鑑識ラボのすべての職員を対象としたもの、鑑識ラボの法科学者を対象としたもの、ＥＳＲで研究を行う大学院生を対象としたもの、ＥＳＲの職員すべてを対象としたもの、各ラボの品質保証を担う職員を対象としたもの。

(59) 参加したトレーニングは次のとおりである。ＤＮＡラボの新人技官へのトレーニング、ＤＮＡラボで特別な鑑定を行う法科学者へのトレーニング、ＤＮＡラボの職員全体へのトレーニング、銃器鑑定を行う職員へのトレーニング、足跡鑑定を行う職員へのトレーニング、ＥＳＲの事務員全体を対象としたトレーニング。

(60) 調査対象者への敬称は略してある。

第3章　法科学ラボ内の標準化
——品質保証におけるマニュアルの作用

ＥＳＲには法科学分野に応じていくつかの法科学ラボが存在するが、本章では個々の法科学ラボにおいてその実践がどのように標準化されているのかを考察する。その際着目するのがラボでの実践の品質保証とマニュアルである。科学鑑定に限らず様々な活動をする際、それがきちんと行われていることを保証すること、つまり品質保証を行うことは重視されており、品質保証のためにしばしばマニュアルが利用されている。マニュアルとは活動を規定するものであり、そのとおりに活動を行うことで、正しく行為がなされたことを保証するものであるといえる。

本章では、こうした品質保証のためのマニュアルが、法科学ラボで何を規定し科学鑑定の実施にどのように作用しているのかを分析する。そして法科学ラボのミクロレベル、すなわち個々のラボのレベルにおいて、法科学者の様々な戦略の下で、鑑定実践の標準化がいかに行われているのかを論じる。

なお、様々な活動について定めたものは、マニュアル以外にもガイドラインやプロトコル、規則など多岐にわたる。ＥＳＲでは法科学ラボでの活動を規定するものを、マニュアルと呼称していたために、本章でもそれにしたがい、ガイドラインやプロトコルなども、マニュアルと称することとする。

1　マニュアルと科学的活動

法科学に限らず、科学ラボでの実験や観察、それ以外にも何らかの活動を行う際にマニュアルを作成することは頻繁に行われる。マニュアルとはモノや情報、人々の行為などを管理し、活動が適切に行われていることを保証するものであるといえる。福島は、こうしたマニュアルには二つの相異なる機能が存在すると主張している［福島 2001, 2010: 293-294］。

認知的機能

ひとつめは、最低限の能力をサポートするための認知的機能である。どのように行為するかに関してマニュアルで定められているものの、現実の状況の多様性に対応するために、マニュアルに書かれた手順を省略したり、マニュアルとは違ったやり方が採用されたりする時がある。この場合、マニュアルは認知的な大枠のみを定めるもの、すなわち認知的マップとして利用される［cf. 福島 2010: 293］。認知マップ（cognitive map）とは認知心理学の分野で、我々の頭の中に存在する地図、あるいはそれを形作っている知識を指す。空間に関する判断や空間内の移動を行う場合には、この認知マップが利用される。しかし、認知マップでは、自分が重要と思う情報が誇張されたり、不必要と思われる情報は削除されたりするために、認知マップと実際の地図とは様々な点で異なっている［cf. 邑本 2005: 103］。本章では、こうした認知マップの概念を引き継ぎながら、人々の判断や活動を手助けするための簡単な情報、手続きを提示するものを認知的マップとする。

こうしたマニュアルの持つ認知的側面はＳＴＳ研究者の関心を引いてきた。一九八四年からカリフォルニア州立大学バークレー校の研究者を中心に、航空交通管制やアメリカ海軍の航空母艦などの、高いリスク環境におかれつつも、良い安全パフォーマンスを続ける高信頼性組織（HRO: High Reliability Organization）の研究が行われた［福島 2010: 185; Rochlin 1996: 55］。その中で、ドイツの原子力発電所で使用されているマニュアルの検討がなされた。原子力発電所にはその操業に関するマニュアルが存在するが、ドイツの原子力発電所では、マニュアルは人々の行動を細かく定めるものではなく、活動の枠組を提示するものとして理解されている。発電所の職員たちは、書かれたマニュアルではなく実際の状況に注意を払い、効率的な操業のために時にマニュアルの規定とは異なる活動も行っていたという［Rochlin and von Meier 1994: 172］。ドイツの発電所においては、マニュアルの認知的機能が強く働いていたといえる。

法的機能

マニュアルの持つもうひとつの機能とは、特定の手続き以外を制限する、法的な機能である。マニュアルの中でどのような行為をするのかが厳格に定められ、そこからの逸脱が許されない場合がある。緩やかに人々の行動を規定した認知的マップとしてのマニュアルに対し、法のような拘束力を持ったもの、法的マップとしてマニュアルが機能する場合もある［cf. 福島 2010: 293］。

前述したバークレー校の研究者たちは、アメリカの原子力発電所の研究も行ったが、そこではマニュアルの法的機能が強く働いている。アメリカの原子力発電所では、操業に関する詳細なマニュアルが作成されており、それを遵守することが発電所の安全な運営につながると考えられていたという。そして、ドイツの発電所とは異なりマニュアルの規定とは異なる手順を踏むことは処罰の対象となり、許されていない［Rochlin and von Meier 1994: 171］。

現実への対応

マニュアルには、簡単な手続きを示し、使用者にある程度の自由を許す認知的機能と、拘束力を持ち使用者の行動を規定する法的機能とが存在する。マニュアルの二つの機能の中で、マニュアルを法的マップとして利用することは、そのとおりに行われた活動の品質を保証することにつながるが、現実はマニュアルどおりにはいかない突発的な出来事の連続である。こうした現実の複雑さに対して、法的機能の強いマニュアルは、人々の行為を制限するものであるため、それに従属していただけでは現実に対応できないことがある。マニュアルに注目したＳＴＳ研究の中で、法的機能の強いマニュアルを使用する人々が、どのように現実に対応しているのかが分析され、マニュアルの二つの機能が複雑に関係し合っている様子が明らかにされてきた。

たとえば医療の現場において近年、治療方針（clinical pathways）と呼ばれる治療のフローチャートを作成し、その順序を追って治療を行うことがなされている［Zuidrent-Jerak 2007］。治療方針とは、もともと工場での生産工程の合理化を目指した方法に根ざしており［福島 2010: 203］、まさに治療に関するマニュアルであり、治療の流れを定めるものといえる。こうした治療に関するマニュアルは、根拠に基づいた医療（EBM: evidence based medicine）の考え方の下で誕生し、客観的な治療のために重視され、現場で働く人々に対してマニュアル遵守が要請されている。しかし法的マップとしての治療方針、マニュアルに関して、実際の治療現場ではそこには規定できない様々な状況が生じるために、マニュアルに対して医療スタッフの抵抗も生じているという［Donald 2001; 福島 2010: 277; Kirschner and Lachicotte 2001; Robins *et al*, 2001］。

さらに、マニュアルはそれに沿った活動を行わせることで、人々の多様な行為のあり方をひとつにする、すなわち標準化するものといえる。医療現場におけるマニュアルは、多様な医療の実践の標準化に役立っているという指摘がなされているが、その一方で、現実には医療従事者たちがそれに従順なわけではなく、マニュアルを自分の都合のいいように読み替えたり、実践の標準化よりも自身の地位を向上させるためにマニュアルを使用したりするなど、マニュアルを戦略的に使用している様子が分析されている［Castel 2009］。

またネルセンは、アメリカの救急救命士の分析を通して、内容が詳細でそこからの逸脱を許さないマニュアルが利用されている場において、人々がマニュアルをどのように現実に適用させているのかを考察している。

一九七〇年代にアメリカで、医者に代わって救命医療を行う救急救命士が誕生した。しかし、その設立当初から、救急救命士への疑念が投げかけられていた。救急救命士は、医師よりも短期間の教育とトレーニングでその職につくことができ、また歴史的に救急救命士はボランティアがその職を担ってきたことなどから、その能力や責任意識について疑義が生じたのである［Nelsen 1997: 160–163］。

こうした懸念に対し、救急救命士が現場で行う行為を詳細に定めたマニュアルが作成され、救急救命士はそれにしたがうことが義務付けられた［Nelsen 1997: 164–166］。このマニュアルは、法的マップとして機能しており、そこからの逸脱は禁止されている。そして、このマニュアルにしたがっていれば、救急救命士の能力が保証される、つまり彼らの行う行為の品質が保証されるのである。

しかし、いくら詳細なマニュアルでも、複雑で変化する現実に対応するためには、救急救命士のそれまでの経験や知識を利用した独自の判断が必要となる。こうした、マニュアルの遵守とそこからの逸脱の必要性という矛盾を克服するために、救急救命士たちは、患者と自分にどの程度リスクがあるのかを計算し、それに応じてマニュアルを遵守するか無視するか決定する、という戦略をとっている。たとえば、患者が軽症でマニュアル逸脱によって生じる自身への処罰が小さい場合には、マニュアルで規定された行為の省略をする場合もあるという［Nelsen 1997: 167–180］。つまり救急救命士たちは、法的マップとして定められたマニュアルを時に認知的マップとして利用することで、現実の複雑さに対応しているのである。

認知的マップとしてのマニュアル

このようにマニュアルは様々な意味合いを持つが、ＳＴＳ研究者がこれまで分析してきた科学ラボでは、実験や観察をとおして新たな科学的知識や理論を生み出すことが目的とされている。そのためこうしたラボでは創造性が重視され、そこで作成され利用されるマニュアルは認知的マップとしての側面が強い。

科学ラボに関する先駆的研究を行ったクノール＝セティナは、科学論文においてはあたかもそれが必然であったかのように書かれるが、実際のラボにおいて科学者たちは偶然思いついた課題に取り組んだり、たまたま利用可能であった資源を使って実験や観察を行ったりしており、ラボの現場では常に偶然性が存在することを明らかにしている [Knorr-Cetina 1995]。

また福島は、特定分野において意味のある情報を獲得することを目的とした科学的探求の現場において、科学者たちがどのようにそのゴールに進んでいくのかを分析している。彼によれば、科学的探求には明確な到達点を定めてそこに進んでいく場合と、何が得られるか分からないがとりあえず探求を行う二つのやり方があるという。そして特に後者の場合には、人材や資金、研究対象などのラボにおける様々な資源を戦略的に利用しながら、考えられるすべての実験や観察を行い、その結果に応じて次にどのような実験や観察を行うのかが取捨選択されていく。ラボにおける活動とは、やってみなくてはどうなるか分からないことの連続であり、その中で科学者たちは舵取りをしていく［福島 2009a］。

科学ラボにおいては、その活動が様々な蛇行を繰り返しながら偶発性を伴って行われており、それに関する詳細なマニュアルを作ることは非常に難しいといえる。したがってこうしたラボにおけるマニュアルは、実験や観察の手順を記述した簡単な見取り図に過ぎない。実際の実験や観察では、マニュアル化されたものとは異なる創造的な活動が行われており、マニュアルからの逸脱や、マニュアル化されていないコツやカンなどの暗黙知［Polanyi 1966（1996）］

が利用されている［Myers 2008］。

たとえばジョーダンとリンチは、遺伝子組み換えの際に使用されるプラスミドの精製手法に関して、世界的にそのやり方を定めたマニュアルが存在しているにもかかわらず、異なるラボ、さらにはひとつのラボにおいても、異なる人によって違う実践が行われていることを明らかにしている。彼らによれば、プラスミドを精製する際にマニュアルどおりにやってもうまくいかないことがあり、それぞれのラボや人々は言語化、マニュアル化されたものとは異なる独自のプロセスを行っているという。さらに個々人のやり方は言語化されず慣習化（habituated）［Jordan and Lynch 1992: 89］されたものであるために、新しくラボに入ってきた新人がプラスミド精製を行う際に、どのようにやればうまくいくのかが分からず、困難が生じる場合があるという［Jordan and Lynch 1992］。

逸　脱

マニュアルとは、活動をひとつの形に規定し管理するものであり、それを作成しそれにしたがうことで、適切に実践がなされたことを保証するものとなっている。しかし、新たな知識や理論を産出することを目的としたラボでのように、マニュアルの認知的機能が強く働く場合には、しばしばそこからの逸脱が行われるため、マニュアルだけではその実践や結果の品質を保証することが難しい場合がある。第6章で詳述するように、新たな知の産出を目的とした科学において、あるラボにおける実験結果や観察結果が正しいかどうかは、他のラボがその結果を再現できるかどうかによって確認される。しかし前述したように、実際の実験や観察に際してはマニュアルには記述されていないことや、言語化、マニュアル化の難しい暗黙知などが利用されている。さらに、実際にラボで行っていることが公表されない場合もある。したがって、公開されたマニュアルを利用して追試を行い、実験や観察、そしてその結果が正しいかどうか、つまりその品質を保証することがしばしば困難な場合がある［Collins 1992］。

科学ラボでは、新たな知を生み出すために創造性が重視される。近年では捏造などの問題から、より詳細なマニュアルの作成なども行われているが［村松 2006］、創造性を重視する科学の性格ゆえに、そこで利用されるマニュアルは簡単な手続きのみが定められ、科学者が自由に解釈できる認知的マップとしての側面が強いものであるといえる。

2　法科学ラボにおける品質保証

このように、様々な活動に関して、マニュアルという観点から考察がなされてきたが、本章では、マニュアルの二つの機能という分析枠組みの下で、法科学ラボにおける実践を検討する。新たな知の産出を目的としたラボにおけるマニュアルに対し、法科学ラボではマニュアルは非常に異なる性格を持つ。法科学ラボにおいて、マニュアルはラボでの鑑定実践を標準化し、科学鑑定やその結果の品質を保証するために詳細で、かつ非常に強い拘束力を持ったものとして機能する。

以降で明らかとなるように法科学ラボでは、そこでの実践を詳細にマニュアルに規定し職員に遵守させることで、ラボでの鑑定実践や鑑定結果の品質を保証している。ここではまず、法科学ラボにおいてその鑑定実践や結果の品質を保証するために、何が、どのようにマニュアルの中で規定されているのかを描写する。

科学鑑定への信頼性問題

科学鑑定やその結果に関する信頼性の重視は、近年に、また本書の調査対象であるニュージーランドに限ったものではない。たとえば法科学の領域で早くから発達してきた毒物鑑定では、一九世紀に鑑定結果に不信感をもたらすこととなる大きな事件が起こっている。

一八五九年にイギリスでヒ素が原因と考えられる死亡事件が起こり、被害者の体内からヒ素が検出されるかどうかが分析された。鑑定の結果、体内資料からヒ素が検出されたが、後に、鑑定にあたった毒物学者が分析機器を確認しておらず、分析以前にすでにヒ素が機器に付着していたとして批判された。この事件の結果、科学鑑定に対する不信感が高まることとなる［Wagner 2006（2009）: 69-72］。

また、法科学の革命児として注目されていたDNA型鑑定に関しても、一九八七年アメリカで起こったカストロ事件の中でその信頼性が疑問視された。この事件に関して、被疑者の腕時計から採取された血痕に対するDNA型鑑定が行われた。しかし血痕は、その採取や鑑定プロセスの中で様々な人がそれに触れ、微生物や他の資料とも接触した可能性があった。つまり資料が適切に管理されていなかったのである。その結果裁判所は、DNA型鑑定の結果を証拠として採用しない決定を下した［Weinberg 2003（2004）: 269-274］。

カストロ事件をきっかけにDNA型鑑定の信頼性が下落し、前述したようにその後のシンプソン裁判などで、DNA型鑑定は主に被告人弁護側から猛攻撃を受けるようになる。こうした流れを受け、アメリカ科学アカデミー（NAS: National Academy of Sciences）が一九九二年と一九九六年にDNA型鑑定に関する報告書を作成し、DNA型鑑定ラボの実践の標準化やラボの認定制度、専門家による監視委員会の設置などを勧告し［National Research Council 1992, 1996; Weinberg 2003（2004）: 281-282］、DNA型鑑定ラボの職員たちはその信頼性回復に取り組んだ。

こうした歴史的、世界的な流れの中で、ニュージーランドにおいても科学鑑定やその結果の品質を保証することが重視されている。ニュージーランドでも、一九九〇年代に裁判の中でその鑑定結果の品質が批判され、ESRはそれに対応する必要が生じた(1)。そしてESRでは、法科学ラボにおける科学鑑定やその鑑定結果が信用できるものであることを保証するために、ラボでの様々な実践が詳細にマニュアル化され、それに基づいた科学鑑定が実施されている。

以降では、まずESRにおいて科学鑑定や結果の品質保証のために、何がマニュアルの中で規定されているのかを述べる。続いて、マニュアルという観点から、従来STSで対象とされてきた科学ラボと比較した場合の法科学ラボの特性を分析し、法科学ラボにおける実践の標準化について考察する。

ESRでは、科学鑑定の品質を保証し鑑定結果を信頼に足るものとするために、鑑定に際し、資料の管理、環境の管理、人の管理の三つが行われている。そしてこれらの管理のやり方が詳細にマニュアルの中で規定されている。まずは、これら一つひとつについて具体的な内容を述べ、法科学ラボで科学鑑定がどのように遂行されているのかを記述する。また以下で描写する管理の手法は、ESRのひとつの法科学ラボ内で行われているものであるが、他のラボでも多少の違いはあるものの、ほぼ同じことが実施されている。

資料の管理

(1) 管理の鎖

法科学ラボでは、犯罪現場や被疑者、被害者などから採取された資料が鑑定されるが、その資料がESRで受け取られてから鑑定書作成、資料返却に至るまで適切に扱われる、すなわち、他の資料との取り違えやコンタミネーション（資料の混合）などがないことが重要である。

資料は、それが採取されてから依頼者に返却されるまで、多くの場所に移動され多数の人々がそれに触れる。こうした多くの要素が資料に関係することは、資料が間違って扱われるリスクを高めることにもなるが、このリスクを防ぐために行われるのが「管理の鎖（chain of custody）」と呼ばれる鑑定資料の管理方法である(2)。これは、資料を誰が、いつ、どこで、どのように扱ったのかをすべて記録することである。受け取りから鑑定書作成、資料返却に至るまで、鎖の目のように途切れることなく資料の状態が記録されていく。これにより鑑定の最初から最後まで、ある資料が取り違えやコンタミネーションなどがなく適切に取り扱われたことが保証される。

なお、ＥＳＲに送られてくる資料は警察からのものが多いため、以下では警察からの資料の取り扱いに関してそれがどのように管理され、科学鑑定やその結果の品質が保証されているのかを具体的に述べる。

（2）資料の移動と記録

第2章で述べたように、資料はＥＳＲの鑑識ラボの受付で受け取られるが、その時点から管理の鎖が始まる。ＥＳＲに届けられる資料は通常、警察文書[3]（Pol143: Police form 143）と呼ばれる警察からの文書とともに送られてくる（図3－1）。

警察文書には、事件の状況、その事件に関してどのような資料をいくつ送ったか、ＥＳＲでどのような鑑定をしてほしいかが記載されている。鑑識ラボの事務員は、まず警察文書上の資料が実際に送られてきているか確認し、また個々の資料の包装状態も確認する。

資料は通常包装されてＥＳＲに運ばれるが、資料の包装に関してＥＳＲでは、資料が袋や缶、箱に入れられ、袋などの口がシールで止められていること、さらにシールには包装を行った日付と行った人の署名が入っていること、という基準を定めている[4]（図3－2）。この基準を満たしていない包装は、中の資料の汚染やコンタミネーションの危険性を意味するため、包装が不適切である場合、鑑識ラボでの資料の受け取りが拒否される場合がある[5]。

ある法科学者によれば、以前は資料が入った袋がホチキスで止められてＥＳＲに送られてきていたという。しかし、誰かがホチキスの針を取って袋を開け、資料を入れ替えてまた袋をホチキスでとめたとしても、誰もそれに気づかない可能性があることから、シールでの密封と包装した人の署名を記入するというやり方に変更されたという[6]。

資料の管理は、資料そのものだけではなくその包装状態に至るまで徹底して行われており、資料の受け取りに際し

POL 143 01/11

Exhibits For Laboratory Examination

(Please print on green paper)

For post-mortem specimens refer to form POL 144.
For blood samples from suspected intoxicated motorists use form POL 535.
For hospitalised motorists use form POL 530.
If drugs or alcohol analyses are required on non-transport related live subjects, please use the appropriate ESR Toxicology Kit.
For illicit drug samples, use a Standard Drug Envelope POL 120, together with this form.

Important: Each exhibit or specimen must be packaged separately, sealed with adhesive tape and the seal signed. Do not use staples and avoid the use of plastic bags. Label each exhibit clearly and with a unique number. Deliver them personally, or forward them by traceable means (e.g. registered post or courier with signature required) to the Analyst in Charge at the appropriate Institute of Environmental Science and Research Limited (ESR) laboratory. Their addresses are supplied on the back of this form.

When communicating with ESR or submitting further items for a case, please quote the ESR number at the foot of this page.

Sender (Rank & Name) ______ **Email** @police.govt.nz

Address ______ **Phone** ______

Report to (Rank & Name) ______ **Email** @police.govt.nz

Address ______ **Phone** ______

Op/File Subject Name ______ **Docloc No:** ______

Person Arrested YES / NO **Main Offence Code** ______

Court hearing date: ______ Not Known ☐ **District / High / Youth Court** ______

It is particularly important to advise ESR of changed court dates, changed pleas, no requirement for court attendance, withdrawn cases and the like. List items for examination (as numbered and labelled). Continue on a separate page if necessary.

Note: Tick in box if any items are damp ☐ *Indicate below any items that require fingerprinting (FP) or photographing (PH)*

Exhibit No.	Description	FP PH	Date / Time Collected
			/
			/
			/
			/
			/
			/

Sender ______ *(print name and rank)* *(signature)*

Date **QID**

Courier ______ *(print name and rank)* *(signature)*

Date **QID**

Received (date and time): ______
Received by (signature): ______
ESR No. ______
(please quote this number when calling ESR)

図 3-1　警察文書（ESR 職員提供 ©ESR）

ては、資料の包装状況の確認と、確認を行った日付、確認した事務員の署名が共に記録される。(7)

鑑識ラボの受付における資料の受け取りに際し、確認および記録されるのは、資料の個数や包装状態だけではない。ESRに送られてくる資料やそれに関連する事件には、警察によって資料番号や事件番号が付与されている。こうした警察による認識番号に代わり、ESRで受け取られた資料はESR独自の資料番号および事件番号をつけられる。(8) ESRで新たにつけられた認識番号は、警察から資料とともに送られてきた警察文書にも記録され、警察文書のコピーが警察に返送される。これにより、警察による認識番号がESRにおいてどのような番号に変わったのかが記録され、資料の受け渡しに際して取り違えなどがなかったことが保証される。

このように鑑識ラボで資料が受け取られると、続いて鑑識ラボもしくは、DNAラボ、物証ラボでの鑑定へと段階が移行する。鑑識ラボから資料が他のラボに移管される場合には、誰が、いつ、どのラボからどのラボに、どの資料

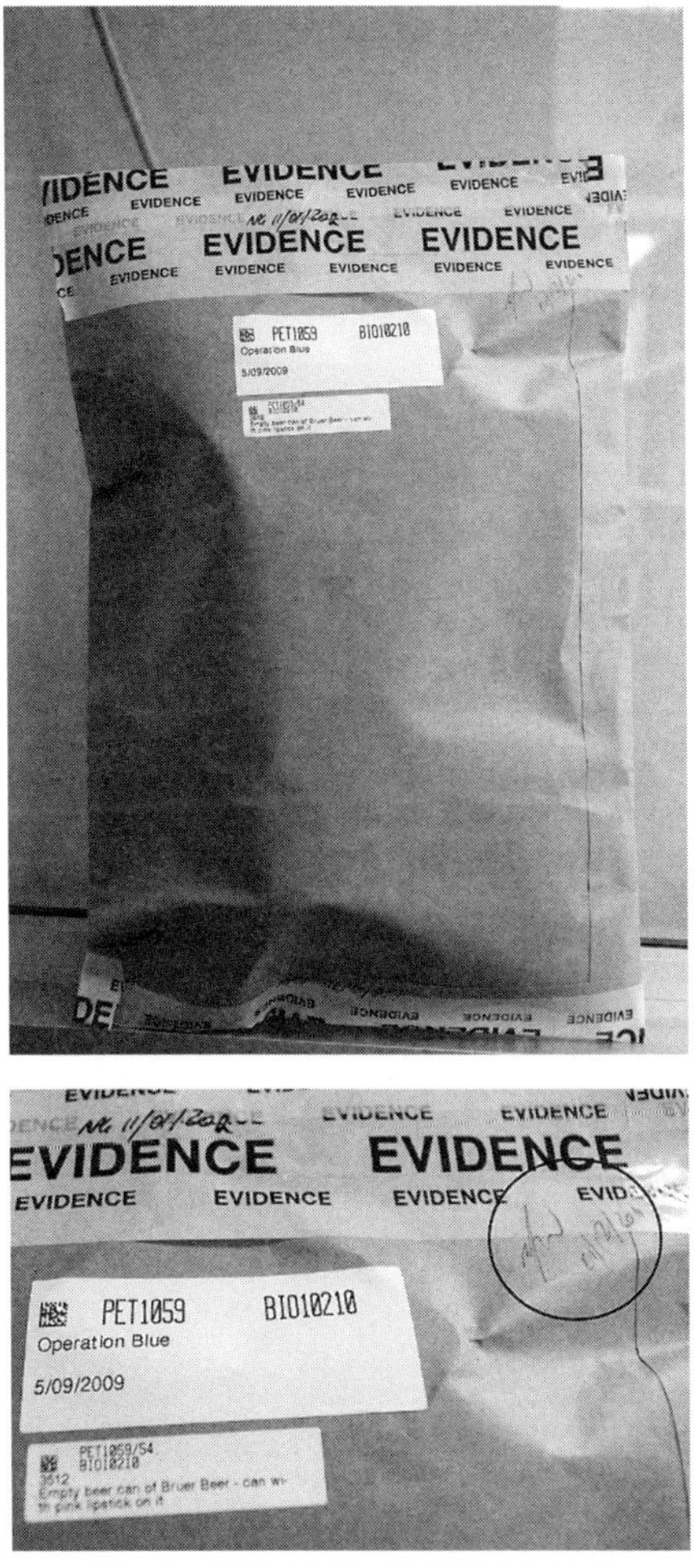

図 3-2　資料の包装（筆者撮影 ©ESR）

袋の口が密閉され，EVIDENCE と書かれたテープの上に，包装した日時と署名（下図の丸部分，本書の写真中の丸はすべて筆者による）が見える．PET1059，BIO10210 は物証ラボおよび DNA ラボで作成された事件番号．

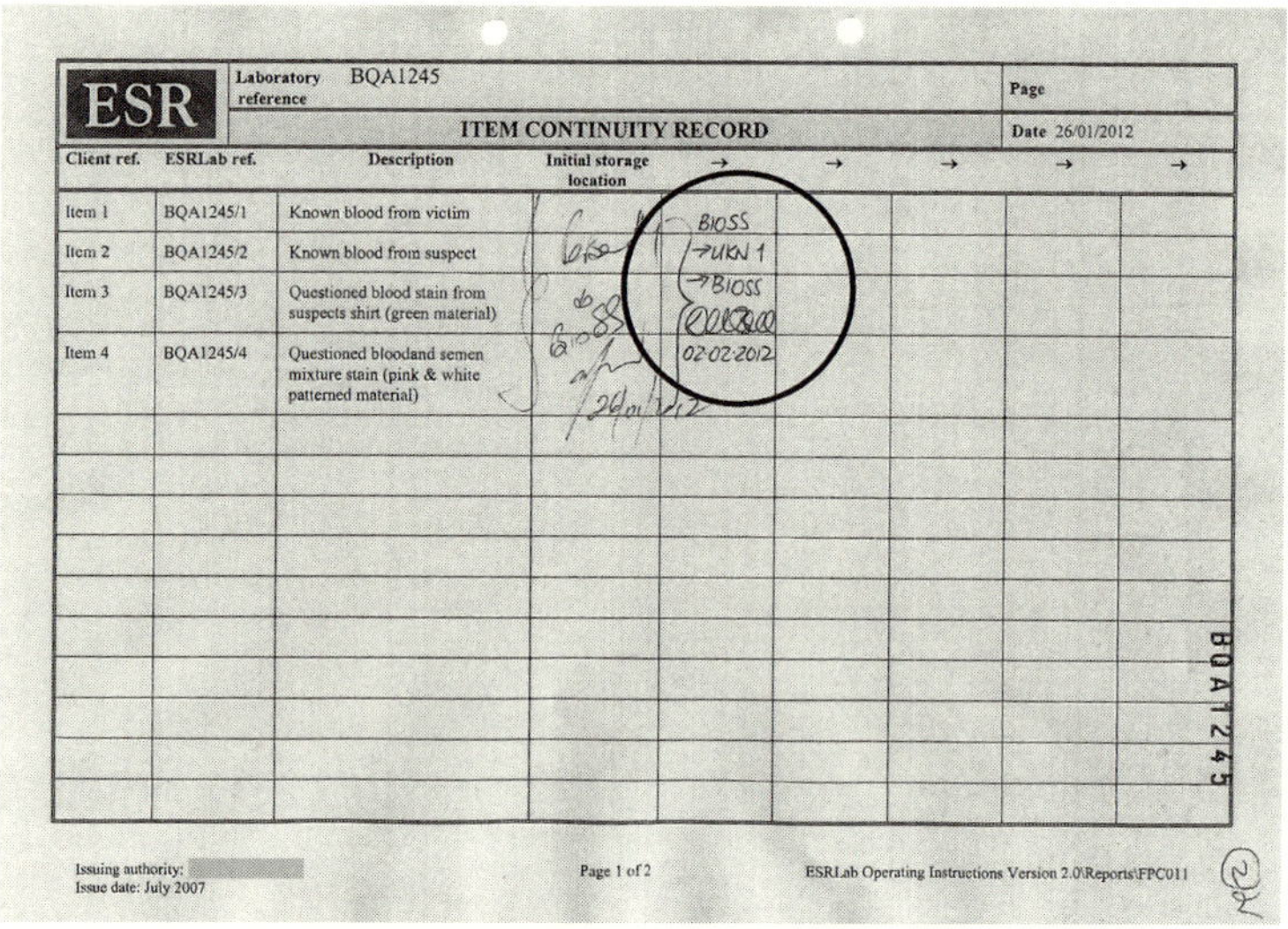

ESR

Laboratory reference BQA1245

ITEM CONTINUITY RECORD

Page

Date 26/01/2012

Client ref.	ESRLab ref.	Description	Initial storage location	→	→	→	→	→
Item 1	BQA1245/1	Known blood from victim		BIOSS				
Item 2	BQA1245/2	Known blood from suspect		→UKN 1				
Item 3	BQA1245/3	Questioned blood stain from suspects shirt (green material)		→BIOSS				
Item 4	BQA1245/4	Questioned bloodand semen mixture stain (pink & white patterned material)		02-02-2012				

BQA1245

Issuing authority:
Issue date: July 2007

Page 1 of 2

ESRLab Operating Instructions Version 2.0\Reports\FPC011

図 3-3　資料の移動記録（ESR 職員提供 ©ESR）

図中の丸部分において，それぞれの資料（Item 1〜4）が，DNA ラボの保管庫（BIOSS）から分析室の机（UKN1）に移され，再び DNA ラボの保管庫に戻ったことが記録されている．

を移動したのかが記録される。

また個々のラボにおいても、鑑定の段階に応じて保管庫から資料の分析を行う分析室に、またひとつの分析室から別の分析室に資料を移動させる場合がある。こうしたラボ内の移動に際しても、日時や場所、誰が行ったのかなどがすべて記録される(9)（図3－3）。

第2章で述べたように、資料の鑑定に際して実際に資料そのものを分析、観察し、法科学者が解釈を行うデータを生み出すのは技官の役割であるが、技官の分析や観察に際しても、資料に関する様々な情報が記録され、資料の管理が行われる。資料の包装を開く前に、正しく包装がなされているかどうかが確認され、包装状態が写真などで記録される。また資料の分析や観察にあたっては、その分析や観察の結果のみならず、分析や観察をいつ、誰が、どの分析室の機器や試薬、机を利用して行ったのかが記録される。

技官の分析結果や観察結果を利用して、法科学者が鑑定書を作成し、それらが依頼者に送付されると、ＥＳＲでの業務は終了する。送られてきた資料は依頼者に返却されるが、この際にもどの資料を、誰が、いつ、誰に返却したのかが記録として残される。

以上のように、資料の受け取りから返却まですべての段階において資料の状態や、担当者、日時、場所などを詳細に記録することで、資料に対する管理の鎖が形成され、資料が適切に扱われていたことが保証される[10]。

（3） 二つの記録媒体

ESRで受け取られた資料は、それが返却されるまで、その状態に関して前述したような様々な記録が取られ、ESRの厳格な管理下におかれる。こうした資料に関する情報は、文書およびソフトウェア上に記録される。

鑑識ラボで資料の受け取りがなされると、それぞれの資料は関係する事件ごとにまとめられるが、鑑識ラボの事務員は、それぞれの事件ごとに事件ファイルを作成する[11]（図3-4）。この事件ファイルの中には、その事件に関係する資料に付随する書類がすべて入れられる。たとえば、資料の受け取りの際に依頼者から送付される警察文書や、資料の分析結果、さらに資料の包装状態や、誰が、いつ、どこに資料を移動したかなどの資料の管理に関する記録が文書にまとめられ、この事件ファイルに入れられる。そして法科学者が最終的に分析結果を解釈し鑑定書を作成する際には、この事件ファイルに入れられた文書が参考にされる。

図 3-4　事件ファイル（筆者撮影 ©ESR）
それぞれの棚に入っているものが事件ファイル.

科学鑑定やその結果の品質保証のために、資

図 3-5　ソフトウェア（ESR Lab）
（筆者撮影 ©ESR）
パソコン上でソフトウェアを立ち上げたところ．右端にあるのがバーコードスキャナー．

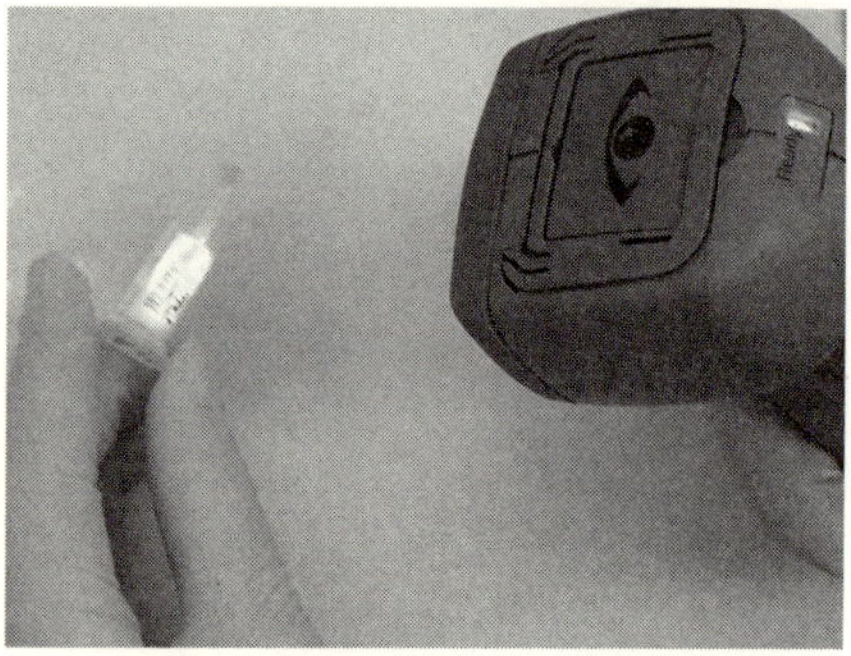

図 3-6　資料番号とバーコード
（ESR 職員提供 ©ESR）
資料の入った容器にはバーコードテープが貼られ，それがスキャンされている．

料に関するすべての情報を文書化することの重要性を、ある職員は、「ＥＳＲではすべてを文書化し、記録することが大切。資料に関するものやどの試薬を使ったか、機器の動作確認の記録など。文書化しておかなくては、たとえ鑑定を行ったとしても、やっていないことになってしまう[12]」と述べているが、文書という目に見える形で残すことで、鑑定が適切に行われたことが担保されているのである。

　こうした紙媒体への記録のみならず、ＥＳＲでは資料の状態に関する記録を、ソフトウェア（ESR Lab と呼ばれている）[13]でも行っている（図３－５）。鑑識ラボで資料が受け取られると、ＥＳＲ内部用の資料番号および事件番号がつけられることは先に述べたとおりである。こうした番号はソフトウェアに登録され、さらに資料番号はバーコードテープの形で資料に常に貼付される。

　資料の移動や分析の際には、このソフトウェアを立ち上げ、資料に貼り付けられたバーコードをスキャンし（図３－６）、日時や場所、分析や移動を行った職員の名前を入力する。それによってソフトウェアの中に、鑑定の特定の段階で資料が誰によって、いつ、どこで、どのように扱われたのか、その時の資料番号などがすべて登録される。

　鑑定やその結果の品質保証のためには、鑑定の対象となる資料自体が取り違われたり、コンタミネーションが起こったりしないことが重要である。しかし送られてきた資料はＥＳＲにおいて、多様な人によって様々に扱われる。それらをすべて記録し、鑑定のすべての段階を一気に見渡すためにソフトウェアが利用されている。鑑定にあたるすべての職員がこのソフトウェアにアクセスできるため、事件ファイルが手元になくても、ある資料が今どのような状態にあるのかがすべての職員によって把握可能となる。

（４）　資料の可視化

このように文書やソフトウェアで資料の状況をすべて管理し記録しておくことは、対外的に科学鑑定や鑑定結果の信頼性を保証すると同時に、ある技官が次のように述べるように、技官の業務によって生み出された分析結果を、法科学者が解釈する時に、助けとなる場合もある。

技官の仕事は、資料を保管庫から出して、分析室に行き、分析を行うこと。法科学者の中には、分析室には来ず資料を見ない人もいる。技官がきちんと仕事をやっているので、法科学者はそれをする必要がない。法科学者が資料を実際に見なくても裁判できちんと証言ができるように、技官は資料の写真を撮ったり、状態をきちんと記録したりする。（法科学者が資料を見ないで鑑定を行うのは――筆者注）私にはちょっと変に感じられるけどね。[14]

この技官が述べるように、実際に資料を扱うのは彼らであり、法科学者が資料そのものを見ることはさほど多くない。法科学者たちは、技官の記録したものによって資料の状態を知る。たとえばある資料の分析結果が通常と異なる結果を示した場合、その原因としてその資料の特殊性とともに、他の資料が混入した、コンタミネーションや資料の取り違えの可能性も考えられる。その際、資料の管理に関する文書やソフトウェアを利用することで、分析時に誰がその資料を扱い、同時にどのような資料を扱っていたのかが明らかとなる。これらの情報は、通常と異なる分析結果がコンタミネーションや取り違えによるものかどうかを判断するための助けとなる。[15] つまり文書やソフトウェアには、法科学者が実際には見ることのない資料の状況を可視化し、その解釈を助ける働きもあるといえる。

環境の管理(16)

以上のようにESRでは資料に対する管理の鎖が形成され、鑑定の始めから終わりまでその取り違えなどがないこと、また適切に扱われたことが担保されている。こうした資料そのものの管理のみならず、科学鑑定や結果の信頼性保証のために、資料が扱われる環境を管理することも行われている。

(1) アクセスの制限

ESRには様々なラボが存在するが、そもそもESR内部には自由に入れるわけではなく、職員以外の訪問者はまず受付で氏名と所属を記入する。そして訪問者は、ESRでは常に職員の監視下にあり自由な活動は禁止されており、退出時には再び受付で退出の署名をする。また、職員自身も各ラボを自由に行き来できるわけではない。鑑識、DNA、物証の各ラボに入るためには専用の鍵が必要となるため、自身の所属するラボ以外には自由に入れない(図3-7)。このようにラボへの物理的なアクセスを制限することで、資料およびそれが扱われる環境を管理している。

(2) 分析室内での衣服

鑑定実践の行われる環境管理のために、ラボへのアクセスの制限だけではなく、鑑定途中でもいくつかの手段がとられている。まず資料が扱われる分析室に出入りする際、職員は入室前と退室後に手を洗い、分析室では帽子、安全眼鏡、マスク、ラボコート、手袋によって全身を覆い、資料へのコンタミネーションを予防している(図3-8)。

特に実際に資料に触れる手袋はそれを清潔に保つことが重要であり、たとえば分析中にパソコンに触ったりした場合、またある資料の分析から別の資料の分析に移る際には、手袋が新しいものへと替えられる[17]。近年テレビドラマで法科学ラボが取り上げられることが多いが、ドラマと実際の鑑定の現場との違いは何か、という筆者の問いかけに対し、ＤＮＡラボの法科学者Ｍは笑いながら次のように答えてくれた。

Ｍ　予算、服装や髪の毛（に対する配慮——筆者注）。コンタミネーションを予防するために、テレビよりも気をつけていると思う。（……）

筆者　時々テレビでは防護服とか着ないで、犯罪現場に行きますよね。

Ｍ　そう、だって彼らはパーティーの帰りだから[18]。実際の法科学者はきらびやかだったり、はらはらさせたりしないけど、もっと正確（に仕事をする——筆者注）。

また分析に際しては様々な道具、たとえばピンセットや記録用の筆記用具なども利用されるが、こうした道具も使い捨てのものを使用したり、ひとつの資料から別の資料の分析に移る際にはエタノールで消毒を行ったりする（図３－９）。

図 3-7　ラボへの入室制限（筆者撮影 ©ESR）

入室前に名前を記録し，常に職員の監督下にある必要性が警告されている．

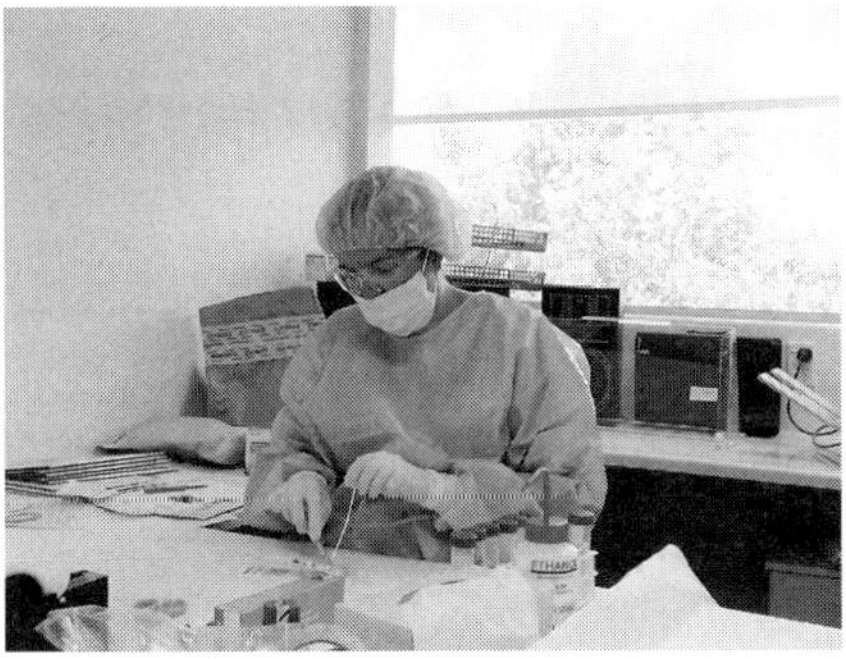

図 3-8　分析室での服装（ESR 職員提供 ©ESR）

さらに分析のために使用する道具は、個々の分析室の机に備え付けられており、それぞれの道具にテープが貼られ、どの机のものかが分かるようになっている。そして他の机の道具を使用することは禁じられている[19]（図３－10・図３－11）。このように鑑定環境を管理し、コンタミネーションを

図3-9　道具の消毒（筆者撮影 ©ESR）

写真右端の容器が消毒用エタノール．

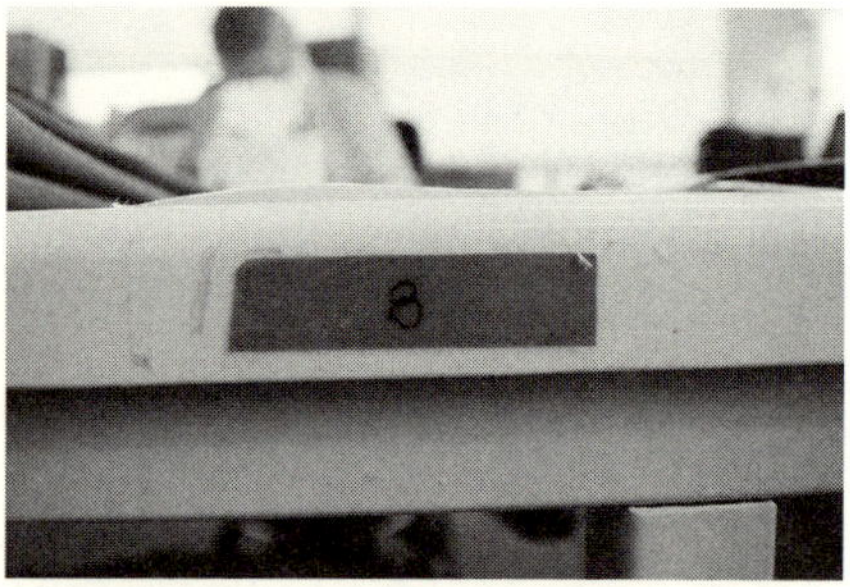

図3-10　分析室の机（筆者撮影 ©ESR）

分析室の机にはそれぞれ，色（この場合は緑）と記号（この場合はB）が割り振られている．

予防するために様々な活動が行われている。

（3）　分析室の清掃

さらに、鑑定環境を清潔に保ち資料の汚染などを防止するために、各ラボの分析室は六か月に一度程度の割合で、消毒薬による清掃が行われ[20]、各ラボの職員によって分析室内の機器や壁、天井、机や椅子、窓、資料保管用の冷蔵庫や冷凍庫の中まで徹底的に掃除される。また、資料を入れておくケースなどは、資料の付着がおきないように使用後に洗浄され、適切な環境で鑑定が行われるように配慮されている（図３－12）。

（4）　機器・道具・試薬の動作確認

鑑定環境を管理し、科学鑑定が適切な環境下で行われたことを保証するために、ＥＳＲではラボへのアクセスや職員の衣服の制限、分析室の清掃のみならず、実際に鑑定に使用する機器や道具、試薬が正しく作動しているのかどうかが定期的に確認されている。

ＥＳＲでは、分析室で使用する機器はそれぞれ決められた期間ごとに、それが適切に動作しているのかが検査される。これは資料を保管する冷蔵庫が正常な温度を保っているか（図３－13・図３－14）、ピペット[21]が表示どおりの量の液体を吸い上げるかどうかなどに始まり、分析室で使用する機器や道具すべてに関してその動作が確認される[22]。たとえば、DNA型鑑定で利用される分析機器が正しく作動しているかを確認するために、すでに鑑定結果がわかっている資料をその機器で分析し、正しい結果が得られるかどうかが調べられる。

機器に問題が発見された場合、たとえば冷蔵庫が設定温度でなかったり機器に異物が混入したりしていた場合には、使用を制限したりメンテナンスを行ったりする。また、新しい機器や修理に出していた機器を再びＥＳＲで使用する場合には、使用前にそれらが正確に動いているのかが確認される。

鑑定に使用する試薬に関してもその管理が徹底されている。試薬は、各ラボでそれ専用の準備室で保管される（図3－15）。そして新しい試薬が届くと受け取りの日付、受け取った職員の名前、製品番号や製造ロット[24]番号が各ラボで記録される（図3－16）。実際の分析において試薬を使用する際にも、どの製品番号、ロット番号の試薬をどのくらい利用したのかが細かく記録に残される。

これらに加えすべての試薬に関して、実際の鑑定で使用する前にそれが正しく反応するかどうかがテストされる。テストに際しては、新しい試薬を使ってすでに結果が分かっている資料の分析を行い、期待され

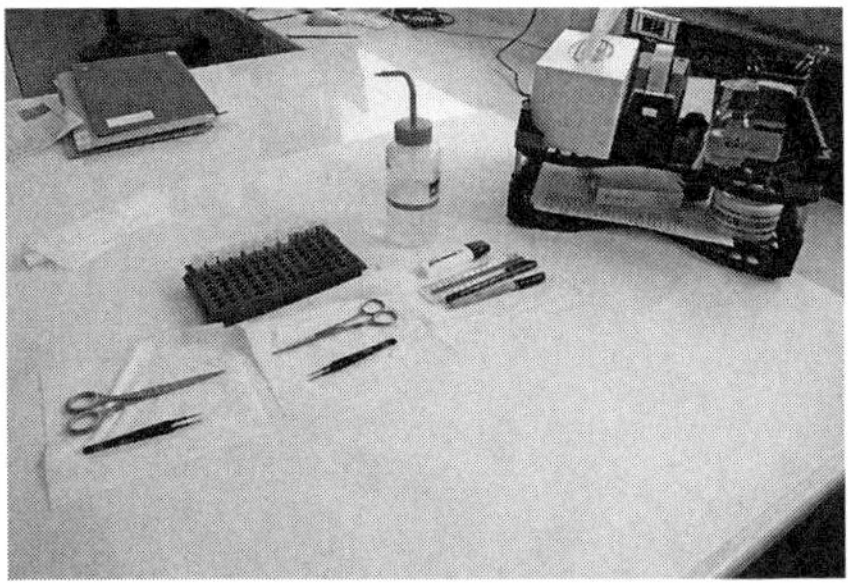

図 3-11　道具の持ち出し禁止（筆者撮影 ©ESR）

机 B（図 3-10）で使用される道具には緑のテープが貼られ，他の場所への持ち出しが禁止されている．

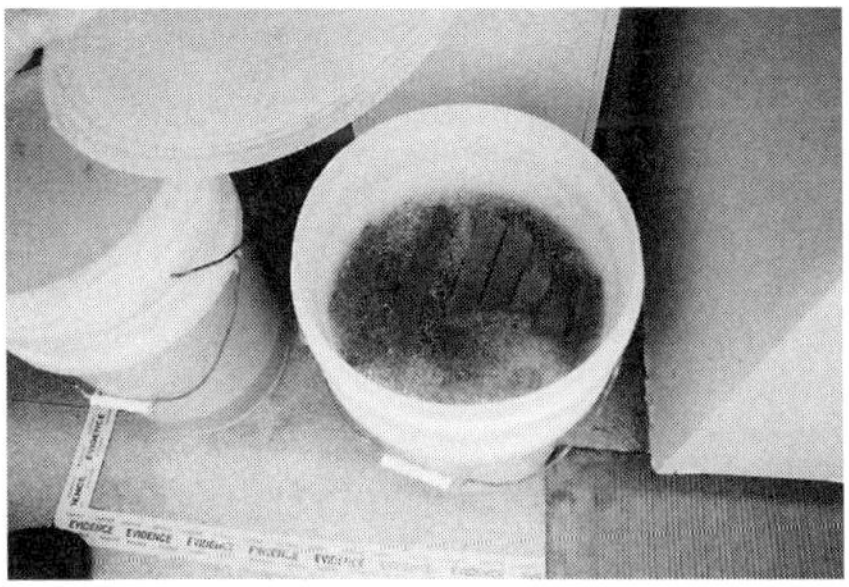

図 3-12　道具の洗浄（筆者撮影 ©ESR）

る結果が得られるかどうかが検査される。試薬に問題がないことが分かると、それが記録され実際の鑑定で使用される[25]（図3－17）。

このように機器や道具、試薬の確認をとおして、正常に動作する機器や道具、試薬などを使って鑑定が行われたこと、つまり適切な環境下で鑑定がなされたことが保証されている。

人の管理

科学鑑定やその結果の品質保証のためには、鑑定資料そのものを管理することで資料の取り違えなどがなかったことを保証したり、分析室や機器などの物理的な環境を管理することで、適切な環境下で鑑定が行われたことを担保したりするだけではなく、実際鑑定にあたる職員の質を保証する必要がある。どれだけ資料や環境が適切なものであっ

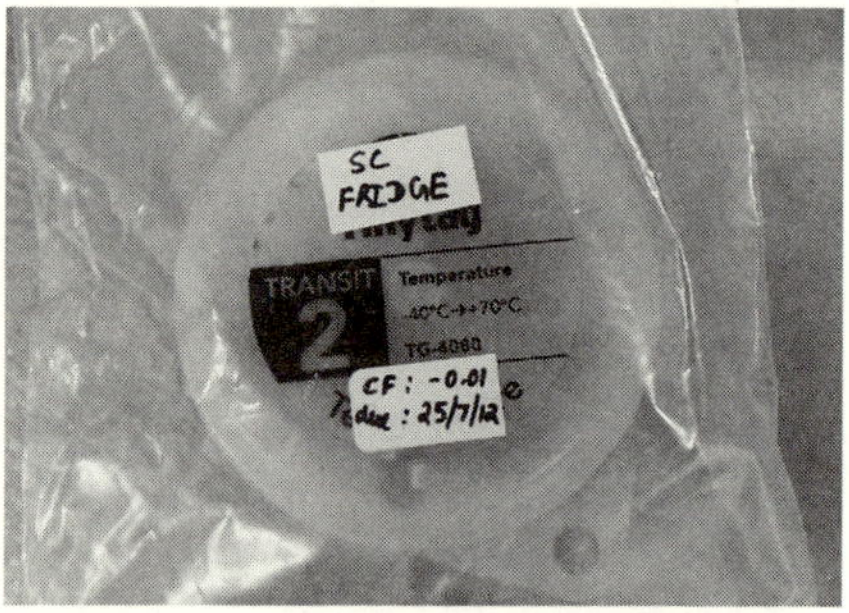

図3-13　温度の変化記録装置（筆者撮影 ©ESR）

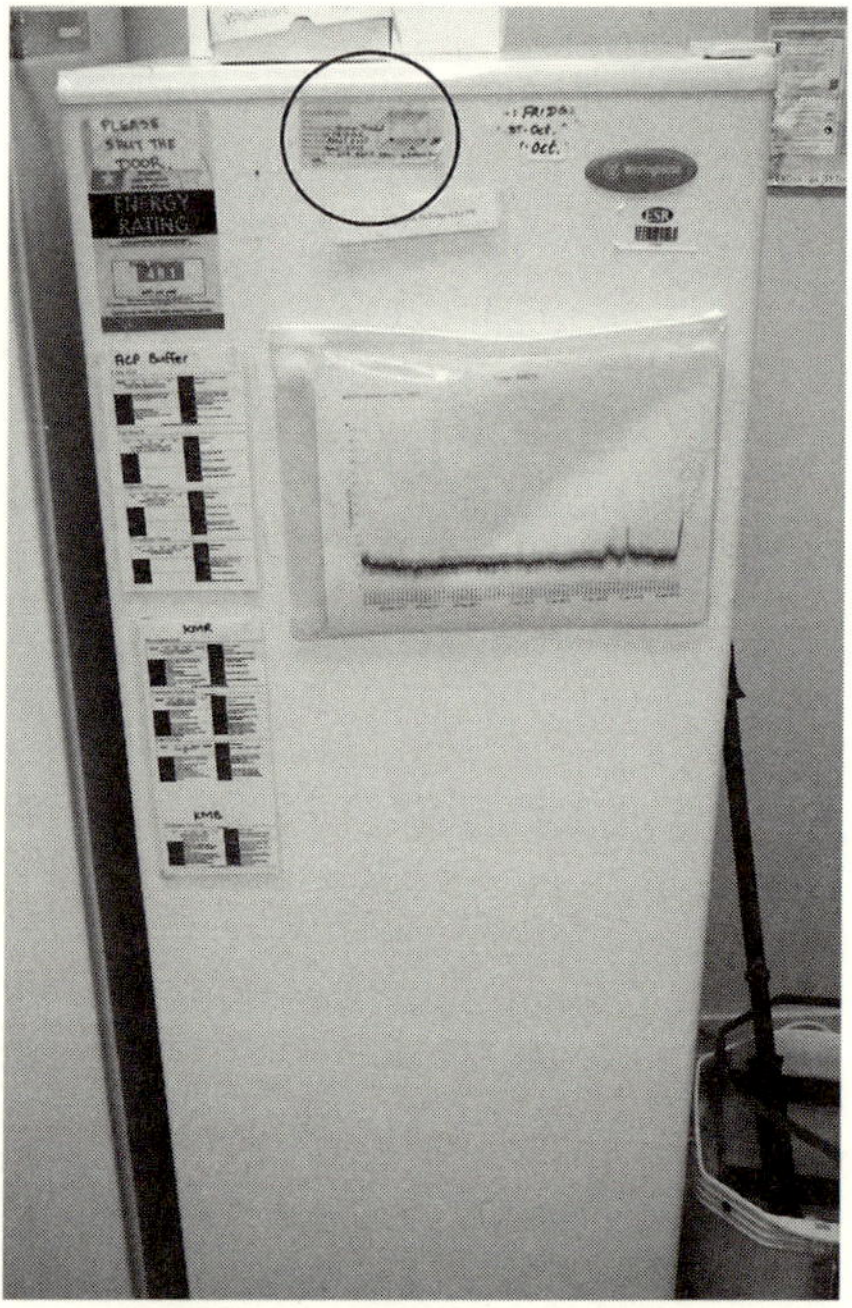

図3-14　動作確認された冷蔵庫
（筆者撮影 ©ESR）

温度の変化記録装置（図3-13）により冷蔵庫の温度変化を記録し，その変化が一定範囲内におさまっているのかを定期的に確認する．確認のとれた冷蔵庫には，その印として丸部分のようにオレンジ色のテープが貼られる（注23）．

ても、最終的に資料を扱い、得られたデータを解釈するのは人の役割である。ＥＳＲでは科学鑑定に携わる者としての職員を管理し、その実践の質を保証するために以下のようなことが行われている。

（1）雇用条件

ＥＳＲの職員、特に技官や法科学者になるための条件としては自然科学や法科学の学士以上の学位が必要とされる。[26] しかし近年法科学に関するテレビ番組が人気を博し、法科学への人々の関心が高まった結果、そうした職に就きたいと希望する人々が増えた。それに伴い、徐々に法科学者の採用に関して、いくつもの条件が課せられるようになってきている。技官から法科学者になることを希望し、ＥＳＲに所属しながら大学院にも通っている職員は次のように述べる。

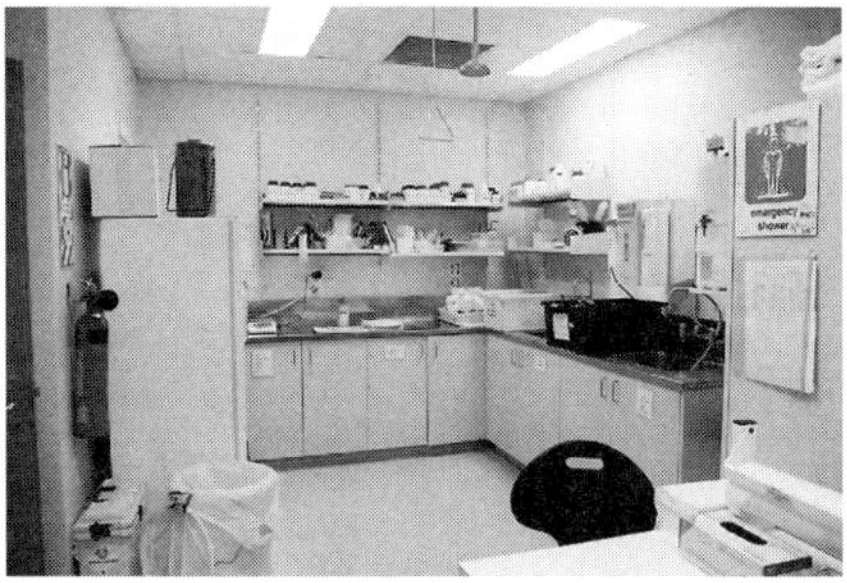

図 3-15　試薬の準備室（筆者撮影 ©ESR）

図 3-16　試薬の記録簿（筆者撮影 ©ESR）

確かにＥＳＲの規定では法科学者になるためには学士号だけでいいことになっている。でも、今はすごくたくさんの人がその仕事に就きたがっている。もし二人の候補者がいて一人が修士号を持っていたら、そっちを採用すると思う。だから私は働きながら大学院に行くことにしたの。すごく大変だけどね。[27]

ESRでは職員の雇用に際し一定以上の水準を要求することで、高い知識を持った優秀な人材を登用し、鑑定活動を行う職員の質を管理しているといえる。

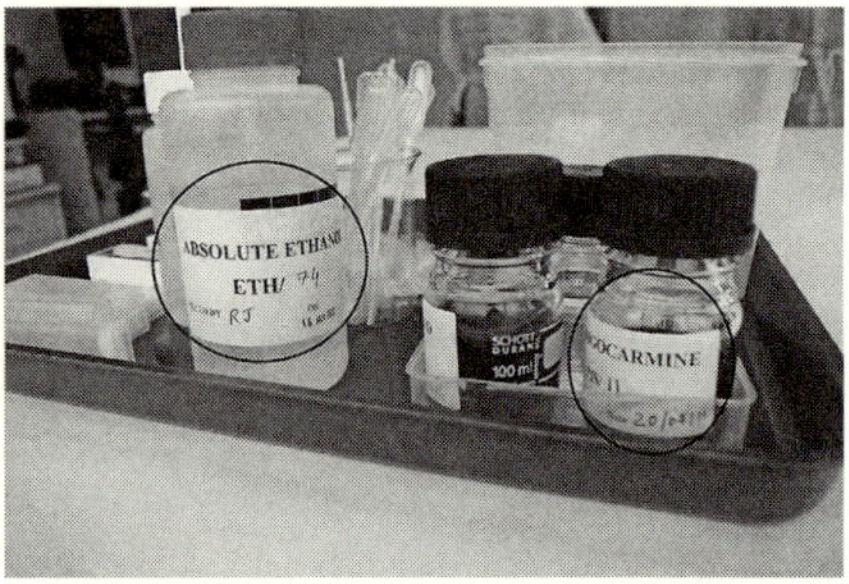

図 3-17　反応テストに合格した試薬
（筆者撮影 ©ESR）
図中の丸部分のように，それぞれの容器に確認した日付と担当職員の署名がラベル付けされる．

（2）トレーニング

ESRの要求水準をクリアし採用された後、実際の鑑定実践にあたる前に職員は、いくつものトレーニングを受ける。法科学とは科学的領域のみならず、法や社会ともかかわり合いを持っている。そのため新しく雇用された職員はまず、ESRとはどのようなものか、その組織や施設、さらに社会に対してどうあるべきか、法科学と法とのかかわり合いなどについてESRの別の職員から講義を受ける[28]。続いて実際の鑑定実践のトレーニングへと移行する。

実際の鑑定に関して、新人職員はより簡単な実践から学んでいく。その際、先輩の職員が指導員となり、説明を加えながら何度か鑑定を実際に行う。そしてその様子を新人職員がメモを片手に観察し、ある程度理解したら、新人自身が指導員の前でやってみるという形がとられる。その後新人職員が一人で業務ができるようになったと判断され、テストに合格すると、一人でそれを行うようになる[29]。

ひとつの実践がある程度できるようになると、その職員は別の実践を学ぶようになる。このように新人職員は、一つひとつの鑑定実践に関してトレーニングを積み、鑑定のすべてのプロセスを行えるようになっていく。

さらにESRの技官と法科学者は定期的に、適切な鑑定を行う能力を持っているかをテストされる。このテストは熟達度テスト（proficiency test）と呼ばれるが、これに合格することが職員に義務づけられている。熟達度テストに関しては第6章で改めて議論する。

このようにトレーニングをとおして、科学鑑定を行う職員の能力を管理し鑑定能力を常に一定以上のレベルに保つことが行われている。

（3）　分析手順と解釈基準の設定

加えて、分析結果や観察結果の産出やその解釈にあたっては、それぞれの法科学分野に応じて、分析や観察の手順や結果の解釈の基準が定められている。資料の分析の際に、どの試薬をどのくらい利用するのか、資料を何秒間遠心分離器にかけるのか、資料のどこを観察するのか、いかなる化学反応やデータが出ればどのような結果といえるのか、どのようなデータを人工物として無視してよいのか、などが規定され、ESRの技官や法科学者は鑑定において、これらの手順や基準に則って分析や観察を行い、その結果を解釈し鑑定結果を出す。

あらかじめ分析手順や解釈基準を設定することは、個々の職員の鑑定のやり方を管理し、すべての職員が同じように鑑定結果を出せることを意味し、科学鑑定や結果の品質担保につながるとESRでは考えられている[30]。なおこうした解釈基準については第4章、第5章、第6章で改めて議論する。

（4）　同僚による確認

ESRでは、職員の鑑定能力が管理され、十分な知識を持ちトレーニングを受けた職員が、手順や基準に沿って鑑定を行うが、ESRでの科学鑑定やその結果の品質を保証するための手続きがさらに存在する。それが、鑑定結果を別の職員が確認するというプロセスである。ESRでは鑑定の中で三回の確認が行われる。

分析室での技官の実践により得られた資料の分析結果や観察結果は、法科学者によって解釈される。そしてその解釈結果、つまり鑑定結果が鑑定書の中に記載される前に、その解釈が正しいかどうかが、別の法科学者によって確認される。

たとえば鑑識ラボでは、犯罪現場で見つかった血痕の形状から、現場でどのような行為が行われたのかを明らかにする血痕鑑定が行われる。血痕鑑定ではまず技官が血のついた資料を観察し、資料のどこにどのような形状の血がついているのかを記録する。これが観察結果である。続いて法科学者がこの観察結果から、「この血痕は走っている人から流れたものである」、といった解釈をする。この解釈結果、すなわち鑑定結果が正しいかどうかが別の法科学者によって確認される。これが一つめの確認である。

続いて、鑑定結果を記載した鑑定書が作成される。そしてこの鑑定書に関しても同僚による確認が行われる。まず行われるのが、鑑定書の内容に関する確認である。鑑定書作成者とは別の法科学者により、鑑定書や事件ファイルがすべて検討され、そこに記載されている内容が正しいかどうかがチェックされる。これが二つめの確認である。こうした鑑定書の内容確認が終わると、さらに別の法科学者によって鑑定書の形式に注目した確認が行われる。これが三つめの同僚による確認であり、これは鑑定書の文法やスペルのミスなどを検討する形式面のチェックである。この確認が終わり鑑定書に必要な修正が施されると、鑑定書の完成となる。

なお科学において、一般的に同僚による確認作業はピアレビュー(peer review)と呼ばれている。ピアレビューは、ある論文を学会誌に載せるかどうかを決定したり、ある研究に研究費を与えるかどうかを決定したりする際に、同じ分野の専門家によって論文の査読が行われたり、研究計画が精査されることを指す[江間 2013]。ＥＳＲにおける同僚による確認とは、複数の職員で鑑定結果を検討することを意味し、医療現場などで、一日の終わりに悪用されると困る薬品(モルヒネなど)の数を、一人だと間違える可能性があるために二人で確認するといった、ダブルチェックに近い行為である。(31)

ＥＳＲでは、通常の科学とは異なる形ではあるものの、同僚による鑑定結果や鑑定書の確認を通して、間違った鑑定が行われないように職員の実践を管理し、科学鑑定や結果の品質保証が行われている。

（5） 知識のアップデート

さらにＥＳＲでは、常に最先端の知識を持った職員が鑑定にあたることで、科学鑑定や結果の品質が保証されると考えられている。したがって、職員に対して国内外の学会、研究集会に積極的に参加すること、独自の研究を行いその成果を学術雑誌に投稿することが推奨されている。またＥＳＲの職員は、年間数時間を、鑑定ではなく法科学に関する何らかの知見を学ぶために、たとえば他の職員の研究発表を聞いたりするために費やしている[32]。さらに職員の質を高めるために、ＥＳＲで働きながら大学院で学び学位をとることが推奨されている。

こうした職員の知識のアップデートや研究、学びの促進なども、職員の鑑定能力を管理し、一定以上に保ち、そうした職員の行う科学鑑定の品質を保証するためのひとつの手法である。なお、法科学ラボにおける研究に関しては第7章で改めて述べる。

3 マニュアルの戦略的利用

以上のようにＥＳＲにおいては、資料、環境、人を徹底的に管理することで、資料が適切に扱われ、適切な環境下で、適当な能力を持った職員によって科学鑑定が行われたことが担保されている、つまり科学鑑定とその結果の品質保証が行われている。

これまでもＳＴＳの研究者によって、ＤＮＡ型鑑定に関して、資料や環境や人を管理するために、本章で述べたような手法が利用されていることは明らかにされてきた［Lynch *et al.* 2008］。また、法科学以外のラボについて、たとえばプラズマ物理学のラボにおいても、ラボの環境が管理されている様子が分析されている。プラズマ物理学のラボでは、目に見えず、予期できない振舞いをする電気を扱っており、感電などの危険性がある。そのため、ラボでどのような実験が行われているのかや、ラボでの電気の状態などを把握するために、実験機器の配置に配慮したり、電気の状態を可視化するための装置を利用したりしているという。こうしたラボの状態の把握について、シムズは、プラズマ物理学のラボでは、ラボで働く科学者や技官の安全性を確保するために、ラボの状態の「追跡可能性（traceability）」が重視されていると述べている［Sims 2005］。この追跡可能性とは本章で述べてきた法科学ラボで行われている、ラボの環境の管理と同様のことを意味していると思われる。

さらに、追跡可能性の重視は、科学ラボだけではなく、産業分野でもなされている。ヨーロッパで導入された、遺伝子組み換え作物の生産から消費までの追跡システムを考察したレサウンによれば、ヨーロッパにおいて遺伝子組み換え作物は、それを作った企業名とどのような形質転換イベント（transformation event）が施されたかによって分類され、個別の識別記号が与えられる。そして、この識別記号情報はデータベースに登録されるとともに、文書の形で生産から消費まで、作物の移動について回る［Lezaun 2006］。これによって遺伝子組み換え作物が追跡可能となっているが、この識別記号による作物の管理とは、上記した法科学ラボにおける資料の管理と同じものといえるだろう。

しかし、こうした法科学に関する先行研究や、他領域でのラボの環境や対象の管理に着目した研究と比較して、筆者による調査で明らかとなったのは、法科学ラボではこうした個々の管理のやり方が、すべてマニュアルの中で詳細に規定され、さらにマニュアルがそこからの逸脱を許さない法的マップとして機能し、それが科学鑑定や結果の品質保証へとつながっているという点である（図3－18）。そして、現実の複雑さに対応するために、法科学者たちが法的マップとしてのマニュアルを戦略的に利用しているという、より複雑な状況である。

たとえば資料の受け取りの際、どこを確認しどの文書に何を記録するのか、分析室でどのような服装をするのか、それぞれの分析室をどのように掃除するのか、職員はどのようなトレーニングをどういった順序で受けるのか、資料をどのように分析したり、解釈したりするのかといった、これまで見てきた資料の取り扱いや環境、人に関する事細かな規定はすべて、マニュアルの中で定められている。以降では、法科学ラボにおけるマニュアルの特性について検討し、法科学ラボの実践の標準化を議論する。

精密な設計図

本章の冒頭で述べたように、科学ラボにおけるマニュアルが、ラボでの実践のアウトラインを緩やかに定める認知的マップとしての側面が強いのに対し、法科学ラボにおいてマニュアルは異なる性格を持つ。そこでは、マニュアルは法的マップとして非常に強く機能している。

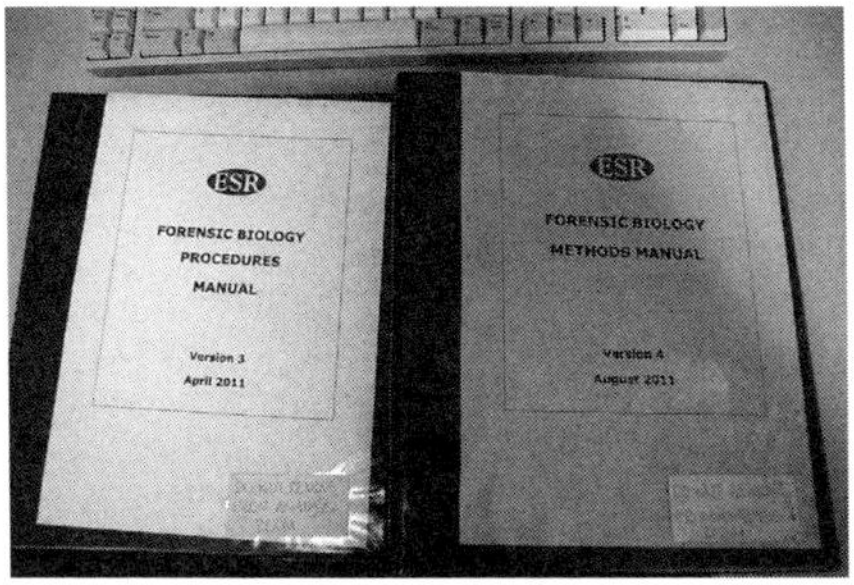

図 3-18　マニュアル（筆者撮影 ©ESR）

ESRでは、これまで記述してきた資料の取り扱い方や、分析室内での衣服、清掃の仕方、職員のトレーニングのやり方、資料の分析や解釈の手法に至るまで、ラボにおけるほとんどすべての活動に関してそのやり方が詳細にマニュアルの中に定められている。つまり法科学ラボにおいてマニュアルとはラフな見取図ではなく、非常に精密な設計図のようなものである。そして、職員たち（U、J、S）が述べるように、そこから外れることは許されず、それを遵守することが求められている。

筆者　品質保証とは何ですか？

U　品質保証とは、言っていることをやるということ。そしてやっていることはすべて文書化されていなくてはならない。そして、その文書にしたがわないといけない（……）。こっちのやり方の方がうまくいくかも、と独自で判断してやり方を変えてはいけない(33)。

筆者　ラボで問題になるのはどのようなことですか？

Ｊ　間違った容器に間違った試薬を入れることや、資料番号の記録を間違えること。マニュアルにしたがわないことになるから。（……）

筆者　マニュアルから外れたことは、すべて問題になるのですか？

Ｊ　そのとおり(34)。

筆者　仕事中は、マニュアルにしたがっているのですか？

Ｓ　そう。ＥＳＲに雇用されてから最初の数週間は、ひたすらマニュアルを読む。それからそれに関する質問に答えて合格しないといけない。その後も業務中に何か疑問があった場合は、マニュアルを確認する。マニュアルはすごく助けになる(35)。

ＥＳＲではラボでの活動に関して詳細なマニュアルが作成され、そのとおりに資料や環境、人を管理し科学鑑定が行われている。

マニュアルと裁判

科学ラボにおける自由度の高いマニュアル、法科学ラボにおける拘束力の強いマニュアル、二つのラボにおけるマニュアルの意味合いの違いは、法科学ラボでの鑑定実践の結果が裁判というラボの外部で利用されることによる。鑑定結果が裁判で利用されることと、ラボにおける品質保証やマニュアルの遵守との関係性についてESRの職員たち（D、G、J）は次のように述べている。

筆者　法科学における品質とは何ですか？

D　私たちの仕事は、人々の生死、ニュージーランドには死刑制度がないから、生か無期懲役だけど、それがかかわっている。私たちの仕事によって、ある人の人生が一変する。これが間違った、愚かな、マニュアルにしたがわないみたいなことをさせない。こういう間違いが最終的にすごく重大になってくるから。品質とは、最高の仕事をする、誰かの人生を台無しにしないような。こういう品質を保持するためのいろいろなことを行っている。[36]

筆者　先ほど、法科学ラボでは鑑定をする際に確実性が必要と言っていましたが、なぜ確実性が必要なのですか？

G　なぜなら、証拠に基づいて誰かが刑務所に行ったり、刑務所に行かなかったりするから。裁判官や陪審員は判決を出すけれど、鑑定結果がその決定の一部を担っている。もし鑑定結果が一定の水準に達していなかったら、私たちは間違った情報を伝えることになってしまう。[37]

筆者　科学ラボと法科学ラボとの違いは何ですか？

J　科学ラボでも、コンタミネーションは気にはしていたが、ESRほどではない。[38] ESRではコンタミネーションは重要事項。品質保証も他のラボでも気にはされていたが、法科学ラボでは、そのレベルがより高い。

筆者　品質保証のレベルが高いとはどういうことですか？

J　ここでは、問題があるとそれが裁判に影響を与える。科学ラボでも、プロセスの中でメモは取られるけど、ここではすべてが記録され、文書化されている。[39]

法科学ラボで行われた科学鑑定の結果は裁判の中で利用され、裁判の結果は人の運命を左右する重大なものとなる。したがって裁判においては、科学鑑定に関して、それが適切で科学的なものであることが重視される。そして、ＥＳＲの職員たちが「人は誰でも違っていて当然なのに、裁判ではその違いが問題にされる」[40]、「裁判では、ＥＳＲの職員が皆同じ鑑定をできることが期待されている」[41]と述べるように、法科学ラボでの鑑定実践が標準化されていること、誰がやっても同様の結果が得られることが、科学的なものとして裁判では重要視されている。アメリカで一九八〇年代から一九九〇年代にかけて裁判の中で起こったＤＮＡ型鑑定への批判の中で、法科学ラボで行われる鑑定についてそのやり方を定めた基準が存在しないことが問題とされたが［cf. National Research Council 1992, 1996, 2009; 徳永 2002; Weinberg 2003（2004）］、「ＥＳＲでは、その設立当初から裁判で批判されないようにすべてのラボで、それぞれ鑑定のやり方を定めてそれにしたがっている」[42]とある法科学者が主張するように、ニュージーランドでも裁判の中では標準化された科学鑑定の実施が重視されている。

そして、ＥＳＲでは裁判での要請を受け、これまで述べてきたようなラボでの実践について詳細なマニュアルを作成し、それを職員に遵守させることで鑑定実践を標準化させている。マニュアルにしたがうことで、すべての職員が資料を同じように扱い、同じ環境下で、同じ能力に基づいて、同じ分析手順や解釈基準を利用して鑑定が可能となる。つまり、ラボにおいて鑑定実践を標準化することができるのである。そしてマニュアルを利用した鑑定実践の標準化により、誰でも同じ鑑定結果を出せること、つまり科学鑑定や結果の品質が担保されている。

本書では、ニュージーランドのオークランドにある法科学ラボを主に考察しているが、ウェリントンとクライストチャーチにもそれぞれ鑑識ラボが存在する。三都市の三つの鑑識ラボではまったく同じマニュアルを使用している。

マニュアルと各々のラボで行われる鑑定実践との関係性について鑑識ラボのある法科学者は次のように述べる。

三つの鑑識ラボには同じマニュアルがあって、私たちはそれにしたがっている。だからもし私がウェリントンから事件ファイルを持ってきても、比較的すぐにウェリントンで行われた鑑定を理解できる。だってウェリントンでは、私たちがオークランドでやっているのと同じように鑑定を行っていないといけないはずだから。[43]

またDNAラボの法科学者Gは、マニュアルと鑑定実践の標準化との関係について、次のように述べている。

筆者　標準化とは何を意味するのですか?

G　もし、資料を五人か六人の人に渡したら、彼らは同じ鑑定結果にいたるはず。標準化とは、資料をちゃんと理解していて、何をする必要があるのかを理解しているということ。なぜならそれ（鑑定――筆者注）は以前すでにやられていて、文書化されているのだから（……）。そのやり方にしたがうことで、その資料に関しては理論上、ラボ内のすべての人が同じ鑑定を行い、同じ結果を得ることになる。[44]

法科学者たちが述べるように、同じマニュアルを使用することで、同じ鑑定実践が行われ、同じ鑑定結果が得られることとなる。法科学ラボにおける実践を事細かに定め、そこからの逸脱を許容しない強固なマニュアルは、法科学ラボ内の実践を標準化し、ラボでの鑑定結果を裁判で受け入れられるものとするために重要である。

法科学者と技官の分離

数多くの科学的発見の逸話を見れば明らかなように、科学ラボでは創造性が重視される。マニュアルやルーティーンから逸脱すること、また通常とは異なる結果に着目することで、多くの発見が生まれてきた。このような実践の自由度の高さは、実際にラボで実験や観察を行う技官と科学者との関係性にも影響を与える。科学ラボにおいては、技官と科学者とは互換的関係にあるといえる。シェイピンは、一七世紀の科学者と技官の状況を分析する中で、技官が実際には独自の知識に基づいて科学者に代わって実験の大部分を担い、時には科学者に意見を述べたり、科学者に代わって論文を書いたりすることがあったと主張する。科学的知識とは、技官と科学者の共同作業によって生まれるものであり、両者の役割を分離することは難しい。しかし、一七世紀の倫理的、政治的な理由によって、技官は科学者や科学論文の読者、科学史などの研究者から、いないもの（invisible）とされてきた。こうした状況に対しシェイピンは、技官の実際の役割に注目する必要性を指摘している［Shapin 1989］。

科学ラボで技官は、単に実験や観察の技術的補助という役割を担っているだけではない。彼らは自身が扱う実験装置の癖などを熟知しており、独自の暗黙知を持っている。そして実験装置から得られたデータを独自に解釈するなど、科学者のような活動も行っている。こうした技官の科学者的な役割に対し科学者も、単に技官の活動によって得られた実験結果を机で確認し、それを解釈するだけではない。時には新たな実験方法を生み出すために自ら実験装置を扱うなど、技官のような活動も行っている［cf. Barley and Bechky 1994; Wylie 2015］。

これに対し法科学ラボにおいては、技官と法科学者はそれぞれどのような実践を行うのかがマニュアルで明確に定められており、完全な分業がなされ、マニュアルで規定された活動以外を行うことは認められていない。技官と法科学者の役割の違いについて、鑑識ラボのある法科学者は次のように説明する。

たとえば、TシャツがESRに送られてきたとする。技官が行うのは基本的に事実の記録。この場合は、Tシャツの前側に赤い血がついていた、その血は一〇センチ×五センチの大きさだった、とかそういう事実の記録。法科学者がやるのは、解釈。たとえば私が技官の記録やTシャツを見て、確かにこれは血だけれども、ちょっと色が薄い、ということは、この血は（洗濯かなにかで――筆者注）薄められた可能性がある、というように解釈する（……）。技官がするのは事実の記録。法科学者はそうした記録を解釈して自分の意見を述べる。(45)

この法科学者が述べるように、法科学ラボにおける技官の役割は、分析室において資料の特徴を観察したり試薬などを使用して資料を分析したりし、その結果を記録することである。それに対し、法科学者は観察結果や分析結果の解釈を行う。ＥＳＲの法科学者の多くは、はじめは技官として就職しその後法科学者となっており、彼らは技官が何を行っているのかをよく理解している(46)。しかし実際の鑑定においては、大抵の場合、法科学者は得られた観察結果や分析結果が書かれた文書を事務室で扱っており、分析室で実際に資料を扱うことはあまりない。

また、法科学のラボだけではなく、生物学のラボでの研究経験のある法科学者は、法科学ラボと生物学のラボとの違いを次のように表現する。

（法科学ラボでは――筆者注）ある事件に関して私たちが行った鑑定が、完全無欠であることをすべての人に対して証明しないといけない。そして、標準化やメモを取ること、文書管理をすることへの要求が、生物学のラボとはまったく異なっている（……）。生物学のラボでは、目的から外れたことをやったり新しいことを試したり、もっと創造的でいることができる。やってみて何かが得られたら、さらにそれを探求することができる。でもより構造化されている法科学ラボでは、そういうことはできない(47)。

職員の業務は、それぞれの役割に応じてマニュアルの中で規定されており、独自の判断、マニュアルからの逸脱は法科学ラボでは許されていない。新たな知を生み出すことを目指す科学ラボと、資料を鑑定し犯罪現場の復元によって犯罪解決への貢献を目指す法科学ラボとでは、そこでの活動の自由度や職員間の関係性に大きな違いが存在する。

マニュアルの固定性と現実の流動性

マニュアルには認知的機能と法的機能が存在し、法科学ラボにおいては法的機能が非常に強く働いている。このように法的機能が強いマニュアルを使用しているのは法科学ラボに限ったことではなく、本章の冒頭で述べたようなアメリカの原子力発電所や救急救命の現場などでもみられる。

マニュアルの法的機能が強く働くことで、マニュアルに沿った行動がなされ、その品質が保証されるといえるが、法的拘束力の強いマニュアルにしたがうことで、逆に活動の品質が保証されないという問題が生じていることも明らかにされている。たとえば、ロクリンとメイアは、アメリカの原子力発電所において厳格なマニュアルにしたがうことが、逆に現実の複雑な状況への柔軟な意思決定を阻害し、発電所の安全性を危機にさらす可能性があることを示唆している [Rochlin and von Meier 1994: 180-182]。

本書で対象としている法科学ラボでは、マニュアルがそこでの鑑定実践を詳細に規定し法的拘束力を持つものとして機能している。しかし、現実とは様々な状況が起こりうる流動的なものであり、固定的なマニュアルで現実をすべてカバーできるわけではなく、時にマニュアルどおりではうまくいかないことも発生する。この状況に対してマニュアルを認知的マップとして利用すること、つまり状況に応じたマニュアルからの逸脱を行うことで対応している様子が前述したSTSの研究の中で描かれてきた [cf. Nelsen 1997]。

こうした現実の流動性に対してESRの法科学ラボでは、従来考察されてきた、マニュアルからの逸脱という方法とは異なるやり方で対応している。

(1) マニュアルの変更

ESRでは、各ラボのマニュアルは一年に一度その内容が確認され、必要があれば内容の変更が行われる。また新しい鑑定手法などの導入に伴い、一年経たずにその中身が変更されることもある。こうした変更に際しては、新しい実践が以前のものに比べて、正確でより効率的なのかが精査され、それをクリアした場合にのみマニュアルの改定が行われるものの、マニュアルは決して変わらない固定的なものではなく、変更可能なものとして存在している。

筆者　先程のお話だと、法科学は標準化された方法にしたがっている、つまりかなり道筋がはっきりしているとのことですが、それと同時にESRではマニュアルの変更も行っているようですが。

G　そのとおり。もし誰かがもっといい方法があると思ったら、方法の改善を提案できる。改善されるのは鑑定方法というよりも大抵は表面的なこと、たとえば二人の職員のうちどちらが先に結果をみるかといったことについてで、実際の鑑定方法、たとえばチューブに資料を入れるやり方やDNAプロファイルの産出方法ではない。もし鑑定方法を変更する場合には、なぜ改善が必要かを証明しないといけない。たとえば試薬の変更をする場合には、新しい試薬と今使っている試薬で鑑定をして、本当に新しい方が優れているのかを証明し、それを文書にして、ラボの他のメンバーの承認を得る必要がある[48]（……）。

筆者　法科学者や技官はマニュアルにしたがっていますが、問題が起こったらそれを改善するのですか？

M　私たちはマニュアルを常にアップデートしている。マニュアルはそれが書かれた時に正しかったものだから、静的なものではない。マニュアルが変更されたら、それにしたがうことが大切（……）。大切なのは、私たちが、文書化されていることをやっているということ。問題があればマニュアルを参考にして、マニュアルが変更されたらそれをまた読み直して、そのとおりにやることが大事[49]。

法科学ラボでは現実の流動性に対応するために、マニュアル変更という戦略をとっているといえる。法科学ラボにおけるマニュアルは、常にそこからの逸脱を許さない法的マップとして存在している。マニュアルに一度記載されたことは、ラボでの活動においてそれを無視することは許されない。しかし記載された内容は、新たな法が制定されたり、新たな条項が追加されたりするように、現実にあわせて流動的に変化するのである。

(2) 一時的なマニュアル

法科学ラボでのマニュアルはそこからの逸脱を許さないものであるが、時に実際の状況に対応するためにマニュアルの規定とは異なる実践が行われる場合もある。DNA型鑑定を行うある法科学者によると、鑑定の依頼者からある骨格資料について、それらが誰のものかDNA型鑑定で明らかにすることが求められた。骨格資料から、骨の断片や歯などが採取され鑑定されたが、それらからは完全なDNAプロファイルが得られなかったという。通常マニュアルでは骨格資料から得られた骨の断片と歯とはバラバラに鑑定し、それぞれからDNAプロファイルを得ることとされている。しかし、この法科学者は骨断片と歯から得られた部分的なDNAプロファイルをすべて混合することで完全なDNAプロファイルが得られ、それが誰のものであるか明らかにできると考えた。そして、マニュアルの規定とは異なるこの実践を行ったという[50]。

これは、法的拘束力を持ったマニュアルからの逸脱、すなわち法的マップとしてのマニュアルを認知的マップとして読み替えている様子とみることもできる。しかし、法科学ラボにおいては、こうした読み替えが非常に厳格な形で行われている。ESRでは、マニュアルとは異なる実践をする場合には、まずそれを文書化し、法科学ラボのラボ長にマニュアルから外れることを許可してもらう必要があるという[51]。骨格資料に関する通常とは異なるやり方も、この手続きに基づいて行われた。先述したプラスミド精製を行う科学ラボでは、個々人がマニュアルとは異なる実践を行っていても、それが文書化されていなかった。一方で法科学ラボでは、マニュアルからの逸脱をする場合に、マニュアルとは異なるやり方を文書化し記録を残し、逸脱の正当性を認められる必要があるという点で、厳格な形で逸脱が行われている。

法科学ラボにおいて、マニュアルからの逸脱は自由に行われるのではなく、それが明記され、正当化される必要がある。そして承認された逸脱が記された文書に沿って鑑定が行われる。承認された逸脱が記載された文書とは、ある意味一時的なマニュアルとして作用しているといえ、それゆえにESRで行われる科学鑑定は、それがたとえマニュアルに規定された通常のものとは異なっていたとしても、（一時的な）マニュアルどおりなのである。さらに、こうした逸脱に関する手続き自体も実はマニュアルの中に定められている。「通常のやり方ではうまくいかない場合には、ラボ長の許可をとってそれを文書化した上で、異なる鑑定実践を行うこと」といった規定がマニュアルの中に存在しており、[52]逸脱自体もある種マニュアルに沿ったプロセスなのである。

ESRでは現実の複雑さに対応するために、マニュアルの変更、通常とは異なる鑑定実践を行う場合のプロセスのマニュアル化、いつもとは違う鑑定のやり方を記載した文書を一時的なマニュアルとして機能させる、という戦略をとっている。流動的な現実と固定的なマニュアルとの間に生じる対立すらもマニュアルの中に落とし込むことで、ESRにおけるマニュアルは法的マップとして君臨し続けているのである。

4 現実の複雑さへの対応

以上、法科学ラボにおけるマニュアルに注目することで、ひとつの法科学ラボでその実践の標準化が目指され、さらにマニュアルでは規定されえない現実の複雑さに、法科学ラボの職員がどのように対応しているのかを明らかにした。本節では、これまでの議論をまとめるとともに、法科学ラボにおけるマニュアルと実践の標準化について再検討する。

標準化による品質保証

法科学ラボでは、そこで行われる科学鑑定や結果の品質を保証するために、鑑定実践に関する細かなマニュアルを作成している。マニュアルの中では鑑定実践にかかわる様々なものが規定されるが、こうしたマニュアルによって、法科学ラボ内で実践が標準化されているといえる。詳細に定められたマニュアルを遵守することで、すべての資料に関して同じ管理がなされ、同じ能力を持った職員が同じ環境や同じ基準のもとで鑑定を行うことが可能となる。つまり鑑定にかかわる人や鑑定環境、鑑定プロセスをひとつのラボ内で標準化することができる。そしてこうした標準化された科学鑑定を行うことで、ＥＳＲでは特定の資料に対して、誰が、いつ鑑定を行っても同じ結果が得られる、つまり科学鑑定や結果の品質が保証されると考えられている。

法科学に限らずラボにおける実践をマニュアル化し、標準化する時に一番問題となるのは人の能力に関してである。実験や観察を行う際には、言語化できない暗黙知が存在し、それを異なる人々の間で同等に保つことが非常に困難である点は、これまでも指摘されてきた［Collins 1990; Collins and Kusch 1998］。科学ラボでの実験や観察をはじめとして多くの活動の場では、人々の知識や経験などが利用されており、それらの言語化が難しいために、実験や観察に関するマニュアルは、緩やかでそこからの逸脱を許容した認知的マップとして機能していたと考えられる。

本章ではこれまで法科学ラボにおける様々な活動をひとつのものとして扱ってきたが、それにはマニュアル化が簡単なものと難しいものという点で、多様性が存在する。たとえば、資料の取り扱いやラボの清掃の仕方、ラボでどのような衣服を着るかなどは、そのマニュアル化が容易な実践といえる。それに対して、得られたデータをどのように解釈するのかは、それまでの法科学者の経験やそれに基づいた知識などが必要な場合が多く、言語化の難しい暗黙知が利用される場合がある。しかしＥＳＲの法科学ラボのマニュアルには、「それまでの経験や知識を利用して鑑定にあたる」、といった文言が書かれている［ESR 2011a］。つまり暗黙知を利用して実践を行うことがマニュアルの中で明文化されており、それらを使用して鑑定を行うことはマニュアルからの逸脱とはいえない、という点で暗黙知などに関しても法科学ラボのマニュアルは法的マップとして機能しているといえる。

さらに、職員の経験や知識に関してはそれをどのように獲得するのかについて、詳細なトレーニングのやり方がマニュアル化されており、こうした言語化されたトレーニングにしたがうことで、同じような経験や知識を身につけることができるとESRでは考えられている[53]。ESRでは、マニュアル化の難しい暗黙知について、それを獲得するためのトレーニングをマニュアル化することで、同じ能力を持った職員が適切な鑑定を行っていること、つまり鑑定実践の標準化と品質保証を行っている。

なお暗黙知に関しては、近年、経験や知識を利用して鑑定にあたるといった形で暗黙知の利用を許容するのではなく、具体的にどのように鑑定を実施するのかをすべて言語化するように、という要請も出てきており［National Research Council 2009］、これに関しては第4章、第5章、第7章でさらに詳しく述べる。いずれにしても法科学ラボでは、従来考察されてきた科学ラボ以上に、人の能力に関してもその標準化に尽力していると思われる。

新たな科学的知の産出を目指した科学ラボでも、マニュアルなどによってその実践を標準化することは重視されるが、ESRにおけるものほど綿密な標準化ではなく、実験や観察の大まかなやり方をラボ間で標準化するなどのより緩やかなものである［cf. Jordan and Lynch 1998］。さらに第6章で述べるように、通常科学ラボにおいてはひとつのラボ内で実践を標準化し、ラボ内のすべての職員が同じ実践を行えることを保証することはめったにない。こうしたラボでは、同じ科学領域の異なるラボ間でその実践を標準化することを重視しているのである。それに対しESRにおける標準化は、ひとつの法科学ラボ内での標準化という非常にミクロなレベルから行われ、さらにラボでの実践の大部分をマニュアルに事細かく定めて、それを遵守させることで標準化を達成するという、厳格さを持っている。そして、法科学ラボ内の標準化が、ラボでの科学鑑定や結果の品質を大きく支えるものとなっている。

科学ラボでは、創造性が重視され、さらにその内容は科学的に正当であることが必要とされる。つまりそれが科学的手続きに則っているか、同じ研究者集団から認められるものであるかどうかが重視される。それに対し法科学ラボではその内容が法的に正当であること、裁判などで受け入れられるものであるかどうかが重要視される。そして裁判では、誰がやっても同じ結果となるような標準化された実践に基づいて資料が鑑定されることが、正当であると考えられているのである。

法と科学の関係性を研究してきたジャサノフは、科学では進歩が重視されるのに対し、法では過程が重視されるため、両者の間では文化的衝突が生じると主張している［Jasanoff 1997, 2008］。ＥＳＲでは、進歩よりも法的正当性を担保すること、つまり裁判において正しいとされる基準を満たすことが重視されており、そのためにラボでの実践を標準化する詳細で厳格なマニュアルが使用され、それに基づいた科学鑑定が実施されている。

マニュアルの存在意義

このように、ＥＳＲではマニュアルを法的マップとして機能させることで、法科学ラボの実践を標準化し、すべての人が同じ鑑定を行い、同じ鑑定結果が出せるようにしているが、厳密にみていくと法的マップとしてのマニュアルにはもうひとつの役割が存在する。それは、実際には標準化がなされていないものの、マニュアルがあるということそれ自体が科学鑑定の品質保証に役立つということである。

ＥＳＲの職員たちが述べるように、マニュアルにしたがうことで標準化された科学鑑定がなされている部分も多いが、その一方で暗黙知の利用や通常とは異なる鑑定実践がマニュアルの中で許可されるなど、鑑定活動の中で厳密にいうと標準化されていないものも存在する。しかし、マニュアルに経験や知識、そこからの逸脱に関する記載があるということが、マニュアルどおりの科学鑑定がなされていることを保証し、鑑定結果の品質担保へとつながっている部分もある。標準化という観点からみた場合、法科学ラボにおけるマニュアルには、実際の鑑定実践の標準化を促すという役割に加え、厳密には標準化から外れる活動に関する免罪符としての役割も備わっている。マニュアルに書かれている、というそのこと自体が、鑑定の品質を担保するものとなっているのである。

そしてこのＥＳＲにおけるマニュアルの二つの役割は、実際には複雑な現実に応じた多様な鑑定実践を行う必要があるにもかかわらず、裁判によって法科学ラボの実践の標準化が要請されることへの、職員たちの戦略の現れといえるだろう。法科学ラボでの鑑定結果は、ラボの外部である裁判で利用される。裁判の結果は人の運命を左右する重大なものであるということから、通常の科学ラボでは行われないような、ひとつのラボ内の実践の標準化や、それに基づく品質保証が必要となる。そしてそのために、法科学ラボでは鑑定にかかわる要素を管理する非常に詳細で厳格な法的マップとしてのマニュアルが利用され、標準化された科学鑑定が実施されている。その一方で、第7章で詳述するように、ＥＳＲで扱われる事件はそれぞれ異なっており、必ずしもマニュアルで規定されたやり方がそのまま応用できるとは限らない。多種多様な事件に対応し、かつ標準化の要請に応えるために、マニュアルの変更やトレーニングのマニュアル化などによって、ＥＳＲの職員たちは現実の複雑さに対処している。そして、どうしてもマニュアルでの標準化が難しい部分については、マニュアルに記載がある、というそのことによって、マニュアルに書かれたとおりの実践が行われたことを保証している。法的マップとしてのマニュアルを、実際の実践の標準化と、厳密な意味では標準化から外れる活動の品質を担保するものとして戦略的に利用することで、法科学者たちは彼らが行う科学鑑定やその結果の品質保証を達成している。

標準化要求の拡大

法科学ラボでは裁判などの外部からの要請を受け、科学ラボ以上の厳格な標準化が行われている。この章ではひとつのラボ内での科学鑑定というミクロレベルに着目し、標準化された鑑定実践のためにどのような手法がとられているのかを考察してきた。

しかし近年、鑑定実践の標準化に関して、ラボ間しかも法科学の異なる鑑定分野間で、それを求める動きも起こっている。本章でみてきたように、ＥＳＲではひとつの法科学ラボにおいて、資料の分析手順や解釈基準が定められ、職員はそれにしたがうことが義務付けられている。この手順や基準の内容は、扱っている資料の種類が異なるため当然鑑定分野間で異なっている。しかし異なる法科学分野の間で鑑定のやり方を同一にする、つまり標準化するべきだという要求が裁判などの中で起こってきており、それゆえに問題も生じている。

次章以降では、法科学の特徴のひとつである異種混合性に着目し、法科学実践の多様性をなくし標準化を求める動きと、この動きに法科学ラボがどのように対応し科学鑑定を遂行しているのかを議論する。

（1）ＤＮＡラボの法科学者Ｇへのインタビュー（2012/03/12）。
（2）この管理方法は、ＥＳＲだけではなく、世界の法科学ラボで一般的に行われている［Lynch and McNally 2005; 司法研修所 2013］。
（3）ニュージーランド警察が作成する文書のうち、一四三という番号がつけられた書式。ＤＮＡラボの法科学者Ｂとの私信（2014/03/14）。
（4）ＥＳＲの事務員Ｉへのインタビュー（2012/03/28）。
（5）資料の受け取りを拒否するかどうかは、法科学者の判断による。
（6）鑑識ラボの法科学者Ｅへのインタビュー（2012/01/25）。
（7）第2章で述べたように、鑑識ラボで受け取られた資料はＤＮＡラボや物証ラボに送られる場合があるが、ＤＮＡラボや物証ラボでも、まず事務員が資料の包装状況を確認、記録する。ＥＳＲの事務員Ｉへの参与観察記録（2010/12/13）。
（8）通常鑑識ラボで資料が受け取られる際に、事務員によって、ＥＳＲにおける資料番号および事件番号が付与される。鑑識ラボからＤＮＡラボや物証ラボに資料が送られた場合には、個々のラボで独自の資料番号および事件番号が新たに付与される。こうした資料番号や事件番号の変遷はすべて記録される。
(9) DNAラボの技官JおよびKへの参与観察記録(2010/12/10)。
(10) 近年、科学不正を防止するために生物学のラボにおいても、ラボでの活動を記録する実験ノートを厳しくつけることが行われている[岡崎・隅藏 2011]。
(11) 鑑識ラボからDNAラボ、物証ラボに資料が移動されると、それぞれのラボでも独自に事件ファイルを作成し、関連する文書を入れる。
(12) DNAラボの法科学者Gへのインタビュー(2012/03/12)。
(13) ESR Lab は筆者の調査終了後の二〇一二年に STARLIMS という新しいソフトウェアに変更された。
(14) 鑑識ラボの技官Dへのインタビュー(2012/03/21)。
(15) DNAラボの法科学者Lへの参与観察記録(2011/01/19)。
(16) こうしたラボの環境の問題に関連して、現在DNAラボでなされている鑑定は、スペースや職員の数などの問題もあり、以前は他のラボ(物証ラボ)で行われていた。しかし一九九〇年代から二〇〇〇年代初頭にかけて、DNA型鑑定に際しコンタミネーションがしばしば生じたために、二〇〇二年五月にDNA型鑑定などの生物学的鑑定のみを行う専門のDNAラボが建設され、コンタミネーションへのリスクが低減した[Bedford 2011b: 287; Bedford and Mitchell 2004: 39]。
(17) DNAラボの技官Kへの参与観察記録(2010/11/15)。
(18) DNAラボの法科学者Mへのインタビュー(2012/03/05)。
(19) DNAラボの技官Jへのインタビュー(2012/03/07)。
(20) また、これとは別に各ラボは毎日清掃員によって掃除がなされている。
(21) 一定容積の液体を加えたり、取り出したりするための液量計。先端が細く、目盛のあるガラス管[新村 2009b: 2384]。
(22) 動作確認はそれを専門に行う職員および各ラボの補助員、技官によってなされる。
(23) ESRの補助員Nへの参与観察記録(2011/11/30)。
(24) 生産や出荷の単位としての、同一製品の集まり[新村 1998: 2856]。

(25) 新しい試薬に対してのみならず、試薬によっては、毎日分析を始める前に正しく反応するか確認する場合もある。鑑識ラボの技官Oへの参与観察記録（2011/11/29）。
(26) DNAラボの法科学者Bとの私信（2010/11/30）。
(27) 鑑識ラボの技官Dへのインタビュー（2012/03/14）。
(28) DNAラボの法科学者Pへの参与観察記録（2010/11/09）。ESRの責任者Qへの参与観察記録（2010/11/12）。
(29) DNAラボの法科学者Cへのインタビュー（2014/07/22）。
(30) DNAラボの法科学者Gへのインタビュー（2012/03/12）。
(31) 東京大学の福島真人教授との私信（2013/11/06）。
(32) DNAラボの技官Sへのインタビュー（2012/03/06）。
(33) ESRの法科学者Uへのインタビュー（2012/02/23）。
(34) DNAラボの技官Jへのインタビュー（2012/03/07）。
(35) DNAラボの技官Sへのインタビュー（2012/03/06）。
(36) 鑑識ラボの技官Dへのインタビュー（2012/03/14）。
(37) DNAラボの法科学者Gへのインタビュー（2012/03/12）。
(38) Jは生物学系の科学ラボでの勤務経験があった。
(39) DNAラボの技官Jへのインタビュー（2012/03/07）。
(40) DNAラボの法科学者Mへのインタビュー（2012/03/05）。
(41) 鑑識ラボの法科学者Eへの参与観察記録（2012/01/25）。
(42) 物証ラボの法科学者Aへの参与観察記録（2011/11/01）。
(43) 鑑識ラボの法科学者Eへのインタビュー（2012/01/25）。
(44) DNAラボの法科学者Gへのインタビュー（2012/03/12）。
(45) 鑑識ラボの法科学者Eへのインタビュー（2012/01/25）。

(46) DNAラボの法科学者Mへのインタビュー(2012/03/05)。
(47) DNAラボの法科学者Gへのインタビュー(2013/03/12)。
(48) DNAラボの法科学者Gへのインタビュー(2012/03/12)。
(49) DNAラボの法科学者Mへのインタビュー(2012/03/05)。
(50) DNAラボの法科学者Bとの私信(2015/02/13)。
(51) DNAラボの法科学者Bとの私信(2015/02/13)。
(52) DNAラボの法科学者Bとの私信(2014/07/25)。
(53) DNAラボの法科学者Rへのインタビュー(2014/07/11)。DNAラボの法科学者Cへのインタビュー(2014/07/22)。

第4章 科学の異種混合性

——異なる鑑定分野はどのように協働するか

第1章で述べたように、法科学とは様々な分野を含む複合的なものであり、ESRにも法科学分野に応じて多数のラボが存在する。本章および次章では、こうした異なる鑑定分野間でどのような科学鑑定が行われ、異なる鑑定分野がいかに相互作用しているのかに注目する。

STSの研究者であるスターとグリスマーが、「科学的活動とは異種混合である」[Star and Griesemer 1989: 387] と述べるように、科学が扱う対象やその影響が拡大する中で、ある科学的活動を行う際に、異なる認識枠組みを持ち異なる実践を行うまったく違う分野が協力することは、しばしば行われている。

こうした科学的活動の異種混合性に関して、異なる領域がどのように協働しているのかは、STS研究者の関心の的となってきた。法科学に関しても、異なる鑑定分野は互いに協働している。しかし、そのありようはこれまで検討されてきた異分野間の協働とは特性を異にする。そして、この特性とは法科学分野間の実践の標準化と結びついている。以降では、異分野間協働に関する従来のSTS研究に基づきながら、法科学における協働がいかに行われるのかを、標準化という観点から考察し、法科学ラボにおける実践の標準化を検討する。

法科学とは、銃器鑑定、足跡鑑定、DNA型鑑定などの様々な鑑定分野を含み、異種混合性を持っている。こうした多様な鑑定分野は、犯罪解決に貢献するために協働している。法科学に関する協働を考察するにあたり、本章ではまず、そもそも法科学の各分野でどのような鑑定が行われているのか、その差異を検討する。その際、科学の分野間で「定性（quality）的科学」と「定量（quantity）的科学」という違いが存在する点に着目する。科学においては、個別対象の形態に着目しそれらを観察する中で分析を行う分野と、対象を数量化し、数値的データを大量に扱う分野が存在する。本書では、前者を定性的科学、後者を定量的科学とするが、法科学においてもこうした定性的、定量的な鑑定領域が存在する。本章では、定性的鑑定分野、定量的鑑定分野、それぞれの特徴を分析し法科学分野間の差異を描写する。

1　形か、数か

科学には様々な分野が存在するが、それは定性的科学と定量的科学とに分類できるだろう。たとえば生物学は、複雑な自然現象を直接観察し、個別の対象をその形状などに着目して分類、記録することを目的としており、定性的科学であるといえる。これに対し物理学は、多くのデータを利用し、現象を数式で表すことを目的とした定量的科学である［cf. Daston and Galison 2007; 廣重 2008: 159–160; Micklos *et al.* 2003（2006）: 4; 日本生物物理学会 2001: 11–13; Porter 1992］。

しかし特に一九五〇年代以降、定性的科学であった生物学において大量のデータを定量的に扱うゲノム科学という領域が誕生した(1)［cf. Bucchi 2004; 林・廣野 2002: 18; 溝口・松永 2005: 123; 中村 2013: 361; Rabinow 1996（1998）］。そしてこのゲノム科学の成立は法科学における定量的鑑定分野、DNA型鑑定の誕生へと結びつく［cf. 瀬田 2005: 1–46］。本節では法科学における鑑定分野間の違いについて述べる前に、生物学の動向を追うことで定性的科学と定量的科学の関係性について述べる。

ゲノム科学によるパラダイム・シフト

（1） 情報としての生物

生物学は、多くの種類の生き物の分類や生理・発生などの複雑な現象の記載を中心に発展してきた［藤山・松原 1996: i］。一つひとつの対象の形状や動きなどを直接、もしくは顕微鏡を通して観察することで、生物に対する多くの知識を獲得してきたのが生物学であり［溝口・松永 2005］、まさにそれは定性的な科学分野であったといえる。

こうした生物学において、定量的科学として誕生したのがゲノム科学である。ゲノム科学とは、ヒトの遺伝情報をつかさどるヒトゲノムの配列を扱う学問であるが［Rajan 2006（2011）: 15］、その原点は一九五三年にさかのぼる［榊 2007: 13］。一九五三年にワトソンとクリックにより、生物の遺伝現象を担っているDNA分子の構造が明らかにされ、DNAが、リン酸、糖、そしてアデニン（A）、チミン（T）、グアニン（G）、シトシン（C）という四種類の塩基からなっていること、この四つの塩基の並び（塩基配列）によって遺伝暗号が成立していることが分かった［Watson and Crick 1953］。

ケイは、一九五〇年代に発展した情報理論、サイバネティクス、システム分析、コンピュータ、シミュレーション技術などが生命現象に影響を与え、それが生物学を新たな道、DNAの分子構造の解読へと導いたと主張する［Kay 1999: 226-227］。こうした情報理論などのもとで誕生したゲノム科学の特殊な点は、生物を情報という観点から捉えたことといえる［廣重 2008: 182-184; Rajan 2006（2011）］。それまでの生物学では個々の生き物の形態に着目していたのに対し、生物とはA、T、G、Cからなる塩基配列という情報から成立しており、この情報を解読することで生命の謎が明らかになると考えたのが、ゲノム科学である。

（2）　ヒトゲノム計画と定量的実践

そして、一九八〇年代から構想され一九九〇年から始まるヒトゲノム計画を経て、ゲノム科学は定量的な科学領域としてさらに発展していく。ヒトゲノム計画とは、ヒトのＤＮＡの塩基配列すべてを解読することを目的とした、生物学における初の国際的プロジェクトであり、多くの国や研究機関がそれに参加した(2)［藤山 1996a: 5; 日本生物物理学会 2001: 14］。このプロジェクトの中で大量の塩基配列データが得られたが、それを解析するためにデータベースやコンピュータプログラム、統計的手法などが利用された(3)［藤山 1996b: 55-79］。

個別の対象の複雑な形態を観察する、という従来の定性的な生物学に対し、ゲノム科学では四種類の塩基の配列という単純な情報に着目するため、得られるデータが膨大になる。そしてこの単純で膨大なデータに対応するために、データベースや統計的手法を使用した定量的実践が行われるようになり、たとえば、「この塩基配列の突然変異率は〇・〇二である」といったように、解析結果が数量化されることになった［cf. 安田 2010］。

ヒルガートナーは、ヒトゲノム計画の中で従来のクローンという生物試料(4)ではなく、塩基配列という情報が利用されたために、生物学が受けた影響を三つの観点から考察している。その三つとは、情報という量として計測可能なものを扱っているために各ラボの進捗を数量的に比較可能になった点(5)、塩基配列の情報は各ラボで独自に作成するクローンとは異なりインターネット上に登録されるために、そのアクセスが自由になった点、クローンを集めておく保管場所から塩基配列を登録するデータベースという技術変化が起こった点である［Hilgartner 1995: 308-314］。ゲノム科学とは、定量化できる情報という観点を取り入れることで、まさにそれまでの定性的な生物学に対してパラダイム・シフトを起こしたものといえる［Gilbert 1991: 99; 舘野 2008: 74-75］。

(3) 社会のゲノム化

生物を塩基配列という情報から考察し、そしてその塩基配列をすべて明らかにするヒトゲノム計画によって、それまで個別の対象を扱い、対象の形態に注目しその観察を行ってきた定性的な生物学に、定量的領域が誕生する。新たな定量的生物学、ゲノム科学においては、情報を扱い大量のデータをデータベース化し、コンピュータや統計的手法を使用し、結果が量的に算出されていく。

こうした大量の情報、数量化されたものを扱う定量的生物学の誕生は、生物学のみならず他の科学分野、産業界、人々の生命観などにも影響を与えていく。ゲノム科学の誕生やヒトゲノム計画を経て、医療や農業、環境、さらに本書の対象でもある法科学においても、対象の塩基配列への着目、たとえば個人のＤＮＡの差異に注目した個別医療の構想や、遺伝子組み換えによる農作物の品種改良などが行われるようになる [Hedgecoe and Martin 2008; 榊 2007: 142-164; 東京大学生命科学教科書編集委員会 2011: 139-153; Waldby 2001: 780]。さらにゲノム科学が産業界や生命観に与えた影響としてラジャンは、ゲノム科学の確立により、生命がパッケージ化され、商品となり、データベースとして販売可能な情報となった点を指摘する。そして、ゲノム科学によって生み出された塩基配列情報という商品が、企業のあり方や資本主義のあり方までも変更したと主張している [Rajan 2006 (2011)]。

生き物を定量的に考察するゲノム科学は、社会のありとあらゆる領域に影響を及ぼし、ゲノム解析やそれに付随する技術が人類のさらなる発展に貢献するという、人々の期待を引き起こした [cf. Hedgecoe and Martin 2003]。こうした、ゲノム科学の社会への浸透は社会のゲノム化ということができるだろう。

（4） 定量的生物学と定性的生物学

しかし、ゲノム科学の多領域への影響や人々の期待に反し、ケラーが「私にとって最も印象的なのは、ヒトゲノム計画が我々の期待を満たしたことではなく、それが我々の予期をどんな風に変えてしまったのかということなのだ」［Keller 2000（2001）: 13］と述べるように、塩基配列という情報が明らかになったからといって、生物のすべてを説明できるわけではないことがしだいに分かってきた［Brown *et al.* 2006］。

ゲノム科学においては、ＤＮＡの塩基配列情報が明らかとなれば、そこから塩基配列がどのような形質や病気とかかわっているのかも解読可能であり、塩基配列の解明によって創薬や治療が容易になると考えられていた。しかし、現実はそれほど単純ではなく、生後の環境や生活習慣などの後天的な刺激によって、ＤＮＡの立体構造が変化し、それが形質や病気の発現と関係していることが分かった[6]［東京大学生命科学教科書編集委員会 2011: 51-56］。つまり、塩基配列を明らかにしただけでは生物を理解することはできず、ＤＮＡの立体的な構造、形態を考察する必要がある。ゲノム科学という定量的生物学の誕生によって、塩基配列の解読が行われるようになったが、解読された塩基配列が、どのように機能して生物が作り上げられているのかを検討するためには、ＤＮＡの立体構造という形態的なものに着目する必要があり、従来の定性的な観点が必要とされる。

このため、現在の生物学はゲノム科学の独壇場というわけではなく、生物の仕組みを明らかにするために従来の定性的科学とゲノム科学という定量的科学、二つの領域が併存している。

法科学における定性と定量

科学には個別対象の形態に着目する定性的科学と、対象を情報化、数量化し、大量のデータを扱う定量的科学とが存在するが、法科学に関してもこうした違いがみられる。先にみた生物学の動向と同様に法科学においても、かつては採取した資料を定性的に鑑定する分野が主流であった。個別の弾丸や薬莢の傷、足跡の形状、繊維や塗料の色や形状などに着目して鑑定を行う領域がこれら定性的鑑定分野にあたる。

しかしゲノム科学の誕生により、ヒトのＤＮＡの塩基配列情報が注目され、その配列に個人によって異なる部分が存在することが分かると、塩基配列の違いに着目したＤＮＡ型鑑定が誕生した。ＤＮＡ型鑑定とはゲノム科学の流れを受けた定量的鑑定分野、つまり大量のデータからなるデータベースや大量データを処理するための統計的手法、コンピュータプログラムを利用して結果を量的に算出する分野である。

続いて、定性的鑑定分野として主に銃器鑑定を、定量的鑑定分野としてＤＮＡ型鑑定を取り上げ、それぞれがどのような科学鑑定を行っているのか、その違いを明らかにする。

2　定性的鑑定分野——銃器鑑定

銃社会と呼ばれるアメリカほどではないが、ニュージーランドでも銃を使用した殺人事件や強盗事件などが発生する。銃が関連した事件が起こると、ＥＳＲには犯罪現場で採取された弾丸や薬莢（弾丸の発射薬をつめるもの）、被疑者の銃などが持ち込まれる。このような資料を分析して、発見された弾丸や薬莢がどの銃によって発射されたのか[7]（ＥＳＲでは、「「特定の銃が弾丸（や薬莢）を発射した」という仮説がどの程度支持されるのか」と表現される）を検討するのが銃器鑑定であり、次のように鑑定が行われる。

銃器鑑定の手法

ライフルマーク[8]に代表されるように（図４－１）、銃から発射された弾丸や薬莢には、傷が付着するが、銃器鑑定ではこの傷が注目される。たとえば犯罪現場で見つかった弾丸（や薬莢）と被疑者の銃がＥＳＲに持ち込まれると、まず被疑者の銃の試射が行われる。[9] そして、犯罪現場で発見された弾丸（や薬莢）の傷と、被疑者の銃から試射した弾丸（や薬莢）の傷の状態が比較され、鑑定結果が出される。

（1） 傷の分類

銃器鑑定が依頼されると法科学者は、現場で見つかった弾丸（や薬莢）と被疑者の銃から試射した弾丸（や薬莢）それぞれにどのような傷がついているのか、両者の傷がどの程度一致するのかを判断する。[10] 弾丸につく傷には様々な種類があり、特定の銃でしかつかないような珍しい傷から（ＥＳＲでは傷の珍しさを、その傷がどのくらい「固有（individual）」かと表現していた）、多くの銃で同じような傷がつく、それほど珍しくない傷まで幅広い。銃器鑑定では、こうした傷の固有性（珍しさ）に関して、「型式特徴（class characteristic）」、「準型式特徴（sub-class characteristic）」、「固有特徴（individual characteristic）」という三つの分類［内山 2004: 362］をすることが多く、ＥＳＲでもこの分類が利用されている。

型式特徴とは、銃の製造所によって決定される特徴のことであり、同様の特徴（傷）を持つ弾丸（や薬莢）が数多く存在するものである。銃は工業製品であり、製造図面に基づいて大量生産される。製造所によって異なる製造図面が使用されるため、異なる製造所で生産された銃は異なる特徴を持ち、それが銃から発射された弾丸（や薬莢）につく傷の違いにも反映される[11]［cf. 内山: 2004］。たとえば、発射薬の入っている薬莢を撃針で叩くことにより、発射薬が点火し弾丸が発射されるが、この撃針の形は製造図面によって規定されている。図４－２は薬莢についた撃針の痕であり、その形状が四角のものと、三角のものが見て取れる。この形態の違いは、製造図面の違いであり、同じ製造図面によって作られた銃は多数存在する。すなわち、図４－２のような四角の傷をつける銃、三角の傷をつける銃が数多く存在する。型式特徴とは、デザイン上の違いといえ、同じ製造図面から製造された銃から発射された弾丸（や薬莢）は、同じ特徴を持つ。そのため、発見された弾丸（や薬莢）がどの銃によって発射されたのかを識別する能力はそれほど高くない。

　これに対して、固有特徴とは、製造図面によって規定されたものではなく、個々の銃独自の特徴のことである。銃の製造時に、偶然ある銃のみに傷がついてしまったり、銃を使用していくうちに、銃自体に傷がついたり、銃が摩耗したりすることがある。こうした個々の銃に偶然ついた個別の特徴を反映したものが、固有特徴である。たとえば、撃針の形は製造図面によるが、銃を使用していくうちに撃針に傷がつくことがある。この傷はその銃固有のものであり、傷がついた撃針によって叩かれた薬莢には、撃針の特異性を反映した固有の傷がつく。こうして薬莢についた傷は、他に同様の傷をつける銃が存在しないものであり、固有特徴と呼ばれる[12] [cf. 内山: 2004]。図4－3は撃針であるが、丸で囲まれた部分に傷がついているのが見て取れる。この傷は、銃の使用過程でついたものであり、この撃針の傷を反映して、薬莢にも図4－4で見られる傷がつく。この図4－4の傷は固有特徴であり、発見された弾丸（や薬莢）がどの銃によって発射されたのかを識別する能力が高い。

　型式特徴、固有特徴に対して準型式特徴とは、製造図面によるものでも、

図 4-1　ライフルマーク（ESR 職員提供 ©ESR）

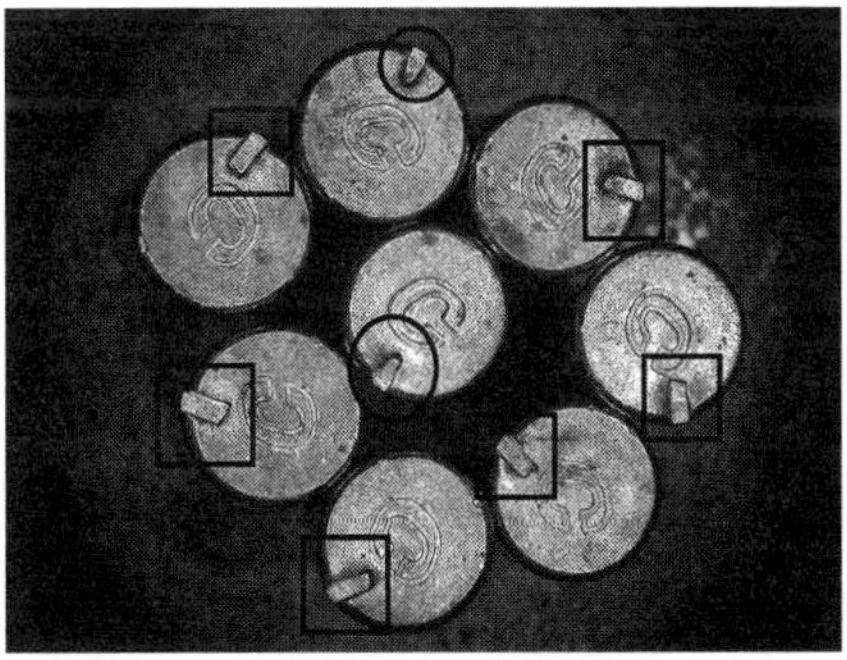

図 4-2　型式特徴（ESR 職員提供 ©ESR）

製造図面の違いにより，図中四角部分のように四角の傷と，丸部分のように三角の異なる傷がつく．

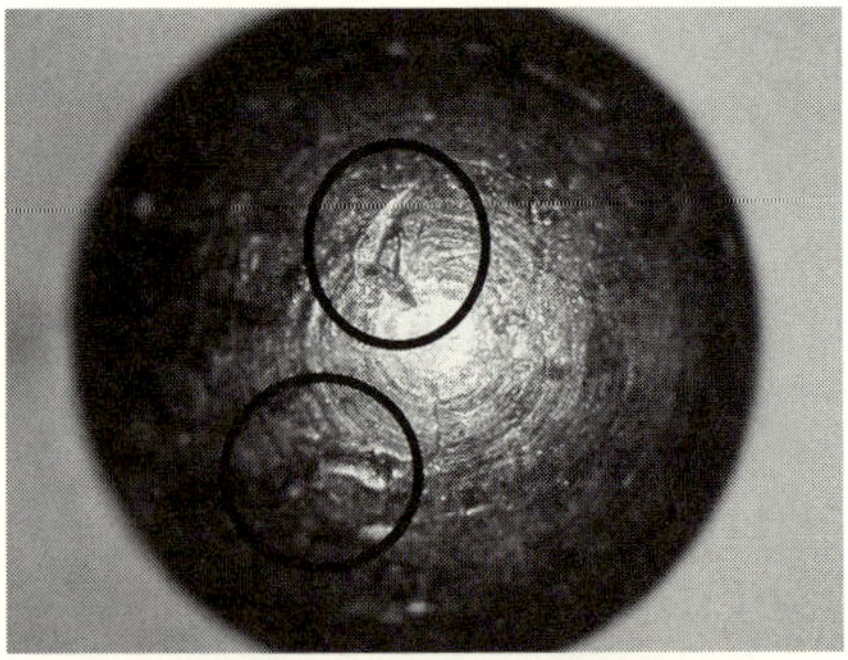

図 4-3　撃針についた傷（ESR 職員提供 ©ESR）

図中の丸部分は，銃を使用する中で偶然撃針についた傷．

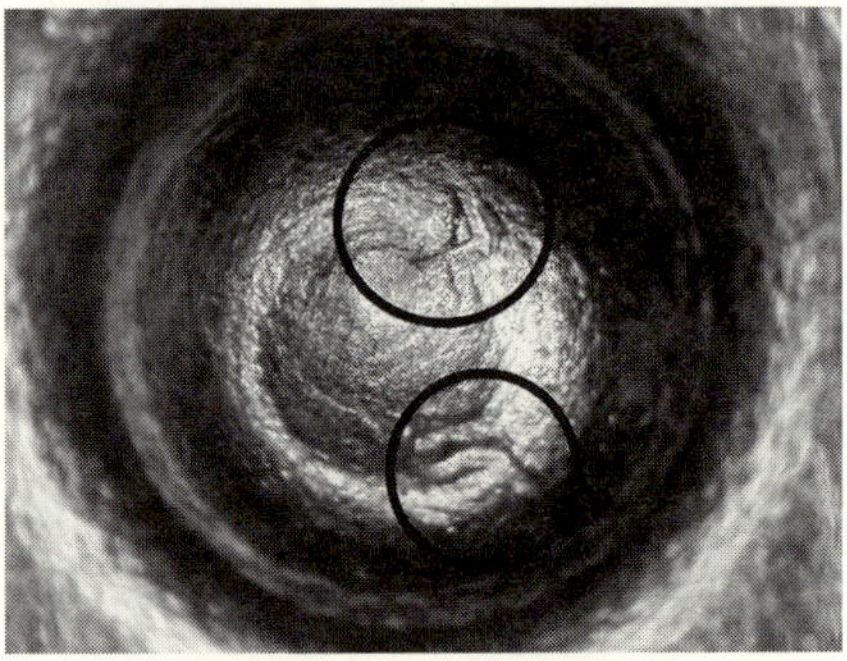

図 4-4　固有特徴（ESR 職員提供 ©ESR）

図中の丸部分の傷は，図 4-3 の撃針についた傷を反映して，薬莢についた傷．

銃を使用していく中で偶然生じたものでもない特徴である。製造図面に基づいて銃を製作していく中で、製作工具に何らかの特徴があると、その特徴が銃にも反映される。こうした製作工具に基づいた銃の特徴は、そこから発射される弾丸（や薬莢）に付着する傷にも反映され、それが準型式特徴と呼ばれるものである。ある製作工具で作成された銃から発射された弾丸（や薬莢）に生じる特徴であるために、固有特徴と比べて、発見された弾丸（や薬莢）がどの銃によって発射されたのかを識別する能力は低いが、型式特徴と比較すると、同様の特徴をもたらす銃の数が少ないという点で、識別能力が高くなる。

こうした、傷の固有性（珍しさ）の分類に加えて、銃器鑑定では二つの弾丸（や薬莢）についた傷がどのくらい一致しているのかも検討される。弾丸（や薬莢）に付着した傷は、それが鮮明でない場合も多く、傷の一部が一致しているだけなのか、それともすべての傷が一致しているのかなど、一致の度合いが判断される。ＥＳＲでは、傷の比較をする際に、裸眼での観察と顕微鏡での観察を行うが、傷がどの程度一致しているのかについては、「一致していない」、「わずかに一致している（weak correspondence）」、「一致している（correspondence）」、「多少一致している（some correspondence）」、「ほぼ一致している（good correspondence）」、「十分一致している（significant correspondence）」などの分類がなされている［ESR 2009c, 2011b］。

銃器鑑定では、弾丸（や薬莢）についた傷を分析することで、弾丸（や薬莢）がどの銃から発射されたのかを明らかにするが、犯罪現場の弾丸（や薬莢）と被疑者の銃から試射した弾丸（や薬莢）についた傷が固有のもの（傷が珍しいもの）であり、両者の傷の一致度が高ければ、「被疑者の銃が犯罪現場の弾丸（や薬莢）を発射した」という仮説への支持の度合いが高まる。その一方で、現場の弾丸の傷が固有のものではなく、多くの銃が同様の傷をつける可能性がある場合や傷の一致度が低い時には、被疑者以外の人の銃が現場の弾丸（や薬莢）を発射した可能性が大きくなる。

法科学者たちは、自身の目や顕微鏡を利用して弾丸（や薬莢）についた傷を観察し（図4－5）、傷がどのくらい固有（珍しい）か、傷がどの程度一致しているのかを検討し、「『特定の銃が弾丸（や薬莢）を発射した』という仮説がどの程度支持されるのか」を判断する。そして以降で具体的に述べるように銃器鑑定では、傷の固有性（珍しさ）や一致度、仮説への支持の程度について、法科学者の経験や知識を使用した鑑定が行われている。

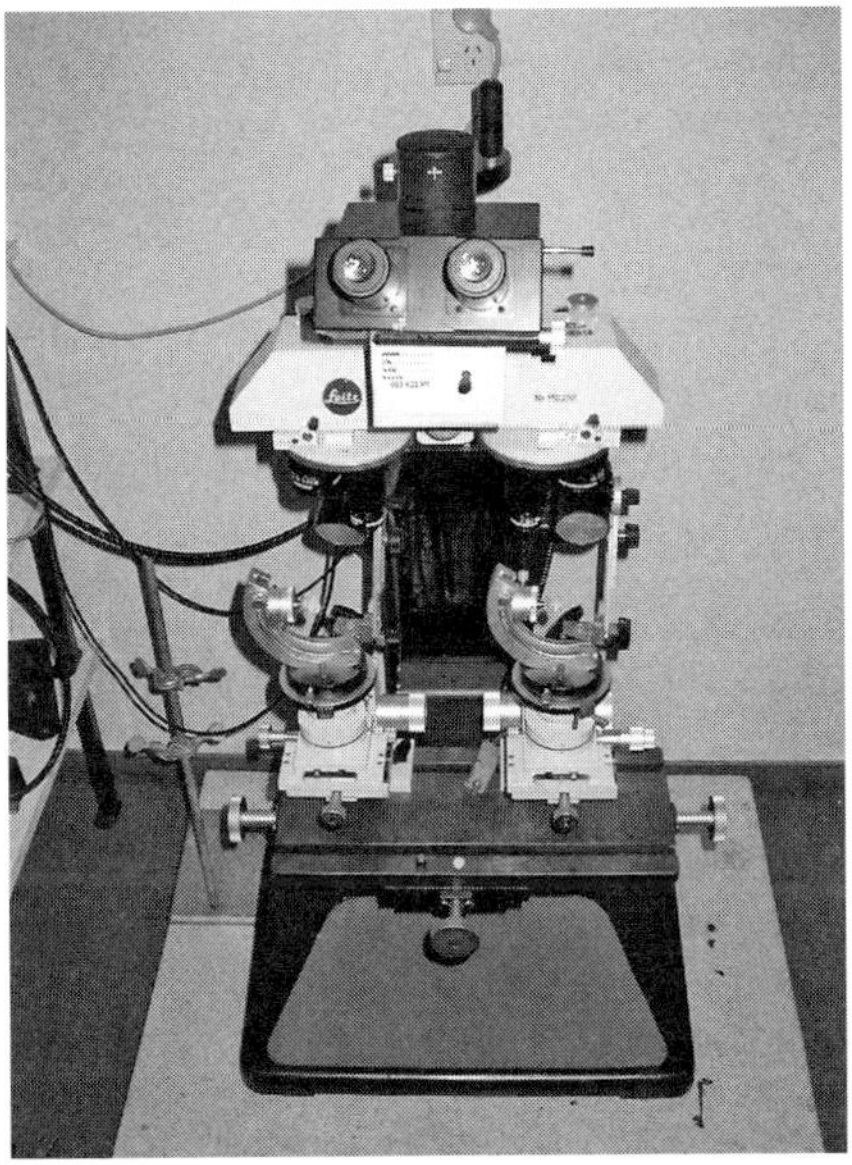

図 4-5　比較顕微鏡（ESR 職員提供 ©ESR）

2つの対物レンズと1つの接眼レンズを持ち，1つの画面で2つの資料を同時に観察できる顕微鏡．犯罪現場で採取された弾丸（薬莢）と被疑者の銃から試射した弾丸（薬莢）の2つを同時に観察できる．比較顕微鏡下の画像が図 4-6.

（2）法科学者の経験と知識、言葉による表現

たとえば図4－6は、左側が犯罪現場で採取された薬莢についた傷、右側が被疑者の銃から試射した薬莢についた傷である。この傷を比較した法科学者は、「二つの薬莢についている傷は型式特徴と固有特徴を持ち、二つ

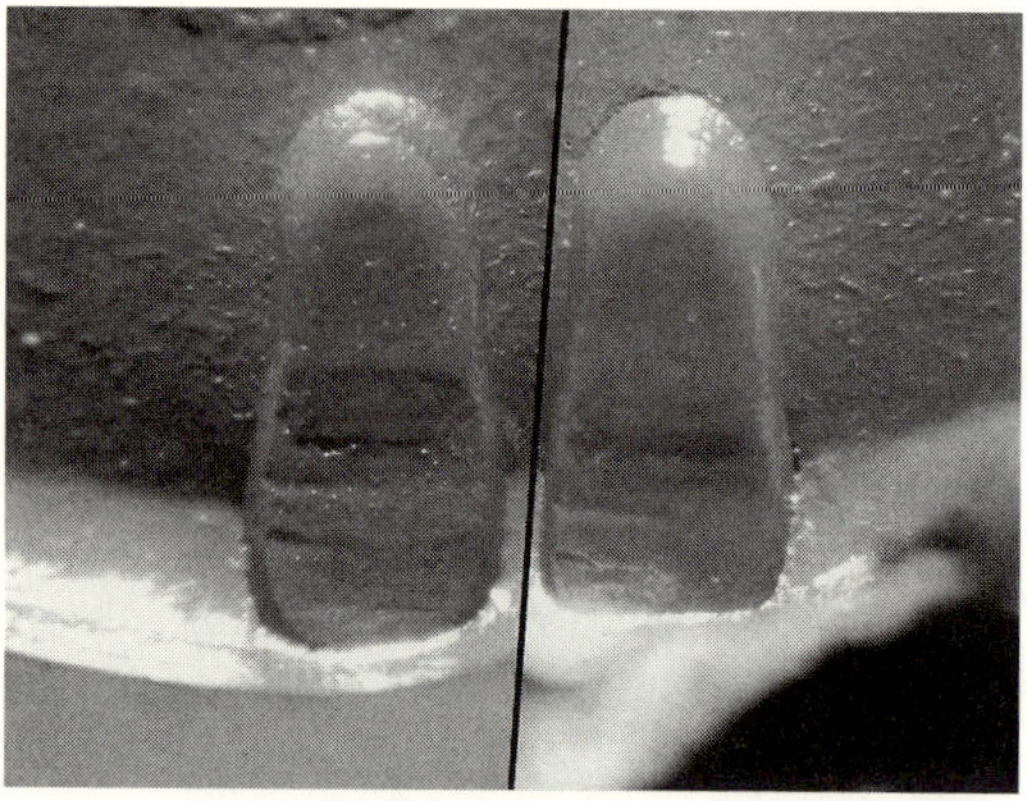

図 4-6 銃器鑑定（ESR 職員提供 ©ESR）

写真は薬莢についた傷そのものではなく，合成樹脂などを使用して薬莢についた傷の型を取ったもの．実際の鑑定では傷そのものよりも，傷の型を取ったものが利用される．撃針の形（型式特徴）と，撃針の表面の状態を反映した横線など（固有特徴）の一致が見られると判断されている．

の傷はほぼ一致している。このことから「被疑者の銃が犯罪現場の薬莢を発射した」という仮説が非常に強く支持される」という鑑定結果を出した[13]。

弾丸（や薬莢）につく傷には様々なものがあるが、多くの鑑定経験を積んできた法科学者たちは、傷の形態を観察し、目にしている傷が先の三つの分類のうちどれなのかを判断し、二つの傷がどの程度一致しているかを判定する。傷の分類に関して、型式特徴はデザイン上の特性であるため、その分類が容易といえるが、ある傷が準型式特徴なのかそれとも固有特徴なのかの区分は、難しいと思われる。準型式特徴と固有特徴とをどのように分類するのか、という筆者の問いに対して、銃器鑑定を行う法科学者は、「最初は確かに難しいかもしれないけれど、我々はトレーニングの中で数多くの準型式特徴と固有特徴とを見ている。また、実際に銃の製造所などに行き、製造工程も調べている。そうやって銃がつける傷について多くの知識を得ること、そして毎日の鑑定の中で経験を積み上げることで、準型式特徴と固有特徴を見分けることができる[14]」と述べていた。また、傷がどの程度一致しているのかに関しても、法科学者が傷を直接観察し、法科学者自身の見識に基づいて判定が下される[15]。このように、銃器鑑定では、鑑定に際して、法科学者の経験や知識が利用される。先の例でいえば、「二つの薬莢についている傷は型式特徴と固有特徴を持ち、二つの傷はほぼ一致している」という判断は、法科学者のこれまでの鑑定経験やその中で得られた知識に基づいて主観的に行われたものである[16]。

表 4-1　鑑定結果の表現方法（銃器鑑定）（ESR 2009c，2011b と物証ラボの法科学者 H への参与観察記録（2012/02/29，2012/03/23）を参考に筆者作成）

傷の状態（例）	「特定の銃が弾丸（や薬莢）を発射した」という仮説がどの程度支持されるのか（注 18）
傷の全体と顕微鏡下の詳細が極度に一致している．一致した傷は，準型式特徴ではない．	「特定の銃が弾丸（や薬莢）を発射した」ことは確実である
型式特徴が一致し，準型式特徴と（または）固有特徴の全体と（または）顕微鏡下の詳細がほぼ一致している．2つの傷で，はっきりとした違いはない．	非常に強く支持される
型式特徴が一致し，準型式特徴と（または）固有特徴の全体と（または）顕微鏡下の詳細が，多少一致している．2つの傷で，はっきりとした違いはない．	強く支持される
型式特徴が一致しているが，準型式特徴と（または）固有特徴の全体と（または）顕微鏡下の詳細が，十分一致していない．2つの傷で，はっきりとした違いはない．	支持される
型式特徴がわずかに一致している．	わずかに支持される
傷の質や状態が良くない．	分からない

そして薬莢の傷の分類と一致度の判断を行うと、それに基づいて「被疑者の銃が犯罪現場の薬莢を発射した」という仮説への支持の度合いが検討される。二つの薬莢の傷の一致度が高く、薬莢についた傷が固有のもの（珍しいもの）であればあるほど、「被疑者の銃が犯罪現場の薬莢を発射した」という仮説への支持が大きくなる[17]。銃器鑑定では、傷の分類と一致度の判断に基づいて表4－1の中から仮説支持の程度、すなわち鑑定結果が選ばれる。

先の図4－6の例でいえば、「『被疑者の銃が犯罪現場の薬莢を発射した』という仮説が非常に強く支持される」というのが鑑定結果であるが、先にみたようにまず法科学者は、二つの薬莢についていた傷を観察し、「二つの薬莢についている傷は型式特徴と固有特徴を持ち、二つの傷はほぼ一致している」と判定した。そして、表4－1の六つの選択肢の中から、この判定に対応する「非常に強く支持される」という表現を選ぶことで鑑定結果としたのである。表4－1は傷の分類と一致度から仮説支持の程度を選ぶものであるが、この傷の分類と一致度と、仮説支持の程度との対応関係、すなわち表の左部分と右部分の対応関係は法科学者たちが経験的に決めたものである[19]。

銃器鑑定においては、「特定の銃が弾丸（や薬莢）を発射した」と

表 4-2　鑑定結果の表現方法（足跡鑑定）（ESR 2009a を参考に筆者作成）

足跡の状態（例）	「特定の靴が足跡を残した」という仮説がどの程度支持されるのか
足跡の模様（とサイズ）が一致し，特定の靴が足跡を残したと結論づけられる，十分はっきりとした，十分詳細な固有特徴がある．	「特定の靴が足跡を残した」ことは確実である
足跡の模様（とサイズ）が一致し，偶然ついた傷や摩耗について説明できない違いがなく，特定の靴が足跡を残したことを示唆する，詳細な偶然ついた傷か摩耗がある．	非常に強く支持される
足跡の模様（とサイズ）が一致し，偶然ついた傷や摩耗について説明できない違いがなく，足跡の模様が珍しいことを示唆する，靴製造上の特徴がある．	強く支持される
足跡の模様（とサイズ）が一致し，偶然ついた傷や摩耗について説明できない違いがない．	支持される
小さく部分的な足跡が，特定の靴の該当部分の足跡と一致している．しかし，同様の模様を同じ部分に持つ靴によって，足跡が残されたかもしれない．	仮説を棄却できない
足跡が小さく，不明瞭であるため，有用な結論が導きだせない．	分からない
足跡の模様が一致し，偶然ついた傷や摩耗といった，特定の靴が足跡を残していないことを示唆する特徴がある．	「特定の靴が足跡を残していない」という仮説が支持される
足跡の模様と（または）サイズが一致していない．または，特定の靴が足跡を残していないと結論づけられる，十分詳細な模様や摩耗，他の特徴がある．	「特定の靴が足跡を残していない」ことは確実である

いう仮説がどの程度支持されるのかを考える際、すなわち鑑定を行う際にいくつかの定性的実践が介在している。まず、弾丸についた傷の形態に着目し、分類や一致度を判断する際、法科学者の経験や知識が利用される。さらにその分類や一致度に基づいて鑑定結果が、言葉によって表現されている。そして、鑑定結果を選択する際、法科学者の経験や知識に基づいて作られた表の中から、自身の経験や知識を利用して表現が選ばれている。このように、対象の形態に注目し、法科学者の経験や知識を利用したり、結果を言葉によって表現したりしている銃器鑑定は、定性的な鑑定分野であるといえるだろう。

（3）その他の定性的鑑定分野

なお、銃器鑑定は物証ラボで行われており、物証ラボで行われる他の鑑定分野でも、表4-1と同等のものが利用されている。表の左部分は鑑定に応じて変更されるものの、鑑定結果を表現する際に、右の六つの選択肢の中から法科学者自身が、経験や知識に基づいて鑑定結果を選んでいる[20]。

また、第6章で詳述するが、足跡鑑定についても、銃器鑑定同様に、足跡の形態に着目し、法科学者の経験や知識を利用して足跡の固有性（珍しさ）や一致度を判定し、さらにその判定に基づいて、鑑定結果が選択され言葉で表現されている。ただし、結果の表現については表4－2が使用されている。同表も、左右の対応関係については経験的に定められたものである。

経験や知識に基づいた鑑定

銃器鑑定では、弾丸（や薬莢）についた傷が固有のもの（珍しいもの）かどうかや傷の一致度について、法科学者の経験や知識を使用した分類や判定がなされ、「特定の銃が弾丸（や薬莢）を発射した」という仮説への支持の程度が吟味される。鑑定対象の弾丸（や薬莢）についた傷が固有のもの（珍しいもの）かどうかを判断するためには、そもそも弾丸につく傷にはどのような種類のものが、どの程度存在しているのかというデータが必要となる。

もし弾丸（や薬莢）に付着する傷に関して、どのような種類のものがどのくらい存在するのかを定量化しデータベース化することができれば、鑑定においてこうしたデータを使用して、結果を自動的に、数値で算出することも可能といえる。後に述べるように、DNA型鑑定ではこうした定量的なデータベースが使用されている。しかし銃器鑑定で扱っている傷の特徴ゆえに、鑑定で利用可能なデータベースを作成することは難しい。

（1） 分類の困難さ

銃器鑑定で分析されるのは、弾丸（や薬莢）についた傷であるが、傷は形態として弾丸（や薬莢）に刻印されている。傷に関するデータベースを作成するためには、何らかの客観的基準を設定して傷を分類する必要がある。しかし銃器鑑定に携わる法科学者によれば、形態には、形や長さ、幅、深さ、二次元か三次元かなど、非常に多くの要素が含まれる[21]。したがってこれら多くの複雑な要素のうち、どれを基準に傷を分類し、データベース化するかを判断することが難しい。

(2) 傷の変わりやすさ

さらに銃器鑑定で対象としている傷が、変わりやすいものであるという点も、銃器鑑定においてデータベースなどを利用した定量的実践が難しいことと関係している。弾丸（や薬莢）は銃身をとおって発射されるため、弾丸（や薬莢）につく傷は、銃内部の状態を反映している。しかし銃身の状況は非常に変わりやすく、ある法科学者は「弾丸を一発発射しただけで、銃内部の状態が変わってしまう場合がある[22]」と述べる。その結果、銃身の状況を反映した弾丸（や薬莢）の傷も変わりやすく、同じ銃で弾丸（や薬莢）を連射したとしても、二つの弾丸（や薬莢）につく傷が異なる場合がある[23]。

つまり傷の種類は無限に存在する。したがって銃器鑑定で定量的実践を行うためのデータベースを作成する際には、収集するべきサンプルが膨大となり、傷の種類を定量的に把握するデータベース構築は困難といえる[24]。

銃器鑑定では、個別の弾丸（や薬莢）についた傷の形態に着目し、法科学者の経験や知識を利用して鑑定を行い、結果を言葉で表現するという実践が行われている。銃器鑑定で鑑定対象となる弾丸の傷は、多くの要素を含む形態で表され、さらに変わりやすいという特性を持っている。このような複雑な対象を扱っている銃器鑑定は、対象を数量化し大量のデータを収集し、それをデータベース化し統計的手法を使用するといった定量的実践とは相性が悪い[25]。どのような傷がどのくらい存在するのか、つまり特定の傷の固有性（珍しさ）に関するデータベースを作成し、統計的手法を確立するためには、サンプルの収集とそれを一定の基準下で分類する必要がある。しかし複雑で変化しやすい対象を扱う銃器鑑定では、分類基準設定の難しさや収集するべきサンプルの膨大さなどからデータベース構築が難しいのである。その一方で熟練した法科学者たちは、複雑な傷の形状を自身の目や顕微鏡をとおして観察し、それまでの経験などを使用して判断を下すことが可能であり、銃器鑑定においてはこうした方法がとられてきた(26)。

3　定量的鑑定分野——DNA型鑑定

銃器鑑定のような定性的鑑定分野では、個別対象の形態に着目し、法科学者の経験や知識に基づいた鑑定実践が行われている。現在のような銃器鑑定が行われ始めたのは一九世紀末であるが［Bell 2008b: 141-148］、法科学においては銃器鑑定のような定性的鑑定分野が主流であった。これは本章の冒頭で述べたような、一九五〇年代以前の生物学の状況と類似している。

定性的鑑定分野に対し、本節で述べるDNA型鑑定では、塩基配列という情報（さらにそれが数値化されたもの）に着目し、データベースや統計的手法などを使用した鑑定実践が行われている。DNA型鑑定では犯罪現場で血痕や精液などの生物資料が見つかった場合に、発見された資料が誰のものかが分析されるが、その際定量的手法を利用して鑑定が行われる。

DNA型鑑定の誕生

定性的鑑定分野が主であった法科学にあって、一九八〇年代に定量的鑑定分野としてDNA型鑑定が誕生する。これはDNA分子の二重螺旋構造が明らかとなり、生物学に形態ではなく塩基配列という情報、数量化が可能なものを対象とする定量的分野、ゲノム科学が誕生したことと関係している。

ＤＮＡ型鑑定が初めて犯罪捜査の中で利用されたのは、一九八六年のイギリス連続少女強姦殺人事件(27)に対してであり［瀬田 2005: 47-57］、ＤＮＡ型鑑定は法科学の中では新しい鑑定領域であるが、定量的鑑定分野として、特異な位置を占めている(28)［Lynch 2013］。ここではＤＮＡ型鑑定に関して具体的にどのように鑑定実践が行われるのかを述べる前に、ＤＮＡ型鑑定がどのように誕生し、いかなる特性を持っているのかを簡単に述べる。

（1） 数字への着目

一九五三年にＤＮＡの構造が明らかになると、その基本単位である塩基配列を解読する動きが高まった。その中で、Ａ、Ｔ、Ｇ、Ｃの四つの塩基からなる塩基配列情報の中に、個人ごとに異なる領域があることが発見された。この塩基配列の個人差を利用して個人識別が行えないかと考えたのが、イギリスの遺伝学者、ジェフリーズである。ジェフリーズは、彼の考えだした個人識別法をＤＮＡ指紋法と名付け、一九八五年に『ネイチャー』の三月号に発表した［Jeffreys *et al.* 1985; 瀬田 2005: 40］。

筆者の調査対象であるＥＳＲおよび世界各地で現在行われているＤＮＡ型鑑定は、ジェフリーズが考案したものを発展させたものである。ここでは、現在行われているＤＮＡ型鑑定に関してその特徴などを述べる。

我々の遺伝暗号をつかさどるＤＮＡの塩基配列は二三対四六本の染色体上にのっており、ある染色体において特定の配列、たとえばＴＣＡＴという並びが何度も繰り返し出てくる箇所が存在する。この繰り返しの回数が、個人によって異なっていることを利用して個人識別を行うのが、ＤＮＡ型鑑定の考え方である。ＥＳＲで行われているＤＮＡ型鑑定では、染色体上の一五か所について、それぞれ特定の塩基配列が何回繰り返されているのかが調べられる。この繰り返し回数に加え、性染色体という性別をつかさどる染色体を調べ、得られた資料が男性のものか、女性のも

表4-3　DNAプロファイル（Butler 2005(2009)を参考に筆者作成）

染色体上の場所	TH01	vWA	D8	FGA	D21	D5	TPOX	D18
繰り返し回数	5, 8	12, 14	15, 18	18, 19	27, 28	7, 11	5, 10	22, 24

D16	D2	D3	D19	D7	D13	CSF	性染色体
11, 11	17, 19	14, 15	13, 17	13, 13	10, 14	8, 8	X, Y（男）

上段が染色体上の15か所と性染色体，下段がそれぞれの染色体箇所における塩基配列の繰り返し回数．下段の数字と，男女どちらの性染色体を持つかがこの人のDNAプロファイル．父母それぞれから染色体を1本ずつ受け継ぐため，1か所ごとに2つの繰り返し回数（アリル）を持つ．

のかも明らかにされる［Butler 2005（2009）］。

ある染色体箇所における塩基配列の繰り返し回数は、アリル（allele）と呼ばれ、ある人が男女どちらで、染色体上の一五か所において、どのようなアリルの組み合わせを持っているのかを明らかにしたものは、その人のＤＮＡプロファイルと呼ばれている(29)［赤根 2010; Butler 2005（2009）: 20］。ＤＮＡ型鑑定では、血痕や精液などの生物資料からＤＮＡプロファイルを明らかにし、その資料が誰のものかが検討される。そしてＤＮＡプロファイルとは、特定の塩基配列の繰り返し回数からなっているため、数字で表されるという特徴がある（表４－３）。

生物学におけるゲノム科学の誕生において、ゲノム科学ではＡ、Ｔ、Ｇ、Ｃからなる塩基配列情報という定量化と結びつきやすい単純な情報が注目されたと述べたが、ゲノム科学の影響を受けて誕生したＤＮＡ型鑑定は、塩基配列の繰り返し回数という、数値そのものに注目しており、まさに定量的鑑定分野として誕生したといえる。

（2）　定量的鑑定分野の確立

そしてゲノム科学で大量のデータ算出とそれを処理するためにデータベースや統計的手法、コンピュータプログラムが使用されたように、ＤＮＡ型鑑定でも定量的な鑑定実践が行われている。

ゲノム科学が発達し、塩基配列の解析が自動かつ高速度で行われるようになると、大量のＤＮＡプロファイルを自動的に迅速に得られるようになった。こうしたプロファイルデータはデータベース化されている［cf. Hindmarsh and Prainsack 2010］。後述するように、特定のＤＮＡプロファイルの出現頻度（特定のＤＮＡプロファイルを持つ人が人口の何パーセントいるのか、ＤＮＡプロファイルの珍しさ）がデータベース化されているが、こうしたデータベースや統計的手法を利用して、ＤＮＡ型鑑定では鑑定結果が確率計算により数値の形で算出される［Balding 2005; 勝又 2007: iii, 5］。

ゲノム科学の影響を受けて誕生したＤＮＡ型鑑定は、それまで定性的鑑定が行われていた法科学の中に誕生した、定量的鑑定分野というまったく新しい領域である。それまでの定性的鑑定分野が個別の対象の形態に注目していたのに対し、ＤＮＡ型鑑定では、ＤＮＡプロファイルという量化が可能な数字に着目した。さらにＤＮＡプロファイルに関して多くのデータを収集し、それをデータベース化し統計的手法を利用し、鑑定結果を数値で算出している。

（3）　最新の生物学とＤＮＡ型鑑定

なお、前述したように生物学においては最近、遺伝暗号がどのように発現するのかを考察するために、ＤＮＡの立体構造に着目する、定性的な視点の重要性も指摘されている。しかし、ＤＮＡ型鑑定で使用されているのは、塩基配列情報のうちイントロンと呼ばれる、遺伝暗号を持っていない部分であり、遺伝情報の発現はＤＮＡ型鑑定では対象とされていない。したがって、生物学で近年盛んになってきている、塩基配列情報が実際発現するかどうかはＤＮＡの形態による、といった議論はＤＮＡ型鑑定においてはさほど問題にはならないと思われる。つまりＤＮＡ型鑑定では現在もなお、構造などの形態に着目した実践ではなく、塩基配列の繰り返し回数に着目した鑑定実践が行われているということである。

ＤＮＡ型鑑定の手法

続いて、定量的鑑定分野として誕生したDNA型鑑定に関して、ESRで具体的にどのような鑑定実践が行われているのかを述べる。犯罪捜査や裁判においてその重要性が高まる中で、ESRに依頼されるほとんどの事件においてDNA型鑑定が行われる。

(1) DNAプロファイルの分類

ESRには、DNA型鑑定のために犯罪現場で採取された血痕や精液、毛髪などの生物資料、被疑者などから採取された口腔粘膜細胞などの生物資料が送られてくる。DNAラボではまず、技官による資料の分析、すなわち細胞からのDNA抽出やDNA増幅、電気泳動などが行われる。続いて分析結果をもとに法科学者が、犯罪現場で採取された資料と被疑者などから採取された資料それぞれのDNAプロファイルを明らかにし、二つのプロファイルが一致するかどうかを判断する。

ここで、たとえば犯罪現場の精液のDNAプロファイルと被疑者のDNAプロファイルが一致したとしても、被疑者とまったく同じプロファイルを持つ人が存在し、その人が犯罪現場の精液を残した可能性が考えられる。そのため、複数のDNAプロファイル間で一致が見つかると、この一致から、資料が特定の人のものである可能性がどのくらいなのか（ESRでは、「「資料が特定の人のものである」という仮説がどの程度支持されるのか」と表現される）[30]が検討される。

その際重要になるのは、得られたDNAプロファイルの出現頻度（珍しさ）とプロファイルがどの程度一致しているかである。誰のものか分からない資料のDNAプロファイルと、特定の人のDNAプロファイルとが一致した場合、一致したプロファイルの出現頻度が低ければ（プロファイルが珍しいものであれば）、「資料が特定の人のものである」という仮説への支持が高まる。また、DNAプロファイルは、一五の染色体箇所の塩基配列の繰り返し回数からなるが、一五か所すべての繰り返し回数が分からない場合もある。その場合、より多くの箇所のプロファイルが一致していれば、「資料が特定の人のものである」という仮説への支持が高まることになる。銃器鑑定では、弾丸（や薬莢）についた傷が珍しいものか（固有なものか）どうかとその一致度が重要であったが、DNA型鑑定では、DNAプロファイルの珍しさ（出現頻度）と一致度が重要になる。DNA型鑑定では次に述べるように、プロファイルの出現頻度と一致度が定量的に判断され、その数値を利用して、「資料が特定の人のものである」という仮説への支持の程度が、統計的プログラムを利用して検討され、鑑定結果が自動的に数値の形で算出される。

（2）データベースと統計的手法、数値と言葉による表現

ゲノム科学が発展する中で、塩基配列に関する大量のデータが蓄積され、データベース化された。この流れを受けてESRでは、ニュージーランドの人々のDNAプロファイルを収集し、集団DNA型データベースが構築されている(31)。

このデータベースには、ニュージーランド人に関して特定の染色体箇所において、どのようなアリルがどのくらいの頻度で出現しているのか（どのようなアリルを持つ人が人口の何パーセントいるのか）が、数値データとして登録されている。DNA型鑑定では、あるDNAプロファイルが得られた場合、データベースを使用してプロファイルを構成するそれぞれのアリルの出現頻度を明らかにし、それらをすべて掛け合わせ、特定のDNAプロファイルの出現頻度が算出される。二つのプロファイルについて、一五個の染色体箇所のうち、一部分のみ一致しており、他の部分が不一致の場合には、「資料は特定の人のものではない」という鑑定結果になる。しかし、二つのプロファイルについて、一五か所すべての染色体箇所のアリルが分からず、その一部分、たとえば七か所のみアリルが判明し、それらがすべて一致したとする。この場合、その一致している七か所のアリルの出現頻度のみを掛け合わせることで、七か所から

なるDNAプロファイルの出現頻度とされる。このように、DNA型鑑定では、一五か所からなるDNAプロファイルの一致度も考慮に入れた形で、データベースを用いて定量的にDNAプロファイルの出現頻度（珍しさ）が明らかにされる。[32] さらに、出現頻度を利用して、「資料が特定の人のものである」という仮説への支持の程度を検討するための、統計的プログラムが構築されている。

そしてデータベースと統計的プログラムを使用することで、DNA型鑑定では自動的に鑑定結果が数値の形で出てくる。たとえば、犯罪現場の資料と被疑者の資料とでDNAプロファイルが一致した場合、一致したDNAプロファイルをデータベースやプログラムに入力すると、「ニュージーランド人におけるこのDNAプロファイルの出現頻度は、5×10^{-6}である。このことから、「犯罪現場の資料が被疑者のものである」場合に二つのDNAプロファイルが一致する確率は、そうではない場合[33]にDNAプロファイルが一致する確率の2×10^{6}倍である」といった形で結果が自動的に算出される。

そして数字で表された結果は、表4－4を利用して、「資料が特定の人のものである」という仮説支持の程度を表す言葉の形に変形される。同表は統計的な研究に基づいて作成されたものであり［cf. Evett 1998; Jeffreys 1961; McGrayne 2011（2013）］、得られた数字に対応して、五つの選択肢の中から表現を選ぶことになる。先の例でいえば、自動的に算出された2×10^{6}（二〇〇万）倍という数字に対応する、「極めて強く支持される」という表現が使用され、「「犯罪現場の資料が被疑者のものである」という仮説が極めて強く支持される」という鑑定結果となる。鑑定書には数値（2×10^{6}倍）と言葉による表現（極めて強く支持される）、両方が記載される。

このようにDNA鑑定においては、「「資料が特定の人のものである」という仮説がどの程度支持されるのか」について、DNAプロファイルという数字に着目し、多くのデータを含むデータベースや統計的手法を使用し、数値やそれに対応する言葉で鑑定結果を表現する、という実践が行われていた。

表 4-4　鑑定結果の表現方法（DNA 型鑑定）（ESR 2009b を参考に筆者作成）

「資料が特定の人のものである」場合に2つのDNA プロファイルが一致する確率は，そうではない場合に2つのDNA プロファイルが一致する確率の何倍か	「資料が特定の人のものである」という仮説がどの程度支持されるのか（注 34）
1000000～	極めて強く支持される
1000～1000000	非常に強く支持される
100～1000	強く支持される
10～100	支持される
1～10	わずかに支持される

定量的生物学であるゲノム科学の流れを受けて誕生したＤＮＡ型鑑定では、数量的なデータベースの構築や、統計的手法の確立、コンピュータプログラム化が行われている。こうしたデータベースや統計的プログラムにより、ＤＮＡ型鑑定では、法科学者が主観的に鑑定を行うことはほとんどない。「ＤＮＡ型鑑定ではＤＮＡプロファイルをプログラムに入れれば、自動的に結果が出てくる[35]」とある職員が述べるように、鑑定結果が自動的に数字の形で算出されるのである[36]。

なお、日本の足利事件などでも問題になったように、ＤＮＡ型鑑定の初期の段階では、ＤＮＡプロファイルがバンドのような形で表されており、バンドの位置を法科学者が目視で判定していた。そのため、二つのプロファイルが一致しているかどうかに関して、主観的な判断が入る場合があった。しかし、その後の技術開発によって、バンドの位置が数値化され、二つのＤＮＡプロファイルが一致しているかどうかを、自動的に判断できるようになった［Butler 2005［2009］; 日本弁護士連合会人権擁護委員会 1998］。

数値に基づいた鑑定

先に銃器鑑定について論じた際、銃器鑑定では、変化しやすく形態で表現される傷という複雑なものを鑑定対象としているために、データベースや数量化といった定量的実践と相容れないということを述べた。これに対してＤＮＡ型鑑定は、それが対象とするＤＮＡプロファイルの特性ゆえに、定量的実践と相性が良い。

（1） 分類の容易さ

ＤＮＡ型鑑定では銃器鑑定とは対照的に、数字で表され変化しないＤＮＡプロファイルという単純なものが対象となっており、そのために定量的実践が可能となっている。

ＤＮＡ型鑑定を行う際には、得られたプロファイルがどのくらい珍しいのか（出現頻度）を判断する必要がある。そのためには、ＤＮＡプロファイルを構成するアリルについて、どのような種類のものがどの程度存在するのかを把握することが重要である。アリルとは、塩基配列の繰り返し回数であり、前述したように数字で表される。したがってこの数字の違いによって、どのようなアリルが存在するのかを容易に分類できる。そして、特定の数字からなるアリルを持つ人を調査することで、あるアリルを持つ人がどのくらいいるのかを数量的に把握でき、それに基づいてＤＮＡプロファイルの出現頻度も数値で算出できる。［cf. Butler 2005（2009）］。

（2） ＤＮＡプロファイルの不変性

さらに個人の生体情報であるＤＮＡプロファイルは、終生変わらないとされている[37]［Butler 2005（2009）: 15］。加えて、特定の染色体箇所におけるアリルのバリエーションは有限個である。したがって、アリルの組み合わせであるＤＮＡプロファイルのバリエーションも有限個となる。定量的実践を行うためには、どのようなアリルを持つ人がどの程度いるのか数量的データを集める必要があるが、ＤＮＡプロファイルの不変性と有限性ゆえに、出現頻度に関するデータベース作成のために必要なサンプル数が、銃器鑑定などに比べて多くはない。またＤＮＡプロファイルは親から子へと遺伝するため、すべての人を調べなくても、特定集団におけるプロファイルの種類や量は理論上把握できる［Balding 2006; Butler 2005（2009）］。さらにゲノム科学の発展により、すでにかなりのＤＮＡプロファイルのデータが得られていることなどから、比較的容易に定量的データベースを作成することができる［cf. Lucy 2005］。

このように数字で表されており、不変性・有限性を持つというＤＮＡプロファイルの特性により、ＤＮＡ型鑑定では、あるＤＮＡプロファイルがどのくらい珍しいのか（出現頻度）を、数量的に把握しデータベース化できる。そしてこの量的データに基づいて統計的手法を確立し、鑑定結果を数値で表現することが可能となる［cf. Butler 2005（2009）］。ＤＮＡ型鑑定は、ゲノム科学の影響を受けてＤＮＡプロファイルという特殊な数字に着目したことにより、他の定性的鑑定分野とは異なり定量的実践と相性が良いといえる。

法科学には定性的鑑定分野と定量的鑑定分野とが存在する。銃器鑑定などの多くの鑑定分野では、個々の対象の形態に着目し、法科学者自身の経験や知識を使用して鑑定を行い、その結果を表４－１や表４－２で示された選択肢の中から言葉で表現する、という実践が行われていた。それに対してＤＮＡ型鑑定では、ＤＮＡプロファイルという数字に着目し、大量のデータに基づいたデータベースや統計的手法を使用して、数値で鑑定結果を出す。そして表４－４で示されたように数値とそれに対応する言葉によって鑑定結果を表現する、という実践が行われていた。

4　二つの「文化」としての定性的科学と定量的科学

科学の中には定性的科学と定量的科学とが存在する。本章の冒頭で事例として取り上げた生物学とは、元来個別の対象の形態などを扱う定性的なものであったといえる。しかし、二〇世紀後半のＤＮＡ分子の構造解析やヒトゲノム計画により、塩基配列という情報が注目され、技術革新とともに大量のデータを自動的に高速度で生み出し、それをデータベースや統計的手法、コンピュータプログラムを使用して解析する定量的な科学領域、ゲノム科学が誕生した。

このような定性的科学と定量的科学という違いは、法科学の中にもみてとれる。本章では法科学の中でも主に銃器鑑定とＤＮＡ型鑑定とを取り上げ、二つの鑑定分野にどのような違いがあるのかを述べてきた。銃器鑑定が定性的鑑定分野であり、ＤＮＡ型鑑定が定量的鑑定分野であるが、こうした定性的鑑定分野と定量的鑑定分野との差異は、本章でこれまで述べてきた扱う対象や実践の違いのみならず、それぞれの鑑定分野がおかれた社会的状況や、科学観にも見て取れる。

人々の期待

法科学では定性的鑑定分野が主流であったが、一九九〇年代末までに、ＤＮＡ型鑑定が法科学における「確固たる基準（gold standard）」となった［Cole 2002; Lynch *et al.* 2008: 221–222］。

第1章で述べたように、ＤＮＡ型鑑定は、それが犯罪捜査や裁判で利用されはじめてからしばらくたった後、裁判の中でその信頼性が主に弁護側から激しく批判され、ＤＮＡ型鑑定をめぐる検察側と弁護側との対立は「ＤＮＡ戦争（DNA War）」と呼ばれるほど苛烈を極めるものであった[38]。

確かに当初は、資料からＤＮＡプロファイルを算出するための手法が確立されていなかったり、資料が特定の人のものである可能性を考察する際に、あいまいなデータを使用した鑑定が行われたりしていた。しかし裁判をとおした批判、精査を受け、また生物学におけるゲノム科学の進展により、技術革新や大量データが得られるようになると、ＤＮＡ型鑑定の改良が行われた。その結果、前述したように自動化され、多くのデータに基づく定量的手法が確立され、その正当性が裁判の中で認められることとなる［Derksen 2000; Halfon 1998; Jasanoff 1998; 瀬田 2005］。そして定量的鑑定分野であるＤＮＡ型鑑定が、定性的鑑定分野に代わり、法科学における基準とみなされるようになる。

「警察は、ＤＮＡプロファイルが見つかれば犯罪は解決すると考える場合がある[39]」とある法科学者が述べるように、法科学において確固たる地位を得たＤＮＡ型鑑定に対する人々の期待は大きく、それゆえに研究資金が大量に投入され、そこで利用されるデータベースや統計的手法はますます改良されている［cf. Leslie 2010; Taroni *et al.* 2006］。ＥＳＲでもＤＮＡ型鑑定への人々の関心の高さを受け、他の鑑定分野に比べて多くの職員を雇用し、鑑定で利用するための統計的研究を行っている(40)。

こうしたＤＮＡ型鑑定の状況に対し、それ以外の鑑定分野では、ＤＮＡ型鑑定ほどには研究のための資金が提供されない場合が多い。鑑定の中で、統計的手法やデータベースを利用するためには、そのためのデータの収集や研究が必要となる。しかし多くの予算がＤＮＡ型鑑定への研究に当てられる一方で、他の分野に対しては予算が回らず必要な研究がなかなかできない、という状況にもなっている(41)［cf. Leslie 2010］。

ＥＳＲでは鑑定業務だけではなく研究活動も重視しており、ＤＮＡ型鑑定以外の領域でも鑑定で利用するデータベースを作成しようと尽力しており、たとえば足跡の形状に関するデータベース構築のための研究が少しずつなされてはいる(42)。しかし、ＤＮＡ型鑑定への人々の期待に影響され、データベースや統計的手法を使用した定量的実践について、定性的鑑定分野においてはＤＮＡ型鑑定ほどには研究が進んでいないように思われる。ＥＳＲでは、鑑定技術の改良や開発のための研究は、オークランド大学など提携している大学の大学院生が主に行っている。ＤＮＡラボでは毎年多くの学生を受け入れているが、それ以外のラボでは、予算や学生の関心不足などが要因となり、ＤＮＡラボほどには学生を受け入れられていないという(43)。

このように、二つの鑑定分野では、各鑑定分野に対する人々の期待や予算投入、研究の遂行状況などが異なっている。

科学観の違い

また定性的鑑定分野と定量的鑑定分野とでは、それぞれが背景とするものや科学観に関する違いも存在する。DNA型鑑定が背景としている科学領域は何か、という筆者の問いに対し、遺伝学とゲノム科学（分子生物学）を挙げる法科学者は多い。[44] ゲノム科学とDNA型鑑定の関係性は先に述べたとおりであり、また、人々のDNAが個々人で異なっており、それが犯罪捜査に利用できると考えついたジェフリーズは、イギリスの遺伝学者である［勝又 2007: 3］。

遺伝学とは、生物の持つ様々な情報が先祖から子孫にどのように伝わるのか、またその伝達の際にいかに変化するのかを研究する学問であり［鎌谷 2007: 3］、遺伝学は統計学との関係が深い［McGrayne 2011（2013）: 95］。DNA型鑑定は、ゲノム科学に加え遺伝学も背景に誕生しており［Butler 2005（2009）: 393］、統計的手法や数値化と非常に関係が密であるといえる。それゆえに、統計的手法やデータベース、数値を利用してプロファイルの出現頻度が明らかにされ、統計学に基づいた表が使用されている。

これに対し、銃器鑑定などの定性的鑑定分野がどのような科学領域を背景としているのかという問いに対し、法科学者たちは次のように答える。

しいて言えば、物理学や形態学だけど、銃器鑑定は法科学独自の知識でもあるからこれといって基盤とする領域があるわけではない。[45]

（ガラス鑑定や繊維、塗料鑑定などが基盤としているのは――筆者注）化学、物理。でも、銃器鑑定とか工具痕鑑定に関してはどれ、というのは難しいかも。[46]

銃器鑑定などでは関連する科学分野が明確に存在するわけではなく、DNA型鑑定のように統計的な学問領域ともあまり関係が深くない。こうした領域は、法科学者が長い歴史の中で独自に培ってきた分野である［Houck 2007］。そのため、その実践においても、数値や統計学よりも、法科学者自身の知識が利用されているといえる。

さらに、関連する科学分野だけではなく、個々の鑑定分野は異なる科学観を持っている。鑑定実践の中でどのあたりが科学的といえるのか、という筆者の問いに対し、DNAラボの法科学者たちは、「主観だけではなく、確固たるデータに基づいて結果を出しているところ(47)」、「結果を数値で出すためにデータベースや統計的手法を使っているところ(48)」と答えた。

それに対し、物証ラボで定性的鑑定を行う法科学者Vは、次のように答えた。

筆者　銃器鑑定や工具痕鑑定では、どういった部分が科学的といえるのでしょうか?

V　科学的?

筆者　たとえばDNA型鑑定だと、鑑定結果を数値で、といったことが行われていたりしますが。

V　DNA型鑑定とは違って、それ以外の鑑定、特に銃器、工具痕、足跡なんかは数字で、というのは難しいかな。でも科学的というのは、科学的なプロセスをとっているということだと思う。仮説を立てて、観察をして、仮説が正しいかどうかを検討する。そういうプロセスをとっていることが、科学的ということなんだと思う(49)。

このように、定量的実践を行うDNA型鑑定では、多くのデータに基づいたデータベースや統計的手法を利用し、結果が数値化されていることが科学的であると捉えられている。それに対して定性的鑑定分野では、数値化にはこだわらずに、適切なプロセスをとることが科学的と考えられている。それぞれの鑑定分野はそれが定量的か定性的かによって異なる科学観を持っているといえる。

科学分野ごとの認識的文化

スノーは、科学と人文学とは異なる文化に属しており、その間の相互交流が行われていないことを悲観的に論じたが［Snow 1993 (2011)］、クノール＝セティナは、科学といってもそれは一枚岩のものではなく、様々な科学領域はそれぞれ異なる「認識的文化（epistemic cultures）」を持っていると主張した［Knorr-Cetina 1999: 1-11］。認識的文化とは、知識を生み出し保証するものであり、実験方法や実験の解釈方法、合理化の仕方、コミュニケーション手段、組織構造などが具体例として挙げられている［Knorr-Cetina 1991: 107-108, 1999: 1］。そして彼女は、高エネルギー物理学と分子生物学のラボでの活動を比較し、認識的文化が科学領域間でまったく異なっている点を明らかにした［Knorr-Cetina 1999］。

本章で述べてきた定性的科学と定量的科学とは、認識的文化を異にする科学分野といえる。定性的な科学領域が、個々の対象の形態に着目するという文化に属しているのに対し、定量的な科学領域は、情報、数量化されたものに着目するという文化に属している。そしてこうした二つの違いは、法科学にもみられる。銃器鑑定とDNA型鑑定とは、異なる対象を扱い、実践を行い、それがおかれた状況や関連する科学分野、科学観が異なっているが、これはまさしく両者が異なる文化に属していることの現れといえよう。

なお、筆者はクノール＝セティナの議論を受けて定性的鑑定分野と定量的鑑定分野の違いに関して、それを両者の「文化」の違いとしたが、こうした異なる鑑定分野間の根本的な違いについてはESRの職員自身も認識している。筆者の調査時には、DNAラボがESRの建物の中でも新設された部分にあるのに対し物証ラボは古い建物の中にあり、物証ラボの職員会議ではその古さから冬場の寒さや太陽光が十分に入ってこないことがしばしば議題になっていた[50]。「DNAラボと物証ラボとの違いは何か」という筆者の問いを受けて、ある物証ラボの法科学者は、こうしたラボの構造の違いも考慮に入れながら、「違うラボでは雰囲気がまったく異なる。ここは暗くて昔からいる人が昔からある機器とかを使って手動で鑑定をやっているけど、DNAラボは明るくて最新鋭の機器を使って自動的に鑑定を行っている[51]」と冗談まじりに笑いながら答えてくれた。この職員は、ラボ間の違いを「雰囲気（atmosphere）」と形容したが、同じように表現する職員が他にもいた[52]。

「雰囲気」はDNAラボと物証ラボ、鑑識ラボという三つのラボの違いを言及する際に使われていたために、本章では定性的鑑定分野と定量的鑑定分野の違いを表現する際に「文化」という用語を使用したが、いずれにしても異なる鑑定分野には本質的違いが存在しているといえる。なお、定性的鑑定分野と定量的鑑定分野という分類については、第5章で改めて議論する。

科学には文化を異にする様々な分野が存在する。それと同時に、本章のはじめで述べたヒトゲノム計画という多くの国や科学者集団が参加した活動にもみられるように、様々な領域、集団がひとつの科学的プロジェクトに参加して活動が行われる場合がある。多様な差異を持った科学分野が協働するということはしばしば行われるが、その認識的文化の違いにより、協働にあたっては分野間での意思疎通やどのような活動を行うかについて問題が生じる場合がある。異分野間の協働は法科学でも起こっているが、法科学におけるそれは、これまでSTSで検討されてきたような科学的協働とは異なる形で行われる。

次章では、本章で述べたような異種混合性を特性とする科学がどのように協働しているのか、法科学的協働の特徴は何かを、法科学ラボの実践の標準化という観点から明らかにする。

(1) ゲノム科学以外にも、分子生物学、分子遺伝学、ゲノム学とも呼称される[中村 2013: 361; Rajan 2006 (2011): 15]。

(2) ヒトゲノム計画は、ヒト以外にも各種生物の遺伝情報を明らかにすることも目的としていた[藤山 1996b: 56]。

(3) 大量の塩基配列データ算出には、一九八五年に考案されたPCR法(Polymerase Chain Reaction)と呼ばれる、特定の塩基配列を増幅する技術など、生物学における新たな技術も貢献している。またヒトゲノム計画以前から、塩基配列を高速、自動で解析するコンピュータプログラムの開発が始まっていた[Rabinow 1996 (1998); 榊 2007: 51-57]。

(4) 第1章で述べたように、本書では科学鑑定の対象となるものを「資料」と表記しているが、法科学以外では分析対象となるものは一般的に「試料」と表記するため、ここではそれにしたがう。

(5) たとえばラボAでは五〇〇〇の塩基配列を得ているが、ラボBでは五〇〇の塩基配列しか得ていない。ラボBはラボAの一〇分の一しか業務をこなしておらず予算を浪費しているのではないか、といった形の評価が行われる［Hilgartner 1995: 310］。

(6) 塩基配列は遺伝によって受け継がれる先天的なものであるが、後天的な環境などによってDNAの構造が変化することをエピ（＝後の）ゲノム変化、と読んでいる。なおエピゲノム変化によって、塩基配列が変わることはない。あくまで変化するのはDNAの構造である［東京大学生命科学教科書編集委員会 2011: 51–56］。

(7) 通常、銃から発射されるのは弾丸であり、薬莢は弾丸発射後、銃身から放出されるが、本書では分かりやすくするために、薬莢に関しても「発射」と表現した。

(8) 線条痕ともいう。弾丸が直進するように拳銃やライフルの銃身には螺旋状の溝（ライフリング、施条）があり、弾丸が銃身をとおる際この溝の痕が刻まれる。これがライフルマーク。なお散弾というたくさんの弾球が発射される散弾銃の場合には、その銃身にライフリングは施されない［法科学鑑定研究所 2009: 15–16; 瀬田 2001: 107–108］。

(9) 被疑者以外の銃がESRに持ち込まれた場合も、本章で述べたものと同様の鑑定方法がとられる。

(10) ESRで行われる銃器鑑定では、法科学者がすべての鑑定実践を行い、技官が作業をすることはない。

(11) 物証ラボの法科学者Hとの私信（2014/11/17）。

(12) 物証ラボの法科学者Hとの私信（2014/11/17）。

(13) 物証ラボの法科学者Hへの参与観察記録（2012/02/29）。

(14) 物証ラボの法科学者Hへの参与観察記録（2012/02/29）。

(15) 物証ラボの法科学者Hへの参与観察記録（2012/02/29）。

(16) 物証ラボの法科学者Hへの参与観察記録（2012/02/29）。

(17) 物証ラボの法科学者Hへの参与観察記録（2012/02/29）。

(18) 物証ラボで使用されていた表には記載されていなかったが、犯罪現場の弾丸（や薬莢）と被疑者の銃から試射した弾丸

（や薬莢）同士でその傷が一致しなかった場合には、「被疑者の銃は弾丸を発射していない」という鑑定結果となる。実際にはこの表現も含んだ七種類の言葉による選択肢が存在した。

(19) 物証ラボの法科学者Ｖへの参与観察記録（2011/03/28）。

(20) 塗料鑑定では、塗料の化学的組成が明らかにされ、また二つの塗料の層がどのくらい一致するのかなどが検討される。ＥＳＲには塗料に関するデータベースがなく、二つの塗料の分析を通して、「「二つの塗料がその由来を同じくする」という仮説がどの程度支持されるのか」が主観的に判断される。繊維鑑定では、繊維の形態や化学的組成、どのくらいの繊維が見つかったかなどを考慮し、「ある資料の繊維が別の資料に付着した」という仮説がどの程度支持されるか」などが、主観的に判断される。工具痕鑑定では、銃器鑑定同様、「「特定の工具がこの工具痕をつけた」という仮説がどの程度支持されるか」が、犯罪現場に残された工具痕と押収された工具でつけた痕との形態的比較を通して、主観的に検討される。

(21) 物証ラボの法科学者Ｈへの参与観察記録（2011/11/09）。物証ラボの法科学者Ｖへのインタビュー（2012/02/23）。

(22) 物証ラボの法科学者Ｈへの参与観察記録（2012/03/23）。

(23) 物証ラボの法科学者Ｈへの参与観察記録（2012/03/23）。

(24) 物証ラボの法科学者Ｖへの参与観察記録（2011/06/20）。物証ラボの法科学者Ｈへの参与観察記録（2011/09/29）。物証ラボの法科学者Ｖへのインタビュー（2012/02/23）。

(25) 銃犯罪の多いアメリカでは、過去に発生した銃関係の事件で回収された弾丸（や薬莢）の傷、各メーカーの銃から試射した弾丸（や薬莢）の傷が画像データとしてデータベース化されている。しかし、このデータベースから分かるのは現場の弾丸（や薬莢）がどのメーカーのどの種類の銃から発射されたかどうかである。犯罪現場の弾丸（や薬莢）が特定の銃から発射されたかどうかは、このデータベースからは分からず、法科学者が実際に資料を観察し、主観的に判断する必要がある［Houck 2007: 123–124; 瀬田 2001: 119–120］。

(26) 物証ラボで行われる他の科学鑑定や足跡鑑定についても、対象となる資料は弾丸と同様の特性を持っている。

(27) 一九八三年と一九八六年にイギリスのレスターシャー州で、二人の少女が強姦、殺される事件が発生した。鑑定にあたったのはレスター大学遺伝学部のジェフリーズであった［瀬田 2005: 47–57］。

(28) DNA型鑑定が誕生する以前は、個人識別に際して主に指紋鑑定や血液型鑑定が行われていた。血液型鑑定では、タンパク分子の折り畳まれた立体構造の違いを利用してその人の血液型を判定する［勝又 2007: 13］。血液型は血液のみならず唾液や精液などの体液、毛髪や爪、骨からも検出可能であるため、様々な資料が発見される犯罪現場における個人識別の手段として重視されていた［赤根 2010: 29-30; Platt 2003: 58-59］。しかし、血液型鑑定には個人識別能力がそれほど高くないという問題点が存在した。こうした血液型鑑定の欠点を克服したのがDNA型鑑定である［赤根 2010: 31-35; Gerber 1983 (1986): 69］。

(29) たとえば、TH01という染色体箇所においては、TCATという配列が何回繰り返されているのか、FGAという染色体箇所においては、CTTTという配列が何回繰り返されているのかといった形で［Butler 2005(2009)］、異なる染色体上の場所において、異なる塩基配列の繰り返し回数が分析される。

(30) 実際には「資料のDNAが特定の人のものである」と表現されていたが、分かりやすくするために本文中のような表記とした。

(31) このデータベースは、第2章で述べた一九九六年に構築されたデータベースとは異なるものであるが、一九九六年に設立されたデータベース内の情報を利用して作られている。

(32) DNAラボの法科学者Bとの私信（2012/06/16）。

(33) 実際には「犯罪現場の資料が、ニュージーランド人の中からランダムに選ばれた、被疑者と無関係の人のものである場合」と表現されるが、分かりやすくするために、「そうではない場合」とした。

(34) 複数の資料間でDNAプロファイルが一致しなかった場合には、「資料は特定の人のものではない」という鑑定結果となる。また複数人のDNAプロファイルが混ざっており誰のプロファイルか分からなかった場合などに、言葉による表現として「分からない」という選択肢も使用されていた。さらに、算出された数値がこの表に書かれたものの逆数だった場合には、逆の仮説への支持が高まる。たとえば、二〇〇万分の一という数値が出た場合、「「資料が特定の人のものではない」という仮説が極めて強く支持される」という鑑定結果になる。一未満の値が出ることはあまりなくDNAラボでは通常表4－4が利用されていたためそれにしたがったが、実際には一二種類の言葉による選択肢が存在した。

(35) ＤＮＡラボの法科学者Ｗへの参与観察記録（2011/01/20）。
(36) このように自動的に数字の形で結果を出せるのは、ＤＮＡプロファイルが確定し、そのプロファイルが誰のものかを判断する場合においてである。ＥＳＲに送られてきた資料のＤＮＡプロファイルが何かを確定する際には、法科学者自身がデータを解釈する必要もある。また、複数の人のＤＮＡが混ざっている資料に関しては、やはり法科学者自身がデータを検討する必要がある。さらに、現場の資料が誰のものか、ではなく、なぜ現場にその資料が残されたのか、などを考察する際には自動化や数値化は難しい。これらについては第7章で再度議論する。
(37) 全身の血の入れ替えを行った場合などは、変化する［Bell 2008b］。
(38) ノースウェスタン大学出版局の『犯罪学と刑法』に、「ＤＮＡ戦争」という論説をカリフォルニア大学のトンプソンが寄せたことからこの用語が使用されるようになる［瀬田 2005: 71］。
(39) 物証ラボの法科学者Ｖへの参与観察記録（2011/06/20）。
(40) ＤＮＡラボの法科学者Ｔへのインタビュー（2014/07/14）。ＤＮＡラボの法科学者Ｏへのインタビュー（2014/07/30）。
(41) 物証ラボの法科学者Ａへのインタビュー（2012/03/09）。
(42) 鑑識ラボの法科学者Ｙへの参与観察記録（2012/02/28, 2012/02/29）。
(43) 物証ラボの法科学者Ａへのインタビュー（2012/03/09）。物証ラボの法科学者Ｈへのインタビュー（2012/03/08）。
(44) ＤＮＡラボの法科学者Ａへのインタビュー（2012/03/14）。ＤＮＡラボの法科学者Ｇへのインタビュー（2012/03/12）。ＤＮＡラボの法科学者Ｌへのインタビュー（2012/03/05）。ＤＮＡラボの法科学者Ｍへのインタビュー（2012/03/05）。
(45) 物証ラボの法科学者Ｈへのインタビュー（2012/03/08）。
(46) 物証ラボの法科学者Ａへのインタビュー（2012/03/09）。
(47) ＤＮＡラボの法科学者Ｍへのインタビュー（2012/03/05）。
(48) ＤＮＡラボの法科学者Ｇへのインタビュー（2012/03/12）。
(49) 物証ラボの法科学者Ｖへのインタビュー（2012/02/23）。
(50) 物証ラボの職員会議への参与観察記録（2012/01/31）。

(51) 物証ラボの法科学者Vへのインタビュー(2012/02/23)。

(52) DNAラボの技官Jへの参与観察記録(2011/10/21)。鑑識ラボの技官Dへの参与観察記録(2012/02/16)。

第5章 法科学分野間の標準化
——DNA型鑑定が変える実践の形

法科学には異なる文化に属し実践を行う、定性的鑑定分野と定量的鑑定分野とが存在する。両者には様々な違いが存在するが、犯罪解決に貢献するためにこうした諸領域は協力している。本章では、分野横断的な科学的活動がいかに行われるのかを考察してきたこれまでのＳＴＳ研究を利用しながら、法科学分野間の協働のあり方を分析する。そして、法科学ラボにおける実践の標準化の特性を明らかにする。

1 科学の協働研究

科学には異なる文化を持ち、異なる実践を行う多様な分野が存在しており［Knorr-Cetina 1999］、科学とは本来的に異種混合性を特徴としているといえる。こうした科学に関する異種混合性に着目したＳＴＳ研究としては、アクターネットワーク理論と協働研究を挙げることができる。

社会構成主義からアクターネットワークへ

科学的知がどのように成立するのかは、STS研究者にとって大きな関心の対象であり、複数の理論的対立を内包しながら、数多くの研究が行われてきた。この問いへの答えとして誕生したのが、社会構成主義（social constructivism）という立場である。社会構成主義とは、科学的知識や理論の成立において、社会の役割を重視したものである。科学的知が自然から合理的に導かれるとする説明に対して、社会集団や社会制度、信念やイデオロギーなどの社会的要素が科学的知の確立に影響を及ぼしているとするのが、社会構成主義の考え方である。そして、科学的知が社会との関係性の中でどのように生み出されるのか、社会的にいかに構成されるのかが、分析されてきた［藤垣 2005b; Hacking 1999（2006）; 宮武 2007］。

こうした科学的知識や理論の成立について、社会の役割を過度に重視した社会構成主義に対して、関係するアクターの異種混合性に注目したのが、アクターネットワーク理論（actor network theory）である。アクターネットワーク理論では、社会構成主義のもとでは重視されてこなかったモノ（自然物や人工物）にもヒトと同等の価値が与えられた。そして、異種混交のアクターがネットワークを形成する中で、科学的知が成立する様子が描き出されてきた［Callon 1986a, 1986b, 2012; Latour 1987（1999）; Law 2012］。

アクターネットワーク理論では、科学的知の成立に関して、ネットワークの中心に科学者がおり、モノも含んだ多様なアクターを巻き込んでいく。すなわち複数いるアクターの中でも科学者が、自身の利害関心を実現するために他のアクターを利用するとされている。加えてアクターネットワーク理論では、そこで描き出される世界が文化的に均一であり、様々な文化と個々のアクターの振舞いやネットワーク形成との関連性が検討されていない。これに対して、どのアクターの突出も許さず、アクターは互いに利用し合う関係であるとして、複数の科学分野や科学者以外の様々な人々が参画する活動がいかに遂行されるのかを、アクターの文化的背景に注目して分析したのが、協働（collective work）研究である［Fujimura 1992; Sismondo 2010; Star and Griesemer 1989］。

法科学については、犯罪解決に貢献するために個々の鑑定分野が互いに協力しており、その際第4章で述べたような鑑定分野の文化的背景が重要な意味を持つ。そのため、本書では異種混合性に関する議論のうち、次に述べる協働研究の分析枠組みを利用して考察を行う。

異分野間の協働研究

科学には様々な文化を持つ多様な分野が含まれているが、科学の扱う対象が複雑であったり、科学的研究の影響が多方面に及んだりするために、多分野、多様な人々を含んだ科学的活動が行われている。こうした文化の異なる複数の参加者がかかわる活動を分析したのが、協働研究である［cf. Duncker 2001］。

複数分野の協働に際しては、参加者の認識的文化や実践の違いにより対立が生じる可能性が考えられるが、多様な領域の協働においてどのような問題が生じているのかについて、これまで研究が行われてきた［cf. Klein 1990］。

たとえば、スウェーデンの針葉樹の生育に関するプロジェクトを分析したベーマークとワレンは、そこに参加した実験科学者と理論科学者との間の違いと、それに起因する問題を指摘している。彼らによれば、前者がデータを重視するのに対し後者がデータよりも直感を重視するなどの違いが存在し、その差異からプロジェクトで採用する研究方法などをめぐって対立が発生し、協働がうまく進まなかったという［Bärmark and Wallén 1980］。また、科学的知識のデータベース化が近年盛んに行われているが、これに関連した問題も指摘されている。知識のデータベース化はコンピュータ科学や生物学、医学などそれにかかわる諸分野の協働によりなされる。しかし、分野間でそもそも何を対象とし何を目的とするかが異なり、この違いがどのようなデータベースを作り、いかなる情報をそこに入れるかに関する対立を生むことがある。その結果として、諸分野の協働がうまくいかない場合があること、多分野共有のデータベース構築やその利用に問題が生じている点が分析されている［Leonelli 2012; Star and Ruhleder 1996］。

複数分野からなる協働では、その参加者間で利用する用語や手法、目標やプロジェクトの進め方などを一致させること、つまりそれらを標準化することが重要である。しかし現実には参加者間の違いによって意思疎通が阻害されたり、各参加者が自分の主張をとおそうとしたりすることで対立が生じ、協働の遂行に困難が生じるため、標準化は難しい［Bauer 1990; Hicks 1992; Star and Griesemer 1989］。

「中間物」の利用による対立回避

こうした協働参加者間の違いから生じる問題に関して、参加者同士の対立がいかに回避され協働が行われるのかが、参加者間を媒介するもの（本章では、従来のＳＴＳ研究で論じられてきた、協働参加者の媒介を担うものを「中間物」とする）の観点から論じられてきた。たとえば、スターとグリスマーは、「境界物（boundary objects）」という、協働参加者が共有しているがそれぞれが自由に解釈できるものによって、多様な参加者が互いの差異を保持したまま緩やかに結びつくことができ、参加者間の完全な意見の一致なしに協働がなされると主張した［Star and Griesemer 1989］。

またギャリソンは、物理学というひとつの科学分野の下位分野、実験物理学と理論物理学の交流を分析している。物理学というひとつの科学分野の中でも、その下位領域はまったく異なっており、ギャリソンは沈黙交易、ピジン語やクレオール語という文化人類学の古典的な概念を、物理学における協働を考察する際に利用している。

沈黙交易とは、異なる共同体間で接触や会話がまったく行われないまま交易がなされることであり、それによって互いに言語や文化を理解していなくても、交流は成立する［Grierson 1903（1997）; 栗本 1987］。また、ピジン語とは異なる文化の成員が意思疎通を行う際に使用される中間言語であり、ピジン語を母語とする世代が誕生するとその中間言語はクレオール語と呼ばれる［石塚 1987: 236; 和田 1987: 626-627］。これまで文化人類学では、伝統社会において異なる共同体間でどのように意思疎通が行われるのかが数多く研究されてきており、ギャリソンはこうした考え方を発展させ、現代社会における科学の分析に応用している。そして実験物理学と理論物理学という認識的文化がまったく異なる物理学の二つの下位領域が、両者がその違いを保持しつつも「交易圏（trading zones）」と彼が呼ぶ、意思疎通を行う場や、中間言語を使用する場を生み出し、互いに協力している様子を明らかにした［Galison 1997］。

こうした境界物や交易圏は、協働を考察する際の分析枠組みとしてその後多くの事例分析に適用されてきた［cf. Fox 2011; Fukushima 2016; Halpern 2012; Sundberg 2007; Zeiss and Groenewegen 2009］。たとえば、家禽やウサギの品種改良において、家禽やウサギが、品種改良にかかわる愛好家や遺伝学者、商業繁殖者という異なる社会集団を結びつける境界物として機能したことが分析されている。愛好家により品種改良された家禽やウサギが、遺伝学の研究のために使用されることがあったが、愛好家はそれらの品種の見た目の美しさを評価していたのに対し、遺伝学者はそれらの子孫に伝わる特徴が予測可能であることを評価していた。家禽やウサギは、境界物として、それに対する異なる考え方を存続させたまま、複数の社会集団を結びつけるのに貢献していた。さらに、愛好家、遺伝学者、商業繁殖者の中間言語を作成し交流する場、交易圏として国際家禽会議などが設立されたという［Marie 2008］。

また、光学レーザー装置製作プロジェクトにおいて、化学物理学、物質科学、科学哲学、有機化学、応用物理学の諸分野がどのように協力したのかを分析したダンカーは、境界物の変化に着目している。この学際的プロジェクトでは、その初期段階には、異分野間の意思疎通のために、各分野の専門用語ではなくすべての人に理解可能な一般的な言葉が使用されていた。そしてプロジェクトが進むにつれて、より専門的な数式が利用され、さらに各分野の用語を意訳する「辞書（dictionary）」が成立した。協働の段階に応じて境界物は、一般用語、数式、辞書へとその形を変えていく。しかし、たとえば提示された数式を各分野が独自に解釈することができるなど、境界物には解釈柔軟性という特性が備わっている。そしてこの性質ゆえに、様々な境界物は個々の分野で採用されている対象の解釈方法や分析方法の違いにもかかわらず、分野間で互いの活動の大枠を理解させ、プロジェクトの参加者を結合することに貢献したという [Duncker 2001]。

さらに「態度変更（alternation）」という観点から、協働参加者を結びつける中間物としての、通訳者の役割が考察されている。リベイロは、技術移転における日本人とブラジル人の間の通訳の役割を分析している。そして、単に発言を直訳するのではなく、発話者や聞き手それぞれの国の文化も考慮に入れた通訳をすることで、通訳者は異なる文化の無理解から来る両者の対立を防いでいると指摘している。さらに、通訳者が間に入ることで、日本人とブラジル人のそれぞれの違いを維持したまま、技術移転という協働が可能となっているという。

境界物は、それを協働参加者が自由に解釈するものであり、交易圏は、そこで利用可能な中間言語を協働参加者が生み出し交流する場である。これに対し通訳者は、協働参加者に代わり、複数の参加者間で発言を翻訳し、参加者間の考え方の違いを保持させたまま協働を可能にするものである。様々な協働参加者の代理となり、参加者の結合に貢献することが態度変更とされ、協働参加者を媒介する中間物の新たな形として指摘されている [Ribeiro 2007; cf. Berger 1963]。

異種混合性の継続

ＳＴＳでこれまで研究されてきた科学的協働とは、新たな科学的知や技術を生み出していくものであるといえるが、旧来研究されてきた多くの事例では、領域間の違いが解消されることはなく、科学的活動が遂行されている。その異種混合性が保たれたまま、協働が行われている。

異なる分野は本質的に違っており、つまりその認識的文化を異にしており、また、科学分野でなくとも、異なる集団間には差異があり、その違いをひとつにまとめようとすることは対立を招くことにもなり、難しい。これまでの協働研究で分析されてきた事例では、認識や実践に関する差異をなくし、それらを参加者間で標準化することはほとんど行われていない。それぞれの分野は、境界物、交易圏、態度変更といった中間物を利用することで、分野間の対立を回避し、個々の違いを維持したまま結びついている。

2　法科学における協働

本節では科学が関連する異分野間協働の研究の流れの中で、法科学における協働の特性を標準化という観点から明らかにする。

裁判と鑑定分野間の協働

第4章で述べたように法科学には、定性的鑑定分野と定量的鑑定分野という異なる文化に属し、異なる実践を行っている領域が存在する。こうした異種混合性の一方で、ひとつの事件解決に貢献するために、法科学の諸分野は協力する必要がある。事件が発生すると、様々な資料に対する鑑定が行われ、それらすべての鑑定結果を利用して、犯罪現場で何が起こったのか復元が行われる。個々の事件において、法科学分野は互いに協働しながら犯罪現場で起こったことを復元し、事件解決を目指していく。

ひとつの事件の解決に貢献するために、異なる鑑定分野は協働しているが、こうした法科学の分野間協働には二つのレベルがあるといえる。ひとつは、法科学ラボの段階、すなわちＥＳＲにおける協働である。第2章で述べたように、ＥＳＲに送られた資料は一度鑑識ラボで受け取られてから、各ラボでの鑑定にまわされ、鑑定書が作成される。

多くの資料が送られてきた事件に関しては、鑑識ラボの法科学者が指揮をとるが、異なる鑑定分野の法科学者たちが、その鑑定結果について話し合うこともあるという。また、鑑識ラボの法科学者は、各ラボの鑑定結果を鑑みた上で、さらにどのような鑑定が必要かについて、依頼者と相談する場合もある。さらに、各ラボの鑑定結果は一度鑑識ラボに集められ、鑑識ラボにおいて、各ラボの結果を考慮した鑑定書が作成され、依頼者に送付される。(1) このように、ESRでの資料の鑑定や、鑑定書の作成において、各法科学ラボは互いの結果を利用し、協力している。

もうひとつの協働は、裁判における鑑定分野の協働である。科学鑑定の結果は裁判に提出され、法科学者たちは時に鑑定結果に関して、裁判で証言を行う。ESRでも、各分野の法科学者たちが互いの鑑定結果について議論する機会があるが、最終的に個々のラボの鑑定結果がひとつに集まるのが裁判という場であり、そこで、関係者の協働によって事件の内容が明らかにされる。そして、この裁判における協働では、各鑑定分野だけではなく、裁判官や弁護士、検察官、陪審員、被害者や被疑者、その他の証人なども一緒になって、事件解決のために協力している。多様な参加者の証言、協働をとおして犯罪現場で何が起こったのかが明らかにされ、最終的に事件解決のための裁定が下されることになる。

境界物を利用した協働

法科学分野がかかわる協働には、二つのレベルが存在する。ESRで行われる第一レベルに関しても、裁判で行われる第二レベルに関しても、法科学分野の協働は、第4章で述べた、「どのような仮説がどの程度支持されるのか」という鑑定結果の表現によって可能になっているといえる。先に見たように、それぞれの鑑定分野は異なる性質を持つ資料を、異なるやり方で鑑定していた。自分の専門ではない他の鑑定分野について、その鑑定内容を正確に把握することは難しく、鑑定結果が仮説支持の程度の形で表現されることで、異なる鑑定分野は互いの結果を理解でき、結果を利用しながら協働することが可能となっているという。[2] また、裁判官や弁護士、検察官、陪審員などの裁判にかかわる法科学の非専門家にとっても、鑑定内容の詳細を理解することは難しいといえる [Grace *et al.* 2011]。そのため、より分かりやすい「どのような仮説がどの程度支持されるのか」という形で鑑定結果が出されることで、法科学の非専門家も鑑定結果を理解でき、それを利用して裁定が可能となっている [cf. Kruse 2010]。「どのような仮説がどの程度支持されるのか」という鑑定結果の表現は、異なる法科学分野や裁判関係者がその違いを保持したまま結びつくことを可能とする、中間物、特に境界物であったといえる。「どのような仮説がどの程度支持されるのか」という形で鑑定結果を表すということは、ＥＳＲのすべての法科学分野で共通していたが、それをどのように求めるか、経験や知識を利用するか、データベースや統計的手法を利用するか、また、言葉のみで表現するか、言葉に加えて数値も算出するか、という点は各鑑定分野で異なっていたのである。しかし、こうした境界物を利用した形での協働のあり方が批判されることになる。

第一のレベルでの協働も、第二のレベルでの協働も、共に犯罪解決、すなわち裁判での裁定に貢献するためになされていることであるが、裁判と関係しているという特殊性ゆえに、法科学分野間の協働においては、従来ＳＴＳで分析されてきた科学が関係する協働とは異なる特徴がみられる。結論を先取りすると、法科学分野間の協働において は、各鑑定分野の差異を保持したまま協働を行うことが問題視され、鑑定分野間の違いをなくし鑑定のやり方を標準化することが求められる。続いて、このような法科学的協働の特殊性を描写し、法科学ラボの実践の標準化を分析する。

裁判での批判

ＥＳＲに送られてきた資料は、各鑑定分野のラボにおいてそれぞれ鑑定され、その結果が裁判で利用される。裁判とは、ＥＳＲでなされた科学鑑定や、その他の証言なども利用しながら犯罪解決がはかられる場である。ＥＳＲおよび裁判の協働の場では、各鑑定分野が、「どのような仮説がどの程度支持されるのか」という形で鑑定結果を表現すること、すなわちこの表現を境界物として機能させることで、分野間の違いを保持したまま協働が行われていた。しかし、こうした鑑定分野間の協働に関して問題が生じた。

（1） 銃器鑑定とＤＮＡ型鑑定

筆者の調査中に、ニュージーランドで銃を使用した殺人事件が発生し、銃器鑑定とＤＮＡ型鑑定とがＥＳＲに依頼された。ＥＳＲの各鑑定分野の法科学者たちは、それぞれ鑑定を行い、結果を鑑定書に記載した(3)。定性的鑑定分野である銃器鑑定では、対象の形態に着目し法科学者の経験や知識を使用して、鑑定結果を六つの選択肢の中から選んで言葉で表現していた。それに対し定量的鑑定分野であるＤＮＡ型鑑定では、ＤＮＡプロファイルという数字に着目し、データベースや統計的手法を利用して結果を数値で算出した。そして、鑑定結果としてこの数値とそれに対応する言葉を五つの選択肢から選んで鑑定書に記載していた。

しかし異分野間で異なる実践を行っていた点が、裁判において批判されることになる。

（2） 弁護側からの批判

ニュージーランドでは対審制度がとられており、裁判では専門家である法科学者の鑑定書や証言などを利用しながら、検察側と弁護側とで意見を戦わせる。今回の銃による殺人事件の裁判において、ＥＳＲの職員が行った銃器鑑定とＤＮＡ型鑑定の鑑定書は、検察側の証拠として提出された。しかし裁判の中で、この二つの鑑定に対して「二つの鑑定分野で異なる実践を行っている」という点が、弁護側から批判された。

弁護側は裁判にあたり、私的法科学研究所の法科学者であるZに、ESRの鑑定書の精査を依頼した。二つの鑑定書をみたZはいくつかの批判を行ったが、そのひとつが、二つの鑑定分野で行われている実践の違いである。Zの批判は次のようなものであった。

DNA型鑑定を行った法科学者は、「「資料が被疑者のものである」という仮説がどの程度支持されるのか」を判断する際に、五つの選択肢からひとつを選んでいる。それに対して、銃器鑑定では、六つの選択肢からひとつを選んでいる。ESRという同じ組織に属するにもかかわらず、異なる表現方法を使っていることには驚きを隠せない（……）。また、銃器鑑定で利用されている「被疑者の銃が犯罪現場の弾丸を発射したことは確実である」という表現はDNA型鑑定では利用されておらず、この表現は不適当ではないか。(4)

第4章で明らかにしたように異なる鑑定分野では、それが定性的か定量的かという違いに応じて、異なる選択肢が使用されていた（表4－1・表4－4を参照）。この分野間の差異が裁判の中で弁護側から批判されたのである。さらに別の事件の裁判においても、ESRにおいて異なる鑑定分野で鑑定結果を表現する際に異なるやり方がとられている点が批判される事態が生じ、法科学者たちはこの批判に対応することとなった。(5)

（3）　差異の問題化

互いに協力して事件解決に貢献するという法科学分野間の協働において、それぞれの鑑定分野が異なる実践を行っている点が裁判で問題となった。前述したように、従来STSで研究されてきた科学が関連する協働においては、各分野間の差異が解消されることなく、それを持続させたまま協働が行われていた。各領域の差異とはそれぞれの分野の複雑で本質的な、まさに文化的違いといえるために、それを調整しひとつにまとめることが非常に困難だからである。しかし法科学諸分野の協働においては、裁判の中でこの鑑定分野間の差異自体が問題とされ、差異をなくし異なる鑑定実践の標準化が行われる。

異種混合から標準化へ

裁判での法科学分野間の差異への批判を受け、ESRの法科学者たちはそれに応え鑑定分野間の実践をひとつにまとめる、すなわち標準化することとなった。しかし法科学分野間の違いとは、法科学以外の科学領域でも見られる定性的か定量的かという本質的な違いに関係しており、その標準化は困難を極めた。

ここでは、異分野間の差異の解消がどのようになされたのかを明らかにする。銃器鑑定をはじめとした定性的鑑定分野の法科学者と、DNA型鑑定という定量的鑑定分野の法科学者とが議論を行う中で、両者の鑑定実践の標準化、鑑定結果の表現方法を両者で一致させること、が目指された。第2章で述べたように、ESRにはオークランド、ウェリントン、クライストチャーチに三つの研究所があり、主要な法科学ラボはオークランドに存在するが、ウェリントン、クライストチャーチにも鑑識ラボが存在し、足跡鑑定が行われている。まず初めにオークランドの法科学ラボ間で話し合いがなされたが、そこでは、標準化された表現として、DNAラボで使用されていた表現を使用することで三つの法科学ラボが一旦同意した(6)。これに対し、ウェリントンとクライストチャーチの鑑識ラボが、強く反対し、標準化をめぐる議論が紛糾することになる。

(1)　数値の使用

鑑定分野間で使用する表現の標準化に際して、まず論点となったのは、標準化された表現として数値を使用するかどうかであった。

定量的鑑定分野であるDNA型鑑定では、データベースや統計的手法を利用して鑑定を行っており、鑑定結果を数値で表現していた。それに対して定性的鑑定分野では、法科学者の経験やそれに基づく知識を使用して判断を行うために、言葉のみで鑑定結果を表現し、数値を使用していなかった。

定性的実践を行う法科学者たち、特にウェリントンとクライストチャーチの鑑識ラボの法科学者たちは、自分たちは鑑定対象を数量化したり、大量のデータからなるデータベースや統計的手法を使用したりする定量的なやり方をとっているわけではないため、標準化された表現の中に数値を入れることはできない、として数値の使用に強く反対した[7]。

これに対してDNA型鑑定を行う法科学者たちは、標準化された表現として数値を使用することを次のように強く主張した。

資料の形態がどのくらい珍しいかとかそういうことは、全部DNAでやっているように統計的に考えられると思う。ただ、彼ら（DNA以外の鑑定分野の法科学者たち——筆者注）がまだそれをやっていないだけで。彼らの多くは、今の状態に満足していて統計的なことをやるのが嫌なんだと思う（……）。私は、DNA型鑑定がちゃんとデータに基づいてやっていることに満足している。他の鑑定がそうしない正当な理由はないはず[8]。

（2） 奇跡を信じるか

さらに鑑定分野間の差異を解消するにあたり論点となったのは、「特定の銃が弾丸（や薬莢）を発射したことは確実である」、「資料が特定の人のものであることは確実である」のように、「確実である（conclusive/identification）」という表現をすべての鑑定分野で利用するかどうか、という点であった（傍線は筆者による）。「被疑者の銃が弾丸を発射したことは確実である」、「資料が被疑者のものであることは確実である」という表現は、弾丸が被疑者の銃から発射された可能性や資料が被疑者のものである確率が一〇〇パーセントであることを意味している。鑑定分野間の実践の違いが裁判で問題視される以前は、銃器鑑定のような定性的鑑定分野では「確実である」という表現が使用されていたのに対し、定量的鑑定分野であるDNA型鑑定では、一〇〇パーセントの確率を主張するこうした表現は利用されていなかった。

異分野間の実践の標準化において、定性的鑑定分野の法科学者たちは、「対象の形態を観察していく中で、「特定の銃が弾丸（や薬莢）を発射したことは確実である」と結論づけることができる場合がある」と主張し、この表現を使用し続けることを求めた(9)。

銃器鑑定を行う物証ラボの法科学者Vによると、顕微鏡で弾丸を見ていると、そこについた傷の一つひとつが訴えかけてくることがあるという。

筆者　世界中のすべての銃を調べたわけではないのに、どうして被疑者の銃がこの弾丸を発射したと言い切れるのですか？

V　確かに、難しいね。でも、顕微鏡で見ていると画像が訴えかけてくることがある。ワオっていう感じに。二つの弾丸についた傷の細かな形態がぴったり一致すると、そうした様子が顕微鏡のレンズをとおして、「被疑者の銃が犯罪現場の弾丸を発射した」と言ってくる。見れば分かるよ。でも裁判に顕微鏡を持っていって、陪審員や裁判官に傷の様子を見せることができないから、難しいよね。言葉では説明できないけど、見れば分かるんだ(10)。

コンピュータがはじき出す数字を見ているDNA型鑑定とは異なり、定性的鑑定分野では、一つひとつの対象の形態を法科学者自身が細かく観察することで、「確実である」という鑑定結果を出すことができると考えられていた。

このため、オークランドの法科学研究所における、DNAラボ、物証ラボ、鑑識ラボの話し合いの中では、標準化された選択肢の表の中には、「確実である」という言葉は記載しないものの、物証ラボと鑑識ラボでは、その表現を使用し続けることと、一旦結論づけられた。しかし、ウェリントンとクライストチャーチの鑑識ラボの法科学者たちは、標準化された表の中にも「確実である」という表現を入れるべきだと主張し、数値の使用に加え、この表現の利用をめぐって議論が紛糾した。(11)

定性的な鑑定分野の主張に対し、データベースや統計的手法を利用するDNAラボの法科学者たちは次のような理由で、「確実である」という表現を使用することに反発した。

DNAラボでは高い確率で結果を表すけれど、「確実である」とは言わない。私の疑問は、他の鑑定分野が一体どうやって「被疑者の銃が弾丸を発射したことは確実である」と結論づけられるのかということ。それを証明するために彼らがどういう調査をしたのかわからない。(12)

多くの人からDNAプロファイルを集めても、(世界中すべての人のプロファイルを調べない限り――筆者注)「資料が特定の人のものであることは確実である」とは言い切れない。銃器鑑定を行う法科学者は、「特定の銃が弾丸を発射したことは確実である」ということを証明するために、すべての銃を調べる必要がある(……)。すべてを調べない限り、他の銃が弾丸を発射した可能性は常に存在する。(13)

世界中のすべての資料を調べることは事実上不可能であるため、「確実である」という結論を出すことは、ある意味奇跡を信じることと同じといえる。(14) DNAラボの法科学者たちは、法科学者自身の豊かな経験や知識に基づいて主観的な実践を行っている定性的鑑定分野では、こうした結論に至ることも可能かもしれないが、データに基づいて統計的手法を利用し確率的に結果を出すという客観的な実践を行っているDNA型鑑定では、こうした結論を出すことはできないとして、「確実である」という表現を使用することに強く反対した。(15)

さらにこうしたDNAラボの法科学者たちの主張に対し、定性的鑑定を行う法科学者たちは以下のように考えており、議論は混迷を極めた。

ＤＮＡ型鑑定で使用されているデータベースや統計的手法も、複雑な状況をブラックボックスに入れ単純な形に変形したにすぎない。ＤＮＡ型鑑定でも主観的な部分は存在し、客観的な実践を行っているとは言い切れないと思う。(16)

「特定の銃が弾丸を発射したことは確実である」という鑑定結果は、事実を述べているのではなく、法科学者の意見を述べている。だから、ＤＮＡ型鑑定のようなデータベースや統計的手法を使わなくても、こうした結論を述べることができると思う。(17)

標準化をめぐる議論の中で、ＤＮＡ型鑑定を行う法科学者たちは、自身の行っている鑑定実践を、それが統計やデータベースに基づいており客観的であり、他の鑑定分野もそうした鑑定を行うべきだと主張した。それに対して、定性的鑑定を行う法科学者たちは、自身が経験や知識に基づいた鑑定を行っていることを認め、それこそが彼らの特性であり、彼らのやり方はＤＮＡ型鑑定のような数値を使った手法とはそぐわないと主張し、ＤＮＡ型鑑定のようなやり方を採用することに否定的だった。さらに、客観的と述べるＤＮＡ型鑑定にも主観的な部分が存在するとして、自身の鑑定手法の正当性を主張した。両者の対立は、ある意味自身の領域を守るための争いであったといえる。そして、定性的鑑定分野と定量的鑑定分野との違いは、単に使用する表現方法の差異ではなく、様々な要素が絡み合う本質的な、文化的な違いであったため、その差異の解消に向けての議論は平行線をたどった。科学的協働に関するＳＴＳの研究が明らかにしているように、そもそも異なる文化に属している異なる領域間のこうした対立はある意味当たり前のことといえる。したがって対立は苛烈を極め、論争の収拾がつかず、一時は標準化しなくてもいいのではないか、という意見も法科学者たちの中からは聞かれた。(18)

しかしＥＳＲのある責任者が、「異分野間で異なる実践を行っていれば、また裁判でそれが批判されることにな

表5-1　鑑定結果の表現方法（すべての鑑定分野で使用）（ESR 2011a を参考に筆者作成）

「資料が特定の人のものである」※1 場合に資料の特徴が一致する確率は，そうではない場合に資料の特徴が一致する確率の何倍か	「資料が特定の人のものである」という仮説がどの程度支持されるのか※2
数値なし	「資料が特定の人のものである」ことは確実である
1000000～	極めて強く支持される
1000～1000000	非常に強く支持される
100～1000	強く支持される
10～100	やや支持される
1～10	わずかに支持される
1	どちらともいえない

※1　それぞれの鑑定に関する仮説をここに入れる．
※2　数値の逆数に対応した選択肢も存在し，実際には言葉による選択肢は 13 種類ある．

る。標準化するように」と主張し、それにしたがう形で、強制的に議論が収束させられ、標準化がなされた(19)。

（3）ひとつの表

議論の結果、ＥＳＲでは表５－１のような標準化された表現を使用することとなった。最終的に、数値および「確実である」という表現を両方含むことになった。

そして定性的鑑定分野に対しては、データベースや統計的手法などが利用されていないために、当面の間、数値を使用しなくてもよいと定められた。またＤＮＡ型鑑定に対しては「確実である」という表現を使用しなくてよいことが認められた(20)。

数値や特定の表現を使用しなくてもよいなどの一部の例外を認めているために、本当に異分野間の違いが解消されたのかどうか疑問を呈する法科学者もいた(21)。しかし、表５－１の作成に際して、定性的鑑定分野に対して、データベースや統計的手法を確立し、鑑定結果を数値で算出するための研究を行うように要請がなされ、将来的に数値で結果を出せるように努力することが求められ、実際に研究が開始された(22)。このことから、将来的にはすべての鑑定分野で同じ表現を使用するようになることが期待され、異なる鑑定実践が標準化され異分野間の差異はなくなったと考える職員が多かった(23)。

(4) 標準化と圧力

裁判でのESRへの批判は、境界物を利用することで、異なる鑑定分野がその違いを維持したまま結びついている協働のあり方への批判であったといえる。この批判を受けて、標準化された実践に基づいて協働を行うという、新たな協働の形への変更が行われた。旧来STS研究者が考察してきた事例では、異なる分野間の差異を継続させたまま協働がなされていた。それに対して、裁判に関係する法科学分野間の協働では、異なる分野間の差異そのものが批判され、その解消が求められるという点で、他の科学的協働と比べて特色のある異分野間協働といえる。裁判においては法科学が一枚岩のものとして捉えられており、異なる分野で違うことを行っている点が批判の対象となるのである。

しかし異なる分野間の実践の差異は、それぞれの鑑定分野が定性的か、定量的かという根本的な違いと結びついており、異なる鑑定実践の標準化は非常に困難であるといえる。そしてある法科学者が「DNA型鑑定では結果を出すためのデータベースがあるけれど、他の鑑定分野では法科学者の頭脳を使って結果を出している。それが悪いということではなく、ただ二つは違うだけだ[24]」と述べるように、実際に鑑定を行う法科学者たちは、鑑定分野間の違いを許容している。本章の冒頭で、法科学分野間の協働には、二つのレベルがあると述べたが、第一のレベルでの協働、ESR内で法科学分野が協働している限りは、異なる鑑定分野間の差異は許容され、問題とはならなかった。しかし、第二のレベル、裁判という法科学者以外も含まれる場で協働がなされることで、異分野間の違いが問題化したといえる。法科学分野間の協働が、差異を維持したままのあり方から標準化に基づいたあり方へと変更したのは、鑑定分野間の協働が裁判の中でなされるという法科学の特性ゆえといえる。

そしてこうした、鑑定分野間の本質的な違いと結びついた差異の解消に関しては、裁判などの法科学ラボの外部の要請や、ＥＳＲの責任者の要請（責任者自身も、裁判において批判されることを問題視しているため、この人の要請もある意味裁判という外部を意識した要請といえる）といった、圧力が必要とされる。第2章で触れたように、通常ＥＳＲにおいては鑑定実践に関して各ラボの自主性が重んじられているにもかかわらず、今回のように上からの要求で標準化が行われたことに対し、驚きをみせる職員もいた[25]。

これまでＳＴＳ研究者が明らかにしてきたように、異分野間の違いを存続させたまま協働を行う場合には、異なる領域が緩く結びついていれば良く、それゆえに中間物が使用される。そして多領域を結ぶこうした中間物は、協働に参加する人々によって無意識的に生み出されるものである［Duncker 2001: 368］。それに対して、ＥＳＲの事例でみてきたように、異分野間の差異をなくし協働を行うためには、それぞれの分野の反発をおさえるための意図的な圧力が必要となるのである。

3　法科学の「ＤＮＡ型鑑定化」

法科学分野間の協働においては、異種混合性そのものが問題とされる点、そしてその異種混合状態を標準化することが、法科学ラボの外部から求められる点が特徴的である。さらにこうした異分野間の差異を解消する動きは、定性的鑑定分野を定量的鑑定分野、つまりＤＮＡ型鑑定のような領域へと変えていく動きとみることもできる。

今回述べたＥＳＲにおける鑑定実践の標準化において、定性的鑑定分野に対して、ＤＮＡ型鑑定でとられているような、データベースや統計的手法を取り入れた実践を行うように求め、将来的に結果を数値で算出することが要請されていた。定性的鑑定分野を、ＤＮＡ型鑑定のような定量的鑑定分野に変えていく動きがとられており、こうした流れを本書では法科学の「ＤＮＡ型鑑定化」と定義する。

イギリスの足跡鑑定

法科学において、定性的鑑定分野をDNA型鑑定、定量的なものへと変えていくというDNA型鑑定化の動きは、ニュージーランドに限ったものではない。ESRで鑑定分野間の差異が問題視されているまさに同時期に、イギリスにおいて同様の問題が起こっていた。

イギリスで起こった事件で、足跡鑑定の鑑定結果が裁判の中で利用されるものがあった。次章で詳述するが足跡鑑定とは、犯罪現場の足跡や被疑者の靴などの分析を通して、どの靴が足跡を残したのかを判断する鑑定分野である。定性的鑑定分野である足跡鑑定では、通常足跡の形態に着目し、法科学者の経験や知識に基づいた考察が行われている。しかしイギリスでは足跡鑑定を行う際に、足跡の形態に関する画像データベースを作成し、それと統計的手法を使用して鑑定を行い、結果を数値の形で算出していた。

だがこの事件の判決の中で、足跡鑑定が使用しているデータベースはその中に含まれているサンプル数が少なく、また足跡鑑定では変化しやすい足跡の形態が考察されるために、統計的手法とは相容れず、現在足跡鑑定で利用されている統計的手法は不正確なものであるとして、イギリスの裁判所は足跡鑑定の鑑定実践を批判した。そして、足跡鑑定に対し十分なデータの含まれたデータベースを作成し、DNA型鑑定のような数量化された正確なデータに基づいた統計的手法を確立するまでは、データベースや統計的手法を使用しないように求めた(26)。

こうした足跡鑑定で使用されているデータベースや統計的手法を批判する裁判所の判決に対して、世界の多くの法科学者たちが「裁判所は、DNA型鑑定にとらわれすぎている。足跡鑑定で使用しているものも、適切なデータベースといえる」などと、反対の声明を出した［Berger *et al.* 2011］。この足跡鑑定に対するイギリスの裁判所の判決は、定性的鑑定分野に対して、DNA型鑑定のような実践を行うように求めたものとして、法科学者たちの間で大きな議論と反発を引き起こした［Berger *et al.* 2011; Redmayne *et al.* 2011］。

アメリカの指紋鑑定

また、ＤＮＡ型鑑定が他の鑑定領域に影響を与える様子は、指紋鑑定に関してＳＴＳの観点から分析が行われている。ＤＮＡ型鑑定の誕生以前は、指紋鑑定が完璧な個人識別ができるものとして、法科学における確固たる地位を確立していた。一九八〇年代に誕生したＤＮＡ型鑑定は当初、ＤＮＡ指紋鑑定（DNA fingerprinting）と呼ばれていたが、それはＤＮＡ型鑑定が指紋鑑定を理想的な鑑定とみなし、それに近づくことを目指していたからである。しかし、一九九〇年代にＤＮＡ型鑑定が法科学における確固たる基準として裁判においてその地位を確立すると、逆に指紋鑑定の信頼性が疑問視されるようになる［Cole 2001; Lynch *et al.* 2008: 294, 303, 305］。

アメリカでは、科学鑑定の結果を信頼のおける科学的証拠として裁判で採用するかどうかについて、一九九三年の裁判の判決をもとに、ドーバート基準（Daubert rule）という規定が裁判所によって設けられている。この基準では、（1）科学鑑定が検証可能であるか、（2）科学鑑定がピアレビューされ公表されているか、（3）科学鑑定の誤差率や標準手法が明らかにされているか、（4）科学鑑定で利用される方法が一般的に承認されているか、が重視される［cf. 勝又 2008; 徳永 2002］。この四つの規定を満たした科学鑑定の結果が、科学的証拠として裁判で許容されるのである。

一九九〇年代のＤＮＡ型鑑定をめぐる裁判での論争を経て、ＤＮＡ型鑑定はドーバート基準を満たすものとして認められたが、一九九九年に初めてアメリカの裁判で、指紋鑑定がドーバート基準を満たしていないのではないか、という疑問が弁護側から提示され、指紋鑑定が信頼のおけるものかどうか精査が行われた。その結果、指紋鑑定の信頼性は一旦認められた。しかしその後の裁判においても、指紋鑑定が鑑定者の経験や経験の中で得られた知識に基づいており、鑑定実践が十分な検証を経ていない、一般的に承認された鑑定方法が存在しない、などとしてドーバート基準の観点から、指紋鑑定の信頼性への批判が相次いだ［Lynch and Cole 2005; Lynch *et al.* 2008: 308-310］。

こうした批判に対応するために、アメリカで指紋鑑定を行う人々は、指紋鑑定がドーバート基準に見合っていることを示すために、指紋鑑定の誤差の研究を行ったり、指紋鑑定が解剖学や発生学などの生物学的知識を利用していると主張したり、表やグラフを使用し指紋鑑定に科学的な装いをつけたりすることを行った。さらに、ドーバート基準を自分たちの鑑定実践に都合のいいように翻訳し、指紋鑑定がその基準を満たしていると主張した。こうした戦略により、裁判において疑問視された指紋鑑定の信頼性は再び認められることになる［Lynch *et al.* 2008: 310-334］。

リンチらは、指紋鑑定が信頼のおけるものとみなされ、ＤＮＡ型鑑定がその方向を目指して舵を取っていた状態から、逆にＤＮＡ型鑑定が信頼のおけるものとみなされ、指紋鑑定の信頼性に疑義が呈されていく様子を「信頼性の逆転（inversion of credibility）」と呼んでいる。そして、信頼性を確保するために、指紋鑑定をドーバート基準に見合うようにしていく人々の戦略を「指紋鑑定のドーバート化（Daubertizing fingerprinting）」としている［Lynch *et al.* 2008: 306, 310］。

指紋鑑定もＤＮＡ型鑑定も、特定個人を識別することを目的とする個人識別鑑定の一分野であるが、本章で注目したのは、ＤＮＡ型鑑定がさらに他の領域、法科学全体に強い影響を与えていったことである。そして、それはリンチらが述べているようにドーバート基準に見合うように他分野を変えていくという動きではなく、ＤＮＡ型鑑定で行われている実践に他の法科学分野の実践を統合していくという流れである。

また、アメリカにおいて指紋鑑定への不信は解消され、その信頼性が改めて認められることになったが、その際指紋鑑定の実践そのものはほとんど変わっていない。指紋鑑定の実施者たちは、その結果が科学的証拠として信頼できるものかどうかを決めるドーバート基準をうまく読み替えることで、自身がこれまで行ってきた鑑定実践をほとんど変更することなく、その信頼性を再度確保していっている。それに対して本章で述べてきたのは、裁判で認められるために各ラボの実践を変更していくという動きであり、指紋鑑定の事例以上により強い実践変更への圧力があり、さらにＤＮＡ型鑑定で行われている方向へ鑑定実践が標準化されていくという、まったく新しい状況である。

なお二〇〇六年にアメリカ科学アカデミーが、法学者や司法関係者、統計学者、化学者、法科学者などからなる法科学委員会を設立し、アメリカの法科学の現状に関する調査を行った。この委員会の出した報告書の中で、鑑定分野間でその実践に違いがあることが指摘された。そしてＤＮＡ型鑑定以外の鑑定分野に対して、人によってやり方が異なるような方法ではなく、ＤＮＡ型鑑定のような画一的な手法を定めることが求められている［National Research Council 2009; Pyrek 2007］。さらに、ＤＮＡ型鑑定と比較して銃器鑑定や工具痕鑑定などの定性的鑑定分野の鑑定実践が科学的ではないとして、批判も生じている［Schwartz 2005］。

本章で検討してきた法科学のＤＮＡ型鑑定化の波は世界的に発生しており、その流れがニュージーランドにも及んでいるといえる。ＥＳＲでの鑑定分野間の実践の違いを批判したＺは、かつてはイギリスにおり、そこでも裁判の中で鑑定分野間の差異について批判をしてきた人物であった。彼がニュージーランドにやってきたことによって、イギリスでのこうした批判の流れが持ち込まれたと考えるＥＳＲの職員もいる(27)。また、本書で取り上げたものとは異なる事件の裁判において、アメリカで定性的鑑定分野である銃器鑑定の信頼性が疑問視されていることを引き合いに出して、ＥＳＲで行われた銃器鑑定が批判される事態も生じた(28)。

定量的科学の影響

このようにＤＮＡ型鑑定でとられているような定量的手法にそのやり方を変更することで、異なる鑑定分野間の差異をなくし、鑑定実践を標準化するようにという要請が世界的に出ている。そして、こうした定性的な科学領域を定量的な科学領域に変えていこうという動きは法科学以外でも生じている。

第4章で、ゲノム科学が誕生したことでその影響が生物学以外の科学分野や産業界へもおよんだと述べたが、ゲノム科学、定量的生物学がその影響を拡大する中で、それまでの定性的な科学分野が圧倒されていく様子がＳＴＳ研究者によって分析されている。

たとえばショスタクは、特定の有機システムにおいて、毒に対する反応が、行動や体の腫れなどといった現象としてどのように現れるのかを考察してきた毒性学（toxicology）において、ゲノム科学が拡大する中で毒性ゲノム学という領域が誕生した点を考察している。毒性ゲノム学とは、薬物に暴露された動物や細胞の塩基配列を解析することで、塩基配列レベルで、毒性に対しどのような反応が起こっているかを分析するものである［Shostak 2005: 371-378］。従来の毒性学が有機体における変化をその現象レベル、形状の変化レベルで考察するという定性的分野であったのに対し、毒性ゲノム学とは塩基配列情報に着目し、コンピュータを利用してその変化を解析していく定量的分野である。そして新たに生まれた毒性ゲノム学は、従来の定性的な毒性学からの抵抗を退け、それらを飲み込んでその勢力を拡大していく。毒性ゲノム学はアメリカの国立環境衛生科学研究所（NIEHS: National Institute of Environmental Health Sciences）の科学者たちによって構想されるが、この科学者たちは、毒性ゲノム学の研究のためのセンターを設立したり、ラボでの実験のやり方を標準化させたり、従来の定性的毒性学者も利用可能なデータベースを構築し、彼らに毒性ゲノム学への関心を持たせたり、ワークショップの開催や論文の投稿などで毒性学以外の科学領域へもその有用性を訴えるなどの多様な戦略をとり、毒性ゲノム学を新たな科学領域として成立させ、影響力を拡大していった［Shostak 2005: 375-384］。

また、生物をその行動や形状、生理などで分類する微生物生態学の研究者と、生物をそのゲノム配列で分類する分子微生物学の研究者からなる、分子微生物生態学の研究グループのあり方が、定量的科学の影響という観点から分析されている。それによれば、毒性学における状況と同じように、分子微生物学者の研究手法の大部分が、微生物生態学者が行う実験の中で利用されるなど、微生物生態学は分子微生物学にかなり圧倒されているという。その一方で、科学の発展のためには単一性ではなく、異種混合性が必要とされており、微生物生態学者たちは、時に実際には思っていないにもかかわらず、分子微生物学への批判を述べることで、完全に分子微生物学に取り込まれるのではなく、自身の地位を確保し、研究グループの異種混合性を保持しているという [Sommerlund 2006]。

さらに、五感という個人の主観的な感覚に頼って評価が下されてきたワインの官能評価について、その数量化の試みが考察されている。カリフォルニア大学のアメリンは、統計学を利用することで、それまでは評価者の経験に基づいて行われ、その結果は美的、詩的に表現され、さらに人によってその評価が分かれていたワインの評価に関して、定量的評価法を確立した。アメリンの生み出した評価法では、ワインが様々な項目に応じて数字で評価され、さらにワインごとに複数の評価の分布から、最適な評価値が算出される。この評価法は客観的なものとして人々に受け入れられ、現在では世界的な主流となっているという [Phillips 2016][c]。これは、統計学が我々の知覚の領域にも影響を及ぼし、その勢力を拡大していく動きといえるだろう。

このように定量的科学の大きな進展によって、定性的科学が圧倒されていく動き、それに対抗する定性的科学の生き残り戦略が多くの分野で生じている。法科学においては特に裁判など法科学ラボの外部から、定性的鑑定分野を定量的鑑定分野のようにすること、つまりＤＮＡ型鑑定化が要請されるという点に特色がある。さらに、これまで論じられてきた定量的科学による定性的科学への影響が、同じ対象（生物学の場合は生物、毒性学の場合は毒に対する有機体、ワインの官能評価の場合はワインなど）を分析する分野間で起こったのに対し、本章で見てきた法科学におけるＤＮＡ型鑑定化は、ＤＮＡ、銃器、足跡など、まったく異なる対象を分析する分野間で生じているという点も特徴的である。

4　変化する協働の形

科学と一言でいっても、そこには多種多様な領域が含まれており、科学とはそもそも異種混合状態にある。そうした科学の諸領域が新たな知識や理論、技術を生み出すために協働しようとすると、それぞれの分野の持つ認識的文化によって対立が生じるのはある意味当たり前といえる。

こうした問題を回避するために、科学的協働においてはその異種混合性を保持したまま協力するための、様々な装置が使用されている。それらは、各分野を緩やかにつなぎ止める中間物である。従来のＳＴＳで検討されてきた科学が関係する協働の特色は、異種混合状態をひとつにまとめることの難しさゆえに、その状態を保持したまま行われるという点である。本章では、これまで研究されてきた科学に関する協働に対して、法科学分野間の協働を、実践の標準化という観点から分析した。本節では、第５章の議論をまとめるとともに、第４章、第５章の議論を再検討する。

法科学的協働の特性とマニュアル

これまで分析されてきた科学的協働に対し、法科学的協働はそれが裁判と関係しているという点で特徴的である。法科学の各鑑定分野は、裁判での事件解決に貢献するために協力しているが、裁判では、各鑑定分野が異なる実践を行っていることが問題視される。そして、鑑定実践の標準化によりこうした差異を解消することが求められる。

鑑定分野間の実践の標準化について、たとえば次のように述べ、それを歓迎するＥＳＲの法科学者（Ｍ）もいた。

筆者　それぞれの法科学分野では、そもそも違う資料を扱っているので、違う鑑定実践を行っていることは当たり前のような気がするのですが、それでも標準化が必要なのですか？

M 必要。だってすべての分野で同じ表現を使っていれば、DNA型鑑定の「「資料が被疑者のものである」という仮説が非常に強く支持される」という鑑定結果と、銃器鑑定の「「被疑者の銃が弾丸を発射した」という仮説が非常に強く支持される」という鑑定結果が、裁判で証拠として同じ価値を持つことになるから[29]。

すべての鑑定分野で鑑定結果を同じ基準に基づいて表現することは、裁判において各鑑定結果を同じ土俵で比較可能になることを意味する。たとえば、DNA型鑑定では、「被疑者が犯罪に関係している」という仮説が非常に強く支持されるという結果が出て、銃器鑑定では「被疑者が犯罪に関係している」という仮説がやや支持されるという結果が出た場合、両者の結果の中間をとって、「被疑者が犯罪に関係している」という仮説が強く支持される、という判決を下すことも可能なのである。裁判では様々な鑑定結果を利用することで、犯罪現場で何が起こったのかを復元し、事件の解決がはかられるが、すべての鑑定分野で同じ表現を使うことで、鑑定結果が陪審員や裁判官に、より分かりやすいものとなり、彼らの意思決定に効果的に役立つといえる。そして、こうした裁判での鑑定結果の効果的な利用を理由として、法科学分野間の実践の標準化に賛成するＥＳＲの職員も多数いた[30]。

しかし鑑定分野間の差異とは、それが定性的鑑定分野かそれとも定量的鑑定分野かというそれぞれの鑑定分野の認識的文化の違いと結びついている。したがって異なる鑑定実践は簡単に標準化できるものではない。そのために、ある意味強制的な力によって、その統合がはかられるのである。

さらにこうした鑑定分野間の差異の解消とは、ＤＮＡ型鑑定で行われているやり方に、他の分野をまとめていくという形をとる。ＤＮＡ型鑑定とは、量化できる数字に着目し、データベースや統計的手法を用いて結果を数値で表す定量的鑑定分野であるが、こうした方向に、それ以外の定性的鑑定分野が標準化されていく。

このように法科学諸分野の協働においては、異なる分野間の実践の標準化が、ある意味強制的に、しかもＤＮＡ型鑑定化といえるようなひとつの方向性を持った形で、裁判などの法科学ラボの外部要素によって求められるという点に特色がある。

第3章ではそれぞれの鑑定分野のラボ内部において、その実践を標準化するためにマニュアルを利用しているという議論を行った。本章で述べたのは異なる鑑定分野間でもマニュアルの内容をまったく同じくし、同じ実践を行おうとする動きといえる。技官が生み出した分析結果や観察結果を法科学者がどのように解釈するのか、その解釈基準はマニュアルの中で定められている。しかし、本章で検討した法科学分野間の実践の標準化について、「私たち（鑑識ラボ——筆者注）は私たちのマニュアルに記載されていた方法を使っており、それはDNAラボのマニュアルで書かれていた方法とは違っていた」[31]と鑑識ラボの法科学者が述べるように、解釈基準に関して、異なる法科学分野では扱う資料の違いから、マニュアルの内容に差異が生じていた。

DNAラボでは、法科学者がDNAプロファイルを解釈する際、実際にはデータベースやコンピュータプログラムによって自動的に結果が算出されているものの、データベースやプログラムの中でどのような基準で結果が生み出されているのかが、数式などを利用して詳細にマニュアルの中に記載されている[32]。そして解釈結果、すなわち鑑定結果を表現する際にDNAラボで使用する数値と言葉を併記した表がマニュアルの中に書かれていた。

それに対し、定性的鑑定分野のラボのマニュアルには、「経験や知識を利用して傷の解釈を行うこと」といった記述がみられるなど［ESR 2009c］、言語化、マニュアル化の難しい暗黙知を使用することが許容されていた。そして、鑑定結果を表現する際に使用する言葉と言葉の選択基準が表記された表が、マニュアル内に記載されていた。

こうした、科学鑑定について異なるやり方を定めていた異なる鑑定分野のマニュアルから、DNA型鑑定で利用されているようなマニュアルを他の法科学ラボでも使用することを目指したのが、本章で述べてきた標準化のプロセスであるといえる。

第3章では、ひとつのラボ内の実践の標準化が目指されていたのに対し、第5章では、異なる法科学分野のラボ間の実践の標準化が行われていた。しかしラボ間の標準化は、その認識的文化の違いによりラボ内のそれよりも難しく、ある部分強制的に行われたということである。

定性的鑑定分野内の複雑さ

前章及び本章では、法科学諸分野を定性的鑑定分野と定量的鑑定分野へと二分した。標準化をめぐる議論の中で、多くの法科学者たちは、DNA型鑑定とそれ以外の鑑定分野という区分をしていた[33]。また、ESRのマニュアルの中でも、数値や統計的手法を利用するやり方を客観的（objective）とし、経験や知識を使用するやり方を主観的（subjective）としている。そして、前者のやり方をとるものとして、DNA型鑑定を、後者のやり方をとるものとして、足跡鑑定や、物証ラボで行われている多くの鑑定が取り上げられていた［ESR 2009a, 2009c, 2011a］。そのため、定性的鑑定分野と定量的鑑定分野というこの対比は、ESRの実情にもあっているように思う。

その一方で、定性的鑑定分野も一枚岩ではなく、そこには背景を異にする様々な分野が含まれている。そしてそれがESRにおける鑑定実践の標準化を難しくさせていたともいえる。

標準化をめぐる議論の中で述べたように、オークランドの法科学ラボにおいては一旦標準化の方向性が固まったが、ウェリントンとクライストチャーチの鑑識ラボから反発を受けた。この標準化への態度の違いについて、ある法科学者は三つの研究所の歴史的な差異にその原因を求めている。オークランドの法科学研究所には、かつてはDNAラボがなく、DNA型鑑定は物証ラボで行われていたという。現在のオークランドの三つの法科学ラボにいる法科学者の中には、もともと物証ラボで共に働いていた人たちもおり、さらに、DNA型鑑定が主流になるまでは、物証ラボで行われていたガラス鑑定に関して統計的な手法開発が進んでいた。そのため、オークランドの三つの法科学ラボの法科学者の間には、もともと統計的手法や互いの鑑定方法への理解があり、また、現在でも定期的に職員会議やトレーニングなどでお互いのやり方について学ぶ機会がある。それゆえに標準化に際しても、対立することがあまりなかったのではないかという。これに対して、ウェリントンやクライストチャーチの鑑識ラボは、オークランドとは地理的に離れているために、日常的に互いの鑑定方法を学ぶ機会がそれほど多くなく、標準化に対しても否定的だったのではないかと、この法科学者は考えている[34]。こうした、歴史的、地理的背景が、各法科学ラボのそれぞれの鑑定実践に対する主張とも関連しているといえ、定性的鑑定分野といっても、その背景に応じて様々な違いが存在しているといえる。

また、これまで物証ラボで行われている鑑定分野の多くを、定性的鑑定分野として分類してきたが、物証ラボでなされるガラス鑑定は、定量的鑑定分野と定性的鑑定分野の中間に位置するといえる。ガラス鑑定ではたとえば、被疑者の服からガラス片が採取された場合、「「被疑者が、ガラスが割れた時に近くにいた」という仮説がどの程度支持されるのか」が検討される。その際、ガラスの珍しさ（出現頻度）に関するデータベースと法科学者の知識や経験双方を利用して鑑定が行われる[35]。加えて、第7章で述べるように、DNA型鑑定についても、微量であったり混ざっていたりする資料に関しては、法科学者が自身の経験や知識を利用して、主観的に鑑定を行う場合もある。このように、法科学諸分野は必ずしも定量的鑑定分野と定性的鑑定分野にはっきりと区分できるわけではなく、両者の境界はあいまいな部分もある。

本章で事例として扱った、ESRが受けた裁判での批判や実践の標準化や、国際的なDNA型鑑定化の流れにおいては、DNA型鑑定とそれ以外の鑑定分野とで区分がなされていたために、本書では法科学の諸分野をDNA型鑑定とそれ以外の鑑定分野とに分け、定量的と定性的という観点から分類した。しかし、定量と定性という分類は法科学諸分野を分けるひとつの分類軸にすぎず、これ以外にも多くの区分が存在するといえるだろう。

外部からの影響を受ける協働

ここまで、鑑定分野間の実践の標準化について述べたが、ESRにおける鑑定分野間の実践の標準化は、本当に達成されたといえるのだろうか。前述したように、ESRでは定性的な鑑定分野において、結果を数値で出すための統計的手法やデータベースの開発を開始し、将来的にはすべての鑑定分野で同じ表現を使えるようになる、すなわち標準化が達成されると考えられていたが、それがどこまで可能かは検討の必要があるだろう。

鑑定分野間の実践の標準化に際して、定性的鑑定を行う法科学者の中にも、すべての資料を調べることは不可能にもかかわらず「確実である」という表現を使用することは論理的に正しくないとして、この表現を使用しなくてもよいのではないかと考える人もいた。しかし、「確実である」という表現を使用しなくなった場合に、その下の表現である「極めて強く支持される」が何を意味するのかが明確でないこと、また「確実である」という鑑定結果を出すのは、定性的鑑定分野の特性であり、国際的に定性的鑑定分野への批判が高まる中で、各国に先立ってこの表現の不使用を決定することに躊躇する法科学者もおり、この表現を当面の間は使用し続けることになった[36]。

定性的鑑定分野がDNA型鑑定化される際に生じる対立の背景には、それが扱う資料の特性や社会的状況、科学観などがあるが、これ以外にも法科学を取り巻く国際的関係性も存在する。実際、前述したイギリスの事例では足跡鑑定への批判に対し、世界各地の法科学者が協力して批判が間違っているという声明を出しており、DNA型鑑定化への波が世界的に発生しているのと同様、「反DNA型鑑定化」への波も世界的に起こっている。

ESRの多くの法科学者たちが、異なる鑑定分野間の実践が標準化されたと主張していたため、本章ではその主張にしたがったが、こうした標準化がどのレベルまで実現可能かは疑問の余地が残る。ESRでは定性的鑑定分野において、結果を数値で表現するための研究がすすめられたが、予算の関係や扱う資料の特殊性ゆえに、結果の数値化がどのレベルまで可能なのかは、不透明である。そもそも異なる鑑定分野でその実践レベルを同じくすることが可能なのかという疑問に加え、定性的鑑定分野という領域を保持するための国際的な力関係の中で、ＥＳＲの努力にもかかわらず、分野間の違いが維持されるのかもしれない。

本章では、裁判での批判を受けて、それまでの中間物、特に境界物を利用することで互いの違いを維持したまま行う形の協働から、標準化された実践に基づく形へと、その協働の形が変化したと述べた。しかし将来的に、標準化された表自体が新たな中間物として機能するということも起こりうる。一見同じ表を利用しているようにみえて、実は鑑定分野ごとに数字や「確実である」という表現を使っていなかったりするという状況が続けば、それは標準化された表が、中間物として機能している状態といえるかもしれない。ＥＳＲにおける定性的鑑定分野の今後のありようによっては、今回の問題が起こる以前よりは、鑑定分野間で同じような実践を行ってはいるものの、詳細な鑑定実践についてはその差異を維持したまま協働が行われていく可能性もある。

今後、ＥＳＲで行われた科学鑑定の標準化がどのような道を辿るのかは、見守っていく必要がある。しかしここで重要なのは、それがどのような将来を迎えるにせよ、法科学の異分野間協働においては、鑑定分野間の差異が批判され、その実践の標準化が、ＤＮＡ型鑑定化というひとつの方向性を持った形で、法科学ラボの外部から要請されたという点である。ＥＳＲで作成された標準化された表が、将来的には、こうした要請に対応しつつも異分野間の差異を維持して科学鑑定を遂行するための戦略だった、と結論づけられる日が来るのかもしれない。しかしそれでもなお、従来の協働研究で明らかにされてきた協働の形と比較して、法科学における協働はそのあり方と外部からの影響という点に関して、特異な形で行われているといえる。

これまではニュージーランドという一国の内部の科学鑑定のありように着目し、法科学ラボの実践がどのように標準化され、法科学者たちがそれに対応しているのかを記述してきた。次章では分析のレベルをひとつ上げ、法科学ラボを国際的な枠組みから考察する。

（1）鑑識ラボの法科学者Ｅへのインタビュー（2012/01/25）。ＤＮＡラボの法科学者Ｇへのインタビュー（2012/03/12）。

（2）物証ラボの法科学者Ｈへの参与観察記録（2011/10/25）。

（3）銃器鑑定では、誰が銃を発射したのかも考察される。その場合にも、法科学者の経験や知識に基づいて主観的に鑑定を行い、表４－１の右側の表現を使用していた。この事件で依頼された銃器鑑定は、被疑者が銃を撃ったかどうかであった。

（4）物証ラボの法科学者Ｘとの私信（2012/02/02）。この殺人事件とＥＳＲでの鑑定分野間の実践の標準化について、実際に本書の分析に使用したのは、Ｘから提供を受けた、裁判に提出された鑑定書やＥＳＲの職員と弁護側の法科学者とのやりとりの記録、ＥＳＲで実施された職員会議の議事録などである。しかし出典を明記すると事件や関係者が特定される可能性があるため、本書では私信という形で言及し、Ｘから鑑定書などを受け取った日付を記載した。

（5）ＤＮＡラボの法科学者Ｇへのインタビュー（2012/03/12）。

（6）物証ラボの法科学者Ｘとの私信（2012/02/02）。

（7）物証ラボの法科学者Ｘとの私信（2012/02/02）。

（8）ＤＮＡラボの法科学者Ｍへのインタビュー（2012/03/05）。

（9）鑑識ラボの法科学者Ｅへのインタビュー（2012/01/25）。物証ラボの法科学者Ｘとの私信（2012/02/02）。

（10）物証ラボの法科学者Ｖへの参与観察記録（2011/06/20）。

（11）物証ラボの法科学者Ｘとの私信（2012/02/02）。

（12）ＤＮＡラボの法科学者Ｍへのインタビュー（2012/03/12）。

（13）ＤＮＡラボの法科学者Ｇへのインタビュー（2012/03/05）。

（14）物証ラボの法科学者Ｈへの参与観察記録（2012/02/29）。

（15）物証ラボの法科学者Ｘとの私信（2012/02/02）。

（16）物証ラボの法科学者Ｘへの参与観察記録（2012/02/02）。

(17) 物証ラボの法科学者Ｈへの参与観察記録（2012/02/29）。
(18) ＤＮＡラボの法科学者Ｂとの私信（2012/01/27）。物証ラボの法科学者Ｘとの私信（2012/02/02）。
(19) 物証ラボの法科学者Ｘとの私信（2012/02/02）。
(20) 物証ラボの法科学者Ｘとの私信（2012/02/02）。
(21) ＤＮＡラボの法科学者Ｏへのインタビュー（2012/03/08）。
(22) 物証ラボの法科学者Ｙへの参与観察記録（2012/02/27、2012/02/28）。
(23) 物証ラボの法科学者Ｘとの私信（2012/02/02）。ＤＮＡラボの法科学者Ｍへのインタビュー（2012/03/05）。ＤＮＡラボの法科学者Ｇへのインタビュー（2012/03/12）。
(24) ＤＮＡラボの法科学者Ｇへのインタビュー（2012/03/12）。
(25) ＤＮＡラボの法科学者Ｂとの私信（2012/01/27）。
(26) URL: http://www.bailii.org/ew/cases/EWCA/Crim/2010/2439.pdf（2014/11/08 確認）。
(27) 物証ラボの法科学者Ｘとの私信（2012/02/02）。
(28) 物証ラボの法科学者Ｈへの参与観察記録（2012/02/29）。
(29) ＤＮＡラボの法科学者Ｍへのインタビュー（2012/03/05）。
(30) 鑑識ラボの法科学者Ｅへのインタビュー（2012/01/25）。ＤＮＡラボの法科学者Ｇへのインタビュー（2012/03/12）。
(31) 鑑識ラボの法科学者Ｅへのインタビュー（2012/01/25）。
(32) ＤＮＡラボの法科学者Ｂとの私信（2010/10/11）。
(33) 物証ラボの法科学者Ｘとの私信（2012/02/02）。物証ラボの法科学者Ｖへのインタビュー（2012/02/23）。ＤＮＡラボの法科学者Ｍへのインタビュー（2012/03/05）。物証ラボの法科学者Ｈへのインタビュー（2012/03/08）。ＤＮＡラボの法科学者Ｇへのインタビュー（2012/03/12）。
(34) ＥＳＲの法科学者Ｚへのインタビュー（2011/12/23）。
(35) 物証ラボの法科学者Ａへの参与観察記録（2012/03/14）。

(36) 物証ラボの法科学者Xとの私信(2012/02/02)。物証ラボの法科学者Vへのインタビュー(2012/02/23)。物証ラボの法科学者Hへの参与観察記録(2012/02/29)。

第6章 法科学ラボの国際的標準化
——科学鑑定の地域性への対応

これまで法科学のひとつのラボ内および異なる法科学分野間の科学鑑定に着目し、それぞれについて鑑定実践がどのように標準化されているのかを考察してきた。本章では視点を拡張し、マクロな観点から法科学ラボの科学鑑定を分析する。犯罪捜査や裁判における法科学の重要性、必要性はますます高まり、多くの国で科学鑑定が行われている。そして法科学の世界的な広がりの中で、近年各国で行われている鑑定実践を、国際的に標準化し、世界的に同様の科学鑑定を実施しようとする動きが生じている。

こうした国際的標準化は法科学に限ったことではなく、これまでＳＴＳの研究者が考察対象としてきた科学や工業など様々な分野で行われている。しかし、犯罪現場の復元をとおして犯罪解決に貢献することを目指す法科学においては、それが独自の形で遂行されている。本章では法科学ラボの実践の国際的標準化に関して、その特殊性を検討し、科学鑑定の国際的なありようを描き出す。

1　国際的標準化

社会学者のブッシュは、標準化が人々の生活のありとあらゆるところに当たり前のものとして存在していることを、軍や農業、教育、ファッション、経済などを事例として分析した［Busch 2011］。彼は標準化が社会の隅々におよんでいる様子を、「標準化とは、我々が現実を構築する際に利用するレシピのようなものである」［Busch 2011: 2］と表現しているが、様々なものを国際的に標準化していくことは、法科学に限った現象ではなく多様な領域において行われている［Alder 1998; Busch 2011; Harriman 1928; 橋本 2013; Kula 1986; O'Malley 1990（1994）］。ここではまず、従来ＳＴＳで研究されてきた、新たな知識や理論を生み出すことを目指す科学において、どのように国際的標準化が行われるのかを考察する。

科学の普遍性と発展

マートンは科学者共同体の特性のひとつとして、普遍主義を挙げ、科学的知はそれを主張する人の個人的、社会的属性には左右されないとした［Merton 1949（1961）: 506］。科学とは地域的な条件に規定されない普遍的な営みであり、科学者たちは実験や観察などをとおして得られた結果に普遍性をもたせる、つまりそれらを国際的に標準化するために尽力してきたといえる［Gillispie 1960; O'Connell 1993; Sismondo 2010］。

そして、こうした国際的標準化は大きな力となり科学の発展に多大な貢献をしている。科学が今日なぜこれほどまでに発展してきたのか、という問いへのひとつの回答として、ラボでの実験や観察などの実践、科学的知識や理論が世界的に標準化されている、という説明がなされる場合がある。ラボでの実践や科学的知が標準化されることで、お互いに実験結果や観察結果を利用することが可能となり、研究のためのより多くのデータを世界中から得ることができる［Fuchs 1992］。こうした標準化された実践と科学的知により多量のデータを収集し、それをもとにした分析が可能であることは、多くの科学的研究の発展に寄与してきた。

たとえばフジムラは、一九八〇年代に分子生物学的アプローチによる癌研究が発展した理由として、このアプローチが「標準化されたパッケージ（standardized packages）」［Fujimura 1992: 169］を持っていたからだと主張する。標準化されたパッケージとは、癌に関するひとつの理論とＤＮＡ組み換えに関する規格化された技術のことである。標準化された理論と技術が様々なラボで利用されることで、各ラボの結果を互いに理解可能となり協力が進む。その結果、分子生物学的アプローチによる癌研究が大きく発展していく［Fujimura 1992, 1996］。このように知や実践が標準化されていることは、科学的研究を促進させることになる。

科学者共同体による品質保証

その知識、理論やラボでの実践が国際的に標準化されていることは、科学の特性であり、科学の進展を促進する。こうした国際的標準化は同じ分野の科学者共同体によって行われる。

第3章で品質保証について議論したが、ラボでの実験や観察をとおして得られた新たな結果はすぐさま正しいもの、標準化されたものとして流布するわけではない。それが正しいかどうか、つまりその品質保証が科学者共同体によって行われる。こうした品質保証のために、その発見に関する論文を学術雑誌に投稿する際にはピアレビューがなされたり、同様の実験、観察結果が別のラボでも得られるかが確認されたりしている［Durant 1993; 江間 2013; 福島 2013b; 杉山 2005］。科学においては、いくつかのラボによって新たな発見の正当性が保証されていく。つまり科学者共同体の精査をとおして、様々な主張がひとつの信頼できる知識や理論へと標準化されていく［Engelhardt and Caplan

1987; Nelkin 1992]。

そして、科学的知の標準化のために重要なのが特定の主張を裏付ける実験や観察である。科学的知識や理論が標準化されるまでには様々な論争が行われるが、そうした論争の中で、ある主張の正しさはそれに再現性（repeatability/replicability）(1) [Collins 1992: 18] があるかどうかによって判断される。つまり別のラボで同じ実験や観察、すなわち追試を行い、同様の結果が出ればその主張の正当性が保証され、論争の収束へと結びつく [Sismondo 2010: 123]。したがって、他のラボと同じ実験や観察を行うこと、つまり他のラボとの間で実践を標準化することが重視されている [Paylor 2009; cf. Fujimura 1992, 1996]。

科学では、ラボ間の実践を標準化し、他のラボが再現性を確認することで特定の主張の正しさが証明され、論争が収束するとともに標準化された科学的知識や理論が確立していく。そして、再現性の確認は通常世界各地に存在するラボで行われるため、科学におけるラボの実践、科学的知識や理論の標準化とは国際的な標準化を意味するのである。

標準化をめぐる諸問題

これまでＳＴＳ研究者により分析されてきた、新たな知の産出を目的とする科学においては、その実践や科学的知が科学者共同体によって国際的に標準化されていくが、こうした標準化には難しさも付随する。

（1） 科学の地域性

地理学を専門とするリヴィングストンはその著書の中で、科学とは普遍的な営みであるという考え方に対し、科学の手法や生み出された理論が、空間的な場所の影響を強く受けていると主張する。そして、科学を考察する際に、それが営まれる場所の地域性に着目する、「科学の地理学」の必要性を述べている［Livingstone 2003（2014）: 3–16］。

彼によれば、たとえば一七世紀のイタリアでは、当時のイタリアの宮廷で受け入れられていた討論形式が、科学の研究活動のやり方に取り入れられ、その結果ガリレオの地動説をめぐる科学論争などが行われた。これに対し同時期のイギリスでは、当時のイギリス社会で支配的であった、ジェントルマンの行動規範が科学の研究様式に影響をおよぼし、激しい討論は下品なものとみなされ、謹厳と自制を持って研究にあたることが重視されたという［Livingstone 2003（2014）: 117–135］。このように、地域の政治的状況や文化が研究のやり方そのものにも影響を及ぼしている。さらに、研究をとおして生み出された科学的知識や理論が何を意味するのかも、地域によって変わってくる。たとえばダーウィンの進化論が、ニュージーランドでは、先住民のマオリに対する差別を正当化するものとして歓迎されたのに対し、アメリカ南部では、黒人への差別を批判するものとして認識されていたのである［Livingstone 2003（2014）: 154–155］。リヴィングストンが明らかにしたように、科学とは本来的にそれが営まれ、消費される場と深く結びついており、地域に応じて様々に異なる研究スタイルがとられ、知識への意味付けが行われている。

（2） 標準化のポリティクス

こうしたリヴィングストンの主張以前に、科学の行われる現場であるラボを対象としてきた研究の中では、ラボで行われる実験や観察そのものが地域性を持っている様子が指摘されてきた。

たとえばコリンズは、物理学者のウェーバーが一九六九年に発表した重力波の検出に関連する科学者間の論争を分析している。物理学者たちは、ウェーバーの発見が本当に正しいものかどうか、つまりその再現性を確認しようとしたが、なかなか重力波を検出することができなかった。ウェーバーは、彼独自の検出装置を作成し、独自のノウハウを利用して観測を行っており、同じ装置を作りウェーバーが行ったのと同じ観測を行うことが困難だったのである

[Collins 1992]。重力波の検出というウェーバーの主張は、彼独自の装置や暗黙知の使用という特定の状況への依存、つまり地域性と結びついていた。そしてその主張の正しさを判断するために、世界中で同じ装置を使用して同じ観測を行う、すなわちラボでの実践を世界的に標準化することは非常に難しかったといえる。

実験結果や観察結果に再現性があることは、実験結果や観察結果の正しさを保証し、新たな知識や理論を標準化させるために重要である。そして結果の再現性を確認するためには、二つのラボの間で使う材料や試薬、装置、方法や実験・観察を行う人の能力、彼らの持つ暗黙知などの多様な条件を同一にして実験や観察を行う、つまり二つのラボでの実践を標準化し、同じ結果が得られるかどうかが確認される必要がある［cf. 平川 2002: 34-35］。

しかしこうした諸条件はラボの地域性に依存したものであり、まったく同じ条件で実験や観察を行うこと、ラボの実践をラボ間で標準化することはほとんど不可能といえる。したがってある実験や観察の結果が異なった場合に、その結果には再現性がないのか、それともそもそも異なる実験や観察を行っているために違う結果となったのかの判断が難しい。追試が失敗した場合、それを行ったラボは「同じ条件で同じように実験を行ったのに結果を再現できなかったのは、そもそも再現性がないからである」と主張するのに対し、再現される側のラボは「本来再現性があるのに、やり方が異なるから再現できなかったのだ」と主張する。二つのラボでは論争に決着がつかないために、中立的な第三者に再現性の確認を頼もうとしても、そこでも実験や観察条件が異なるためにまったく同じ問題が生じる［cf. Collins 1992］。再現性を確認するために、実験や観察条件を同等に保ち、ラボ間で実践を標準化することは基本的な条件であるが、何をもって同じ、標準化されたとするのかは文脈によって異なり、再現を行う側と行われる側とが標準化を異なる形でとらえ、自身の正当性を主張するためにそれを戦略的に利用しているといえる。

このように異なるラボでは、異なる材料や試薬、装置、方法を使用しており、実験や観察を行う人の能力や装置に対するノウハウなども違っている［Bucchi 2004: 65］。こうした地域性を持ったラボでの実践を国際的に標準化し、それに基づいて科学的知識や理論を国際的に標準化するのには、困難が伴う。

（3）競争原理と共同原理(2)

国際的標準化をめぐる問題は、科学が新しい科学的知を生み出すことを目的とし、互いに競争しているために生じるといえる。科学では競争原理が重要な役割を果たしており、他のラボよりも先に新たな発見を行うこと、オリジナリティーが重要である［Broad and Wade 1982（2014）: 88］。したがって、ラボでは新しい材料や装置を積極的に導入したり、それに独自の改良を加えたりすることで、より良い結果を得ようとする［村松 2006］。

また第3章において、科学ラボでは創造性が重視され、ラフな見取り図である認知的機能の強いマニュアルが利用され、自由な活動が行われると述べたが、公表された論文などにおいて、こうしたマニュアルはすべてが公開されるわけではない。雑誌の紙面上の問題から、行った実験や観察のすべてを記載することが難しい点に加え［村松 2006: 52］、すべてを公表することは、それを利用した他のラボに先を行かれるという危険にもつながることから、ラボで行われていることの一部のみが論文の中で発表される［Broad and Wade 1982（2014）: 114–115］。このように競争原理ゆえに各ラボの実践は本質的に異なっており、さらにラボの実践が他から隠される場合がある。

しかし、こうした他のラボを追い抜かして一番乗りになるという競争原理の一方で、科学者たちは、自身の主張が他のラボによって認められなければならないという共同原理の中にもおかれている［cf. 福島 2009a］。この共同原理に基づいて他のラボによる追試が行われるが、各ラボでは違う実践が行われ、さらにそれがすべて公にされない場合があることにより、追試には難しさが存在する。

科学とは競争原理と共同原理という相容れない原理に基づいており、それゆえにこれまで述べてきたような、実験や観察などのラボでの実践、科学的知識や理論の国際的標準化をめぐる問題が生じるのである。

時間による解決

科学ラボは、新たな知識や理論を生み出すことを目的としており、専門的なことは専門家である同業者が一番理解しているという考えから、お互いに実験結果や観察結果の内容を確認し、協力して科学的知を標準化していく。こうした共同の必要の一方で、ラボは互いに競争状態にあり、他者よりも早く良い結果を得ようとし、他のラボとは異なる実践を行おうとする。しかし異なる実践は標準化することが難しく、実験結果や観察結果の内容を他のラボでは確認できず、科学的知を標準化できないという問題が発生する。こうした、互いに競争・共同しながら知識や理論を国際的に標準化していくタイプの科学に関して、標準化に付随する問題がこれまでＳＴＳの研究者により指摘されてきた。

さらに国際的標準化の難しさに対して、科学者たちがどのような方策で対応しているのかも検討されている。たとえば、ラボでの実験以上に、標準化された実践を確立することの難しい野外調査を行う生態学者たちは、自分の都合のいいように状況を解釈したり軽い嘘をついたりすることで、自身の観察結果の正当性を主張しているという考察がある［Roth and Bowen 2001］。

また同じ分野のラボ間で実践を標準化し、実験結果や観察結果の再現性を確認することの難しさに関して、前述したコリンズはそれを「実験者の無限後退（experimenters' regress）」［Collins 1992: 2］と呼び、実験結果や観察結果の正しさは、他のラボによる追試では判断できないと主張した。コリンズによれば、それに代わって人々の論争を収束させるのに貢献するのが、研究者や所属する組織の名声、国籍や共同体内における研究者の地位などの社会的要因である［Collins 1992］。

村松は、ベル研究所のシェーンが起こした論文捏造問題を分析する中で、シェーンの実験結果を誰も再現することができなかったにもかかわらず、彼の主張が科学者の中で受け入れられてしまったのはなぜか考察している。村松はその理由のひとつとしてシェーンが世界で最も有名なベル研究所に所属し、さらに論文には連名としてその分野の大家の名前を挙げていたことで、論文への信用性が増し、再現実験が成功しないのは追試を行う側の問題であると人々が認識してしまったことを、明らかにしている［村松 2006: 60–61］。つまり、シェーンの所属組織や、論文の共著者の地位の高さといった社会的要因が、科学者たちにその主張を受け入れさせる力となったのである。

しかしシェーンの捏造が結果的に暴かれたように、ある主張の正しさの証明は、社会的要因のみで達成されるのではない。時間の経過とともに研究が進み、多くの実験や観察が行われる中で、主張の正しさが吟味されることになる。ブロードとウェイドは、数々の科学の捏造事件を考察する中で、科学者たちが自分の目標を追求し、互いに競い合い、時が経る中で最終的に科学的真理が生まれてくると述べている［Broad and Wade 1982（2014）: 294］。科学の地域性や競争原理が要因となってなかなか追試がうまくいかなかったとしても、時間とともに装置の開発が進んだり、実験・観察者の能力が向上するなどし、追試が可能となり、ある主張が正しいかどうかが明らかになっていく、ある科学的知が標準化されていくのである。

2　法科学の地域性

新たな知識や理論を産出することを目的とした科学においては、競争原理と共同原理に基づきながら、ラボでの実験や観察などの実践や科学的知が国際的に標準化されていく。それに対して、法科学ラボにおける国際的標準化がどのような特性を持っているのかを明らかにするのが本章の目的である。

第3章ではひとつの法科学ラボ内部において、その実践が標準化されていること、第4章と第5章では異なる法科学分野間で、その実践が標準化されていることを記述してきたが、同じ鑑定分野において、法科学ラボの実践を国際的に標準化していくことも行われている。

ＳＴＳで従来検討されてきた科学に対し、法科学とは新たな知識や理論を産出することを目的としているわけではなく、資料の鑑定を通して犯罪現場で起こったことを復元し、犯罪捜査や裁判に貢献することを目的としている。そのため法科学ラボの実践は法や司法制度、犯罪の発生状況などの影響を受けている。法科学ラボでは、法の規定に則って実践が行われ、また裁判の中で受け入れられるような鑑定がなされる。さらに犯罪の発生状況は、法科学ラボでの鑑定活動に影響をおよぼす。

そして、法科学ラボの実践に影響を与える法や司法制度、犯罪の発生状況は、地域や国ごとにまったく異なっている。法や司法制度は、各地の文化や社会と結びつきながら歴史的に形成されてきたものであり、たとえば慣習法と大陸法といった異なる法体系が存在したり、裁判に関しても対審制度や糾弾制度、陪審制度や裁判員制度などまったく異なる司法制度が各地で採用されたりしている[(3)]。さらに、法科学がその解決への貢献を目指す犯罪という現象自体も社会的に形成されているものである。何を犯罪とみなすのかは文化や社会によって異なっており［cf. Malinowski 1926(2002)］、また、たとえば銃社会であるアメリカでは銃を利用した犯罪が多いが日本ではそれほどでもないなど、文化や社会によって犯罪の発生状況なども異なっている。

科学が地域性を持っており、その実践や科学的知の国際的標準化には難しさが存在することは先述したとおりだが、法科学ラボの鑑定実践も、各地の法や司法制度、犯罪の発生状況などと関係し、地域性を持つ。これまでの章で述べてきたように、裁判などの外部の要請に応える形で、法科学ラボはひとつのラボ内、異なる分野間でその実践を標準化していた。さらに、ＥＳＲの職員たちが、「新しい鑑定手法を利用して鑑定を行った場合、そのやり方が国際的な基準に基づいているのかが裁判では問われる[(4)]」、「国際的に標準化された科学鑑定を行うことが、裁判で信頼を得るために重要」[5]と述べるように、法科学ラボの実践が国際的に標準化されていることも、裁判では重要視されている。しかし、法科学ラボの実践には法や司法制度、犯罪の発生状況などの地域性の強い要素が関連しているため、その国際的標準化には困難が伴う。

以下ではまず、法科学ラボの実践が法や司法制度、犯罪の発生状況などとどのように関係し、地域や国によってその実践がどのように異なっているのかを述べる。続いてこうした地域性を持つ法科学ラボの実践の国際的標準化が、いかに行われているのかを考察する。

法の地域性

法科学ラボでの科学鑑定は、それぞれの地域や国の法から影響を受けている。DNA型鑑定では、人々から集めたDNAプロファイルを登録したデータベースが利用されているが、このデータベースについて、誰からどのように資料を採取し、どのデータをいつ削除するのかといったことは、法で規定されている[6]。しかし、こうしたデータベースに関連した法が国ごとで異なっているために、たとえばニュージーランドとオーストラリアとではデータベースの内容やその運用の仕方が異なっており、その結果としてそれを利用した鑑定結果にも違いが生じるという[7]。

また国ごとの違いだけではなく、連邦制をとるオーストラリアやアメリカでは、州によってデータベースに関係する法が異なっている。それゆえに州ごとに内容と利用の仕方が違うデータベースを持ち、それに基づいたDNA型鑑定結果の違いが生じている[8]。科学鑑定に関連する法が地域や国によって異なることで、各法科学ラボでの鑑定実践や、得られる鑑定結果に違いが発生している。

司法制度の地域性

法が各地の法科学ラボでの鑑定実践の違いに与える影響に加え、各地の司法制度は法科学ラボでの実践にさらに大きな影響をおよぼしている。裁判所はどのような科学鑑定結果を科学的証拠として裁判で採用するかを定めており、その採用基準は地域によって異なっている。その結果、たとえばある人が嘘をついているかどうかを判断するポリグラフ鑑定について、アメリカではその鑑定結果を科学的証拠として裁判で採用していないものの、日本では裁判官の自由裁量の権限内で採用が認められているなど、司法制度によって法科学ラボの実践結果の取り扱いに違いが存在する［山村 2006］。

さらに、司法制度は法科学ラボの実践そのものにも影響を与える。第5章でもみたように裁判を通して科学鑑定の内容が吟味されるため、科学鑑定は裁判の影響を強く受け、裁判での批判を通して、法科学ラボでの実践自体が変更されていく。そして各地の司法制度が異なっているために、その影響を反映する鑑定実践はそれぞれの地域や国で違いがある。各地の裁判の中で科学的なものとして採用されてきた実践が、それぞれの地域の法科学ラボで行われているのである。(9)

たとえば、一九九〇年代にアメリカでＤＮＡ型鑑定への批判が相次いだことは、繰り返し述べてきたが、それ以前のアメリカの法科学ラボでは適切な鑑定が行われていない場合があったり、しばしば科学的とはいいがたい鑑定結果が裁判に提出され、科学的証拠として採用されたりしていた［Huber 1993; Weinberg 2003（2004）］。その理由として、アメリカが訴訟大国であり、なおかつ裁判において検察官と弁護士（被告人）とが意見を戦わせて、中立的な裁判官および陪審員が意思決定を行うという対審制度と陪審制度がとられていることを挙げることができる。多くの訴訟をかかえ、対審制度と陪審制度に基づくアメリカの裁判では、真実の追求よりも裁判でいかに相手をやり込めるかが重視され、その結果として裁判官や陪審員に自分の正当性を訴えるためのレトリックが重要視される一方、法科学ラボでの鑑定実践そのものはあまり顧みられておらず、不正確な鑑定が行われていたと思われる［cf. 瀬田 2005; 椎橋 1997］。こうしたアメリカの法科学ラボの状況は、その後改善されていくことになるが、アメリカの司法制度やそれがおかれた状況が、法科学ラボの実践に影響を与えていたといえる。

犯罪の地域性

さらに、法科学ラボで対象とされる犯罪という現象そのものが地域や国によって異なっていることが、法科学ラボの実践の地域差を生み出している。どのようなモノを利用してどのような犯罪が起こるのかという、犯罪の発生状況は各地で異なっている。それゆえに同じ資料であっても、地域や国によりその意味合いが異なり、法科学ラボにおける資料の解釈の仕方や鑑定結果が異なることを、ＥＳＲの法科学者たちは次のように述べていた。

ニュージーランドで起きる銃犯罪の六〇パーセントでは、散弾銃かライフルが利用される。それに対して、ニュージーランドでは拳銃を持っている人がほとんどいない。そういった状況で、拳銃を利用した事件が発生して、被疑者の家から拳銃が押収されたとする。もしここがアメリカだったら、拳銃を持っている人はたくさんいるから、被疑者が事件に関与している可能性はそこそこだけれど、ニュージーランドの場合は被疑者が事件に関与している可能性は大きくなる。(10)

日本では日本絹をよく見かけるかもしれないけれど、ニュージーランドでは日本絹は珍しい。だから犯罪現場で日本絹が見つかって、被疑者が日本絹の服を持っていた場合、ニュージーランドでは、被疑者が事件に何か関係を持っていた可能性が大きくなる。(11)

同じ資料であったとしても、それがおかれた状況が異なると、どのようにそれを解釈するのかや、鑑定結果に差異が生じる。これは犯罪が特定の場所で発生したという地域性を考慮に入れて、科学鑑定が行われるためである。こうした地域性への配慮ゆえに、異なる地域や国では資料の解釈方法をめぐって違いが生じる。そして犯罪の発生状況、その地域性を考慮に入れて資料の鑑定を行うことは、裁判の中で要請されてきたことでもある［Bell 2008b; 瀬田 2005; Weinberg 2003（2004）］。つまり裁判での求めに応えるために法科学ラボでは、犯罪の地域性を考慮に入れた異なる鑑定実践を、それぞれの地域や国で行ってきたといえる。

第7章で改めて議論するが、法科学が対象としている犯罪とは、モノ、人、法、社会や文化など様々な要素が関係する複雑なものである。したがって、法科学ラボでの実践は法や司法制度、犯罪の発生状況など様々な社会的要素と関係するという特性を持つ。そして、こうした多様な影響を受けて、各地の法科学ラボは独自の実践を行っているのである。

3 地域性と国際性の対立

各地の法や司法制度、犯罪の発生状況の違いに応じて、法科学の同じ鑑定分野であっても、世界の法科学ラボでは異なる科学鑑定が行われている。ここではもう少し具体的に、各地の法科学ラボで具体的にどのように異なる鑑定実践が行われているのか、そして異なる法科学ラボの実践を国際的に標準化することの難しさを、ＥＳＲにおける熟達度テストを事例に述べる。

熟達度テスト

第3章で触れたように、鑑定にあたる職員が十分な能力を持っていることを保証するために、ＥＳＲでは定期的に職員に熟達度テストを受けさせている。

熟達度テストとは、科学鑑定を行う技官および法科学者が、適切な鑑定を行う能力を持っているかどうかを調べる試験である。テストには法科学ラボ内部で作成されるものと、外部組織によって提供されるものとがある。いずれの試験についても、すでに結果のわかっている疑似資料が用意され、それをラボの職員が鑑定し、期待どおりの結果が得られるかどうかがテストされる。なお、次に言及するのは法科学ラボの外部組織によって提供される熟達度テストである。

一九七〇年代からアメリカを中心に、法科学ラボの職員の能力を保証するために、こうした試験の重要性が高まってきており、法科学ラボにテストを提供する会社がいくつか設立されている[12]。こうした熟達度テストの提供会社のひとつとして、アメリカのテスト会社Ａがあり、ＥＳＲではこのテスト会社Ａの提供するものを利用している。

テスト会社Ａが提供する熟達度テストは、次のようになされる。まずテスト会社Ａで、テストのための事件のシナリオと資料が作成される。たとえば、ＤＮＡ型鑑定に関する熟達度テストでは「殺人事件が起こり、犯罪現場の血痕が採取された。さらに、被疑者から生物資料が採取された。そして、現場の血痕が被疑者のものかどうか、鑑定してほしいという依頼が来た」、といったシナリオが作られる。そしてこうした事件シナリオと資料が、テスト会社Ａから世界各地の法科学ラボに送付される。

テスト会社Ａから事件シナリオと資料を受けとった技官や法科学者は、たとえそれがテスト用の資料であっても、通常の業務どおりに鑑定を行う。それぞれの法科学ラボは、彼らが日々行っているやり方で資料を鑑定し、提示された問いに答える。そして問いに対する鑑定結果、すなわちテストの答えがテスト会社Ａに送付され、答え合わせがなされる。

なおテスト会社Aは、法科学の様々な鑑定分野に応じてテストを作成している。そして、同じ鑑定分野の熟達度テストを受ける被験者は、世界中の被験者たちとまったく同じ事件のシナリオ、同じ資料を利用する。

こうした熟達度テストに関して、ESRの法科学者が足跡鑑定に関するテストを受けた際、その答えがテストの正答とは異なるという問題が生じた。ここでは、ESRの法科学者が受けた足跡鑑定の熟達度テストを検討し、法科学ラボの実践に地域性があること、そしてそれらを国際的に標準化することの難しさを議論する。

テストで起こる間違い

(1) 足跡鑑定

まず、そもそも足跡鑑定とはどのようなものか述べる。犯罪現場には足跡が残っていることがあるが、こうした現場で採取された足跡や、被疑者などの靴を検討することで、「発見された足跡がどの靴によって残されたのか(ESRでは「「特定の靴が足跡を残した」という仮説がどの程度支持されるのか」と表現される)」を明らかにするのが足跡鑑定である。第4章で述べた鑑定分野の区分でいうと、足跡鑑定は定性的鑑定分野であり、形態に着目し法科学者の経験や知識を利用して鑑定が行われる。

靴の裏は、その模様や、摩耗の仕方、ついている傷などが靴ごとに異なっている(図6-1・図6-2)。こうした靴裏の状態は、靴が残す足跡に反映されるため、法科学者は足跡の形態を観察することで、どの靴により足跡が残されたのかを検討する。

たとえば、犯罪現場で採取された足跡や被疑者の靴がESRに持ち込まれると、まず技官が靴裏にインクを塗り、専用の用紙に写しとることで、被疑者の靴の足跡をとる[13](図6-3)。続いて法科学者が、現場で採取された足跡の形態的特徴、たとえば足跡の形状や大きさ、摩耗や傷の状態などを観察する[14]。さらに、被疑者の靴からとられた足跡の形態的特徴を観察する。そして、犯罪現場の足跡の形態的特徴と被疑者の靴からとった足跡の形態的特徴がどのくらい珍しいもの（固有のもの）か、また両者の特徴がどの程度一致するかを判断し、「「被疑者の靴が足跡を残した」という仮説がどの程度支持されるのか」を検討する。足跡鑑定で利用される形態的特徴は、数値化したりデータベース化したりすることが難しいため、鑑定においては法科学者のそれまでの鑑定経験やそこから得られた知識が利用さ

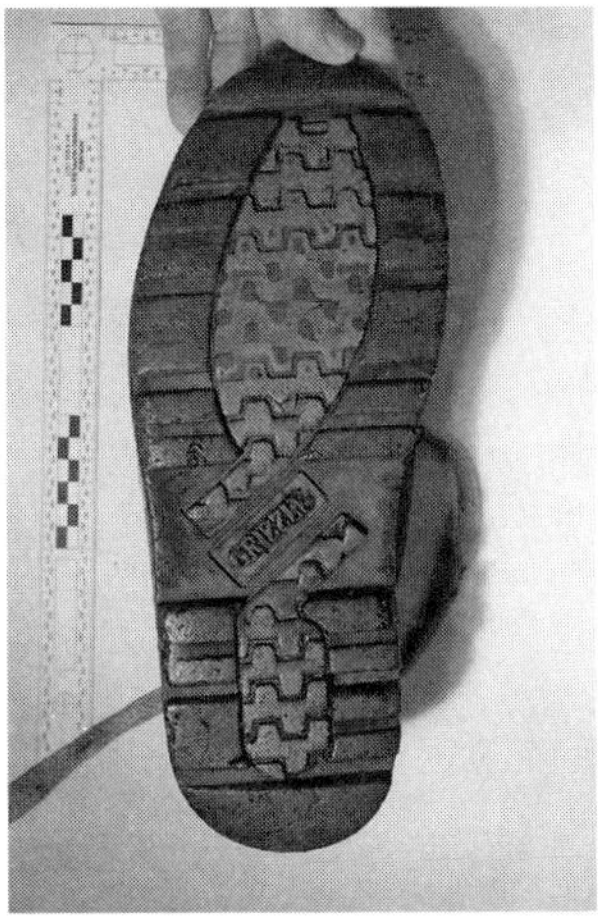

図 6-1　靴裏の模様（ESR 職員提供 ©ESR）

異なるメーカーの靴はその靴裏の模様も異なる．

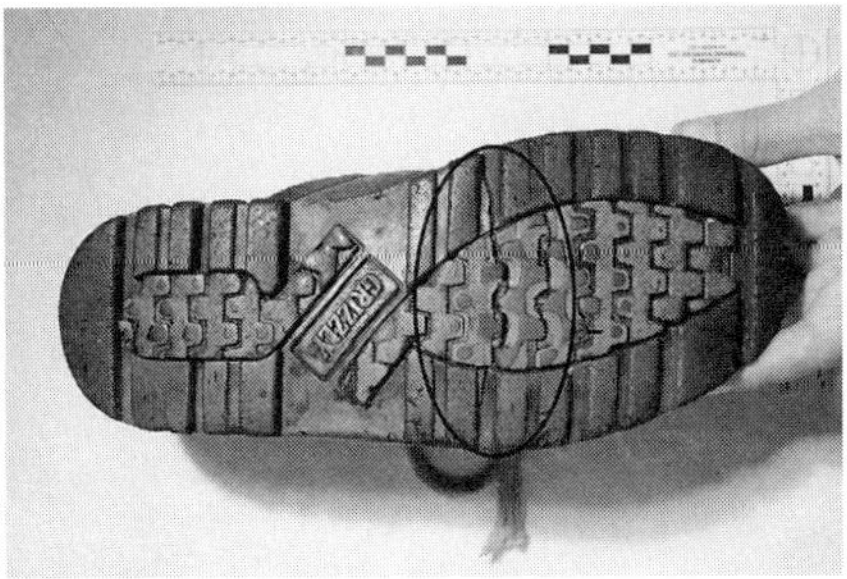

図 6-2　靴裏の傷（ESR 職員提供 ©ESR）

丸部分に傷が見えるが，こういった傷は個々の靴を使用する中で生じる固有のものであり，足跡鑑定で重視される．

図6-3　足跡の作成（ESR職員提供 ©ESR）

犯罪現場の足跡と比較するために，ESRに持ち込まれた靴の裏にインクを塗りその足跡をとる．上図の靴の足跡が下図．実際に観察，比較されるのは靴裏そのものではなく，こうした足跡である．

れ、その結果は言葉によって表現される（表6－1）。

（2）失敗？

このような足跡鑑定に関する熟達度テストとして、テスト会社Aから、犯罪現場に残された足跡と、被疑者の靴の足跡の写真とがESRに送られてきた。テストではそれらの写真から、足跡の形状や摩耗、傷などを読みとり「被疑者の靴が足跡を残したか」を判断することが求められた。その際、答えの表現方法として、テストでは「被疑者の靴が足跡を残したことは確実である」、「どちらともいえない」、「被疑者の靴は足跡を残していない」という三つの選択肢からひとつを選ぶように求められていた。

ESRの法科学者は、足跡を観察し「被疑者の靴が足跡を残したか」という問いに対し、「どちらともいえない」という結論を下した。しかしテスト会社Aによる正答は「被疑者の靴が足跡を残したことは確実である」であり、ESRの法科学者による答えは間違いとされた。

科学の普遍性という観点からいえば、同じ資料に対しては同じ鑑定結果が出ることが当たり前と考えられ、ESRの職員が正答を出せなかったことは、ESRの鑑定実践の信頼性をゆるがす問題になりかねない。ではなぜこのような答えの違いが生じたのだろうか。これは、テストを受けた職員の能力不足のみが原因ではなく、前述したように法科学ラボの実践が様々な要素から影響を受け、各地で異なっていることと関連している。そしてこうした法科学ラボの実践の地域性は、それを国際的に標準化することの難しさへとつながる。

表6-1　鑑定結果の表現方法（足跡鑑定）（ESR 2011a を参考に筆者作成）

「特定の靴が足跡を残した」場合に，足跡の特徴が一致する確率は，そうではない場合に足跡の特徴が一致する確率の何倍か	「特定の靴が足跡を残した」という仮説がどの程度支持されるのか
数値なし	「特定の靴が足跡を残した」ことは確実である
1000000～	極めて強く支持される
1000～1000000	非常に強く支持される
100～1000	強く支持される
10～100	やや支持される
1～10	わずかに支持される
1	どちらともいえない

第5章で述べた分野間で標準化されたものを使用．足跡鑑定では数値を使用せず，表右側の言葉のみを利用．

（3）選択肢の違い

テスト会社Aが提供した足跡鑑定に関する熟達度テストでは、「被疑者の靴が足跡を残したか」を判断することが求められ、被験者は答えの表現方法として、三つの選択肢からひとつを選ぶように求められていた（表6－2）。しかし、ESRでは足跡鑑定において七つの選択肢を使用していた。

ESRの法科学者は、ESRで定められている鑑定結果の表現方法を利用し、テストの答えとして当初「「被疑者の靴が足跡を残した」という仮説が非常に強く支持される」という結論に至った。しかし、テスト会社Aの提示した三つの選択肢には「非常に強く支持される」が存在しなかったため、それに対応するとESRの法科学者が考えた「どちらともいえない」を選んだ。しかし、正答は「被疑者の靴が足跡を残したことは確実である」であったため、ESRの法科学者の答えは誤りとなってしまったのである(16)。

テスト会社Aが提示した三つの選択肢は、足跡鑑定に際して世界中で利用されているわけではなく、ESRではより細かい七つの選択肢が利用されている。また、イギリスやスウェーデンの法科学ラボでは、テスト会社AのものともESRのものとも異なる選択肢が利用されている［Kruse 2013: 5］。

確かに、今回の足跡鑑定の熟達度テストにおける法科学者の間違いは、その人の能力不足といえるかもしれない。しかし、「今回の問題は、三つの選択肢

表 6-2　選択肢の違い（注 15）（ESR の責任者 P との私信（2011/12/08）を参考に筆者作成）

テスト会社 A の用意した選択肢		ERS で使用している選択肢
「被疑者の靴が足跡を残した」ことは確実である	対応関係 ？	「被疑者の靴が足跡を残した」ことは確実である
どちらともいえない		極めて強く支持される
被疑者の靴は足跡を残していない		非常に強く支持される
		強く支持される
		やや支持される
		わずかに支持される
		どちらともいえない

しか与えられていなくて、それが私たちのやり方と一致しなかったから生じた」[17]とある法科学者が述べるように、法科学ラボの実践には地域性が存在することゆえに生じたものとも考えられる。テスト会社Ａは、こうした科学鑑定の地域性を考慮に入れておらず、三つの選択肢しか提示しなかった。そしてＥＳＲで使用している七つの選択肢と、提示された三つの選択肢がどのように対応するかが分からなかったために、今回の問題が生じてしまったともいえる。

国や地域による実践の違い

それぞれの地域や国では、足跡鑑定について異なる実践が行われている。同じ鑑定分野でも、どのように鑑定を行っているのかは国によって、時には地域によって異なっているというのが法科学の特徴である。そしてこうした実践の違いは、足跡鑑定以外の鑑定分野でもみられる。

たとえば銃器鑑定について、ＥＳＲでは鑑定結果を表現する際に足跡鑑定同様七つの選択肢からひとつを選んでいる。これに対しアメリカの連邦捜査局（FBI: Federal Bureau of Investigation）では、銃器鑑定について今回テスト会社Ａが提示したような三つの選択肢を使用することを推奨している。したがってアメリカの多くの法科学ラボでは、銃器鑑定に際して三つの選択肢を利用することが多いという。[18]

またＤＮＡ型鑑定でも、地域や国ごとにその実践は異なっている。ＤＮＡ型鑑定では、技官の活動によって得られたデータから、まず資料のＤＮＡプロファイルが明らかにされるが、その際データをどのように解釈するのか、その基準が各地の法科学ラボで異なる場合がある。たとえば、あるデータが得られた時、それがＤＮＡプロファイルかそうではない人工物かを判断する基準が異なっていたり、複数人のＤＮＡが混ざった混合資料の場合に、どのようにそれぞれの人のＤＮＡプロファイルを判別していくのかに関する基準が、各地域や国の法科学ラボで違っていたりする。[19]

このようなＤＮＡ型鑑定における実践の違いは、今回取り上げた足跡鑑定における問題と同様の状況、熟達度テストにおいて間違った答えを出してしまうこと、をＤＮＡ型鑑定に対しても引き起こす可能性がある。実際、テスト会社Ａが提供する熟達度テストについて、ＤＮＡラボのある法科学者は次のように述べている。

それぞれの法科学ラボでは、微量資料[20]のデータの解釈方法や、混合資料のデータの解釈方法について違う基準を使っている。熟達度テストでは、「混合資料に含まれるＤＮＡプロファイルを求めるように」と問われる場合が[21]あるけれど、違う基準を使っていれば、結果が異なる可能性も出てくる。[22]

前述したように、こうした地域や国ごとの法科学ラボの実践の違いは、法や司法制度、犯罪の発生状況が各地で異なっていることゆえに生じているといえる。ＥＳＲで行われている鑑定実践は、ニュージーランドの法によって規定され、ニュージーランドでの犯罪の発生状況に対応するために利用され、さらにニュージーランドの司法制度の中でその信頼性が認められてきたものである。他の地域や国の法科学ラボでは、それぞれの法や司法制度、犯罪の発生状況に対応する形で、異なる実践が行われている。

異なる法体系と鑑定実践

各地の法や司法制度、犯罪の発生状況などの影響を受け、法科学ラボの実践は地域的に大きく異なっている。この一方で、近年、法科学ラボの実践を国際的に標準化する動きも生じているが［cf. Butler 2015; Carracedo *et al.* 1997; 勝又 2008; Wilson-Wilde *et al.* 2011］、それには難しさが伴う。

たとえば、ヨーロッパ連合（EU: European Union）では、犯罪者が加盟国内を自由に動き回れることなどから複数国が協力して犯罪解決に当たる必要があり、科学鑑定についても同じ基準の下で行う、すなわちヨーロッパ連合内で鑑定実践を標準化する必要性が長年主張されている。特に、DNA型鑑定について、その実践を標準化する動きが高まっている。しかし、DNA型鑑定に関する各国の法が異なるために、その標準化が難しいという［Carracedo *et al.* 1997; Schneider 1998］。前述したように、DNA型鑑定では、DNA型データベースが利用されるが、データベースに登録するDNAプロファイルを誰から集めるのか、集めたプロファイルの利用の仕方、いつプロファイルをデータベースから削除するのかに関して、各国の法は異なる規定をしている。たとえば、ドイツでは、裁判所の命令後、一年以上の禁固刑となる重大犯罪、性犯罪、その他の重大犯罪の被疑者、有罪者、未知の資料のDNAプロファイルがデータベースに登録される。そして、未成年に関しては五年、成人は一〇年後にデータベースからデータが削除される。これに対して、ノルウェーでは、裁判所の命令後、性犯罪、生命や健康に関する犯罪、放火など市民への危険を及ぼす犯罪、恐喝、強盗の有罪者と、未知の資料のDNAプロファイルがデータベースに登録される。そして、一旦登録されると、対象者が死亡するか、無罪が証明されるまでデータは削除されない［Schneider and Martin 2001］。各国で協力して科学鑑定を実施するために、ヨーロッパ連合では加盟国全体でデータベースを作成し、すべての国で同様のDNA型鑑定を行うことを目指しているが、DNA型鑑定のやり方、データベースの運用の仕方は各国の法の規定に関連して異なっており、異なる法体系と結びついた鑑定実践の標準化はそう簡単ではないと考えられている［Carracedo *et al.* 1997; Schneider and Martin 2001］。

国際的関係性の反映

さらに、地域や国における法科学ラボの実践の違いは、その背景により大きな国際的関係性をみることもでき、国際的標準化の困難さにつながっている。第2章で述べたようにニュージーランドはイギリスとの関係が深く、実際ESRにはイギリスからニュージーランドに移住してきた職員が多い。そして、たとえばDNA型鑑定に関しては、イギリスでDNA型鑑定の手法が確立された時、ESRは職員を派遣してそのやり方を学び、現在もDNAラボではイギリスのやり方を継承しているという[23]。

さらに今回の足跡鑑定の事例で問題となった、鑑定結果を表現する際に利用されるESRの七つの選択肢についても、イギリスのやり方に影響を受けている。これに対しアメリカのテスト会社Aが提示した三つの選択肢は、アメリカの法科学ラボで採用されている基準に近い。ESRのある職員が「(足跡鑑定の熟達度テストをめぐる――筆者注)今回の問題は、イギリスおよびニュージーランドの鑑定実践とアメリカで一般的に行われている鑑定実践との衝突といえる[24]」と述べるように、ESRの法科学ラボの実践とアメリカの法科学ラボの実践との違いは、ニュージーランドとイギリスとの歴史的な関係の深さといった、よりマクロな国際的関係性を反映している。

4　国際的監査という戦略

従来STSで研究されてきた科学ラボ以上に、複雑な地域性や国際的関係性、歴史性と結びつくという特徴ゆえに、法科学ラボの実践を国際的に標準化することは難しいといえるが、前述したように裁判では、法科学ラボに対し国際的に標準化された科学鑑定の実施が要請される[25] [cf. Lundy v R 2014]。こうした要請に対応するために、法科学ラボでは国際的監査というシステムを利用して、標準化が行われている。

トップダウン方式

法科学の重要性が高まる中で、外部組織の監査により法科学ラボの鑑定実践が適切なものかどうか確認することが行われている［勝又 2008: 5-6; Leslie 2010］。ＥＳＲもこの流れに乗っており、外部の監査組織に彼らの鑑定実践を調査してもらい、その組織から法科学ラボとして適切な科学鑑定を行っていることを認定してもらっている(26)［Bedford 2011a］。

こうした法科学ラボを対象とした監査組織はいくつか存在するが［Horswell and Edwards 1997; Malkoc and Neuteboom 2006］、ＥＳＲではアメリカにあるラボ認定委員会（以下、認定委員会とする）(27)による監査を受けている。ある法科学者によればＥＳＲは、かつては監査をまったく受けていなかったが、一九九〇年代の裁判の中で、ＥＳＲで行われている鑑定について、それが正当な基準の下で行われていないのではないかと批判を受けた。この批判に応え、ＥＳＲが国際的な水準に則った科学鑑定を行っていることを示すために、外部監査を受けることにしたという。そして、当時は世界でこの認定委員会しか法科学ラボの監査を実施していなかったため、この組織を選んだという(28)。

ＥＳＲがその監査を受けているアメリカの認定委員会は、科学鑑定の品質保証と法科学ラボ間の協力を目的に、一九八一年に設立された。当時アメリカでは、法科学ラボ間で法科学者の鑑定能力にばらつきがあること、適切な鑑定が行われていないラボが存在することが問題となっていた(29)。

この問題に対応するために、法科学ラボの実践に関してひとつの基準を作成しそれに基づいてラボの活動を調査し、その品質が認められたラボを認定する監査制度が設立された［Leslie 2010: 290］。こうした法科学ラボの実践の監査とそれに基づいて認定を与えるのが、認定委員会の役割である。法科学には様々な分野が存在するが、認定委員会はそれぞれの法科学分野のラボに対して監査と認定を行っている。

一九八二年には、アメリカ国内の八つの法科学ラボがこの監査制度に参加し、認定委員会によって認定された初めてのラボとなる。その後、この制度を利用する法科学ラボはアメリカ各地、国外へと増大していった。その結果認定員会は、ひとつの基準に基づいて世界各地の法科学ラボの監査を行う国際的な監査組織へと成長していく[30]。さらに、認定委員会は、二〇〇四年に、国際標準化機構（ISO: International Organization for Standardization）によって策定されたISO17025に基づいて、法科学ラボの監査のための基準を作成している［cf. Wilson-Wilde *et al.* 2011］。ISO17025とは、試験及び校正を行う試験所の能力に関する一般要求事項と呼ばれ、試験所や校正機関が正確な試験や校正結果を生み出す能力があるかどうかを、判断する国際標準規格である[31]。この国際標準化機構の定めた国際基準に基づいて、法科学ラボの監査を行うことで、法科学ラボの国際的な標準化が促進された[32]。ＥＳＲも一九九五年にアメリカの認定委員会が提供する監査制度に参加し、各法科学ラボが監査と認定を受け、さらに二〇〇六年にはISO17025に基づいた監査を受け、その鑑定実践が国際的に適切なものとして認められた[33]。

ＥＳＲのある法科学者は、法科学ラボの実践の地域性と国際的な監査の関係について、「法科学ラボでやっていることは地域や国でまったく違う。それこそがまさに、国際的監査組織である認定委員会が設立された理由だと思う。法科学ラボ同士ではまとめるのが難しいから、ひとつの基準を先に作ってしまう[34]」と述べている。世界各地で異なる法科学ラボの実践を国際的にひとつにまとめるためには、新たな科学的知の産出を目指した科学ラボのように、科学者同士でその実践を確認し、時間をかけて標準化していくことが難しい。国際的監査とは、ひとつの基準を定めそのやり方に他のラボをまとめていくという形で、世界的に法科学ラボの実践を標準化していくものといえるが、トップダウン的な形で法科学ラボの国際的標準化がなされている。

アウトラインをまとめる

前述した熟達度テストもある意味、ひとつの基準に基づいて各地の法科学ラボをテストすることで、その鑑定実践を国際的に標準化していくものといえる。しかし前述したように、その地域性ゆえに法科学ラボの実践そのものを標準化することは難しい。これに対して国際的監査で標準化されるのは、熟達度テストで目指されたような法科学ラボの鑑定実践の内容そのものではなく、その形式的な部分である。

監査を行う認定委員会は、法科学ラボでどのような実践を行うべきかについて基準を定めており、監査を受ける法科学ラボがその基準を満たしているかが精査される。しかし認定委員会の定める基準は、「ラボで受け取られ、保管された資料は適切に包装されていなくてはいけない」、「試薬は定期的にテストされなくてはいけない」、「職員は雇用されてから実際の事件の資料を鑑定する前に、トレーニングを受けなくてはいけない」といった、第3章で述べた資料やラボの環境、職員の管理に関連した形式的なものである[35]。適切な包装とは具体的に何を意味するのか、どのように試薬をテストするのか、新人職員にどのようなトレーニングを受けさせるのかなどの、具体的なやり方は各地の法科学ラボで決めることができる[36]。

さらに認定委員会で定めている基準では、ラボに送られてきた資料に関して、具体的にどのくらいの量の試薬を利用してどういった手順で分析や観察を行い、得られた分析結果や観察結果などのデータをいかに解釈し、結果を表現するのかといった、鑑定実践の核である資料の分析、観察やデータの解釈方法、結果の表現方法については、基準が定められていない。ESRの法科学者Uが以下に述べるように、国際的監査においては鑑定実践の内容そのものよりも、アウトラインに関する標準化がなされているのである[cf. 勝又 2008: 6]。

U　認定委員会から求められるのは、この方向でやるように、ということ。委員会はこういう風にやりなさいとはいわない。我々はその内容を自由に決めることができる。委員会は、（方向性の――筆者注）標準化を要求しているにすぎない。

筆者　つまり認定委員会は形式を示すけれど、個々のラボは自由にその中身を決められるということですか？

U　そのとおり、アウトライン。委員会は、この基準が満たされるべき、というが具体的にどうやってそれを満たすかは個々のラボしだい。[37]

ESRでは法科学ラボの実践に関して詳細なマニュアルを作成し、それを遵守することでその品質保証を行っている。実はこうした詳細なマニュアルを作成する、ということは国際的監査組織である認定委員会によって求められている。認定委員会の監査をクリアするためには、法科学ラボの実践に関する細かなマニュアルが必要とされる。しかし、認定委員会はマニュアルの中身そのものについてまではあまり言及していない。[38] マニュアルの中身、つまり具体的にどのような科学鑑定を行うのかは法科学ラボの地域性と関係しているために、それについてひとつの基準を示すことが難しいからであると思われる。

また、実際の監査に際しては、認定委員会から調査者が各地の法科学ラボに派遣され、基準を満たす科学鑑定が行われているのかが調査される。認定委員会から派遣される調査者は、各地の法科学ラボの職員であるため、監査では、新たな知の産出を目指した科学において一般的に行われる同僚によるチェック、ピアレビューが行われているということも可能である［Leslie 2010: 290］。しかしESRのある職員が以下述べるように、監査で行われているのは実際の鑑定実践の精査というよりも、鑑定の手続き的な部分、アウトラインの調査であり、いわゆるピアレビューとは異なるものであるといえる。

ESRが初めて監査を受けた時には、鑑定内容に関する質問を受けた。でも、最近は調査するべき項目が多くなってきて、より事務的になり、鑑定の科学的なことはあまり調査されなくなってきている（……）。多分、（ES

Rの監査を行った――筆者注）調査員がアメリカの人だったので、アメリカでやられていないＥＳＲの鑑定方法を理解できなかったのではないか(39)。

法科学ラボで行われている科学鑑定は、たとえそれがひとつの鑑定分野に関するものであったとしても、それぞれの地域や国の法や司法制度、犯罪の発生状況などの影響を受け、各地で異なっている。そして、こうした各地の法科学ラボの実践を国際的に標準化するために、国際的監査という戦略が利用されている。監査によって、ひとつの基準を定めてその方向に他のラボをまとめていくという形、さらに内容面にはあまり踏み込まずに、アウトラインをまとめるという形での国際的標準化が行われている。こうした国際的監査によって、法科学ラボの国際的標準化を達成することはＥＳＲ以外でもなされている。ヨーロッパ連合での法科学ラボの実践の国際的標準化について先述したが、法科学の地域性を要因とする科学鑑定の国際的標準化の難しさに対して、ひとまず、加盟国内の法科学ラボがISO17025などに基づく国際的監査をクリアすることが、国際的標準化への第一歩になるのではないかという主張がなされている［Pádár *et al.* 2015］。

5　普遍的な科学鑑定に向けて

本節では、本章で行ってきた議論のまとめと、法科学ラボの実践の国際的標準化について再検討する。

国際性と地域性のジレンマ

新たな知識や理論を生み出すことを目的とする科学ラボでは、様々な実験や観察を通して膨大な結果が産出される。そして、それらの結果は他のラボの科学者によって正しいものかどうかが確認される。その際、ラボ間の実践を標準化し結果の再現性を確認することでその正しさが認められる、科学的知識や理論の標準化が行われることとなる。

科学者同士で協力してラボの実践や科学的知を標準化していく一方で、科学者たちは、一番先に新しい発見をすることを目指すという競争原理の中にいる。それゆえに、個々のラボは様々な新しい試みを実行し、またラボでの実験や観察のやり方などをすべて公にしないことがある。その結果、個々のラボでは本質的に異なる実践を行うこととなり、ラボの実践を標準化し、それに基づいて実験結果や観察結果の正しさを確認することが難しい場合がある。科学は、共同原理と競争原理という相容れない原理に基づいており、そのために、科学ラボの実践や科学的知の国際的標準化においては難しさも存在している。

これに対し法科学ラボは、新しい知識や理論を生み出すことを目的とはしていない。法科学ラボは、犯罪に関連する資料の鑑定を行い、犯罪捜査や裁判に貢献することを目指しており、法科学ラボでの実践は法や司法制度、犯罪の発生状況などの社会的要素の影響を受ける。そして、こうした社会的要素がそれぞれの地域や国で異なっているために、法科学ラボの実践は各地で異なっており、たとえ同じ鑑定分野の法科学者であったとしても、別のラボでどのような鑑定実践を行っているのかを理解することが難しい場合がある[40]。このように強固な地域性を持つ法科学ラボの実践を国際的に標準化するのは、科学ラボにおけるそれ以上に難しい。

こうした困難さにもかかわらず、裁判では国際的に標準化されていない実践を行っていることが批判されるなど[41]、法科学ラボの実践を国際的に標準化することが求められる。そしてこうした要請に対応するために、法科学ラボでは国際的監査という、ラボの実践内容そのものではなくその大枠に関してひとつの基準を定めて、その方向にまとめていくという戦略をとり、国際的に標準化された科学鑑定の遂行に尽力している。

ができる。

また、これまで議論してきた法科学ラボの実践の標準化とは、法科学ラボの中立性という観点からも考察すること

中立性の担保

(1) ラボの形態と中立性

第2章で述べたように、法科学ラボがそこに含まれる法科学研究所には公的なもの、私的なものなどいくつかの種類が存在するが、ESRは政府を株主とする研究会社という特殊な形態をとっている。ESRでは中立で公平な法科学業務を提供することを目的としており、警察や検察側のみならず弁護側からも鑑定の依頼を受け付けている[Bedford 2011a]。

ニュージーランドにはESR以外にも私的な法科学研究所が存在するが、それほど大きな規模ではない。そして私的法科学研究所は、鑑定に必要な高額な機器を購入することや、優秀な人材を確保するのが難しいこともあり、ニュージーランドにおける科学鑑定はESRの独占状態にあるといっても過言ではない(42)。また、弁護側からも依頼を受けるとはいっても、ESRで行う科学鑑定の大部分は警察からの依頼である(43)。したがってニュージーランドにおいて鑑定業務を独占し、その結果は警察や検察にとって有利に利用されるとして、ESRの中立性を疑問視する声も存在し、ESRの職員を「白衣を着た警察官」と批判する人もいる[Bedford 2011b: 288]。

こうした批判に関して、ESRという組織の中立性を疑問視する職員もいるが、職員たちは、職員一人ひとりが中立であろうとすることでそのバランスをとっている(44)。多くの研究資金や鑑定依頼をニュージーランド警察から得ていることもあり(45)、組織として完全に中立であることは難しいものの、職員個々人が中立であろうとする、警察・検察側と弁護側どちらかの立場に有利なように鑑定を行ったり、裁判での証言を行ったりするのではなく、資料の鑑定に集

中し、何が起こったのかを明らかにすることに全力で取り組むことでその中立性を保とうとしている[46]。

実際、ＥＳＲの職員がしたがうべき倫理規定がマニュアルに定められているが、そこでも「すべての業務に対して専門性と公平さを保持すること」、といったように職員に対し中立的な鑑定を行うことを明確に求めている。そして、資料の分析やその解釈に際し偏見を持ってのぞまないこと、また鑑定書に記載する言葉にも気を配ること、たとえば「被疑者」といった言葉を使うのではなく「Mr. X」などの名前を使用することなどが倫理規定の中に明記されている[47]。さらに法科学者は、鑑定結果が依頼者にとって有利なものでも不利なものでも、結果をそのまま記述することで、犯罪解決にかかわる人々に公平に鑑定結果を提示するように心がけている[48]。

極論をいってしまえば、ＥＳＲの職員にとって鑑定結果が警察や検察側に有利になるか、弁護側に有利になるかは問題ではない。彼らは単に資料の鑑定をとおして何がいえるのかを明らかにしているのであり、鑑定結果を利用して誰を逮捕するか、裁判でどのような判決が下されるのかはＥＳＲの関心からは離れる[49]。時に警察からの依頼でなされた鑑定結果が、被疑者の無実を証明することもあるのである。

なお鑑定や研究に関する資金面に関しては、ニュージーランド警察から鑑定の料金や研究費を受け取るのではなく、より中立的な司法省などから資金提供を受ければ良いのではないか、と考える職員もいる[50]。

（2）門番としての役割

科学では、その実験や観察結果が正しいかどうかについて、他のラボで確認がなされる。しかし、ＥＳＲのラボで行われた科学鑑定について、ライバルとなるような法科学研究所が他にないことから、他のラボによる鑑定結果の確認、品質保証が難しい場合がある。これに対して、前述したようにＥＳＲの法科学者たちは倫理規定を守ることなどでその科学鑑定や結果の質を維持し、中立的で公平な鑑定を行うように努めている。

そして、第3章で述べたひとつのラボ内の実践の標準化や、本章で述べてきた法科学ラボの実践の国際的標準化も、こうしたESRの中立性を保つための手段のひとつであるといえる。ある法科学者は、「ニュージーランドの私的法科学研究所はそれほど大きくなく、彼らの専門的知識は限定的なものである。だからこそ、私たちは自身の門番でなくてはならない」[51]と述べている。詳細で厳格なマニュアルを作成し、さらに国際的監査を受けることで、ESRは自ら、自身の行っている科学鑑定や結果の品質を確認する門番としての役割を遂行している。そして、警察や検察のみに有利な鑑定を行う危険性を排除し、その中立性を担保している。

これまで第3章から第6章にわたって、法科学ラボの実践が様々なレベルで標準化され、科学鑑定が遂行されていること、そして、法科学者たちがその標準化に関して多様な戦略をとっていることを検討してきた。次章では、そもそもなぜこうした法科学ラボの実践の標準化が行われるのかを、法科学の特性、法科学の境界設定との関係で考察する。

（1）コリンズはこの二つの単語を言い換え可能なものとして使用している［Collins 1992: 18］。

（2）第4章、第5章では、異分野間の協力を「協働」とした。ここでは、同じ分野内で協力が行われることを「共同」としている。

（3）検察官と弁護士（被告人）とが意見を戦わせ、中立的な裁判官が最終的に判断を下すのが対審制度。裁判官と検察官が同一人物であり、裁判官と弁護士（被告人）とが意見を戦わせ、裁判官が最終的に判断を下すのが糾弾制度。無作為に選ばれた何人かの一般市民が、有罪・無罪の結論を出すのが陪審制度。無作為に選ばれた何人かの一般市民と裁判官とが一緒に有罪・無罪の決定および量刑の判断をするのが裁判員制度［井田 2006］。

（4）DNAラボの法科学者Bとの私信（2014/07/25）。

（5）ＥＳＲの法科学者Ｕへのインタビュー（2012/03/12）。
（6）URL: http://www.nichibenren.or.jp/library/ja/opinion/report/data/071221_000.pdf（2014/09/30 確認）。
（7）ＤＮＡラボの法科学者Ａへのインタビュー（2012/03/14）。ＤＮＡラボの法科学者Ｌへのインタビュー（2012/03/23）。
（8）ＤＮＡラボの法科学者Ｒへのインタビュー（2014/07/11）。
（9）ＤＮＡラボの法科学者Ｒへのインタビュー（2014/07/11）。ＤＮＡラボの法科学者Ｂとの私信（2014/07/29）。
（10）物証ラボの法科学者Ｈへの参与観察記録（2012/03/23）。
（11）物証ラボの法科学者Ｖへの参与観察記録（2011/06/15）。
（12）URL: http://www.ascld-lab.org/approved-providers-and-tests/（2014/11/02 確認）。
（13）被疑者以外の銃がＥＳＲに持ち込まれた場合も、本章で述べたものと同様の鑑定方法がとられる。
（14）足跡鑑定では、技官の業務は足跡の作成のみであり、法科学者が足跡の観察とその観察結果の解釈を行う。
（15）第５章表５－１で述べたように、ＥＳＲで実際には表６－２で記載されたものに加え「被疑者の靴は足跡を残していない」という選択肢も含めた全一三種類の選択肢が使用されていた。ＥＳＲの責任者Ｐとの私信の中では、「ＥＳＲで使用されている選択肢が七つであるのに対し、テスト会社Ａの用意したものは三つである」と述べられていたために、ここではそれにしたがい七つとした。ＥＳＲの責任者Ｐとの私信（2011/12/08）。
（16）ＥＳＲの責任者Ｐとの私信（2011/12/08）。
（17）ＥＳＲの法科学者Ｕへのインタビュー（2012/03/12）。
（18）物証ラボの法科学者Ｈへのインタビュー（2014/07/21）。
（19）ＤＮＡラボの法科学者Ｂとの私信（2013/11/11）。
（20）資料に含まれるＤＮＡ量が少なく、ＤＮＡプロファイルを得るのが難しい資料。
（21）何人かのＤＮＡが混ざった資料。何人のＤＮＡが含まれているのか、どのＤＮＡプロファイルが誰のものかを検討する必要がある。
（22）ＤＮＡラボの法科学者Ｂとの私信（2012/01/27）。

(23) ＤＮＡラボの法科学者Ｇへのインタビュー（2012/03/12）。
(24) ＥＳＲの責任者Ｐとの私信（2011/11/08）。
(25) ＥＳＲの法科学者Ｕへのインタビュー（2012/03/12）。ＤＮＡラボの法科学者Ｂとの私信（2014/07/25）。
(26) こうした外部監査以外にも、ＥＳＲでは内部監査も行われている。内部監査は一年ごとに行われ、それぞれのラボの代表者が別のラボの鑑定実践を確認し、マニュアルどおりに鑑定が行われているかが調査される。ＥＳＲの法科学者Ｖへのインタビュー（2012/03/12）。
(27) 正式には、アメリカ法科学ラボ管理者協会のラボ認定委員会。英語ではASCLD/LAB: American Association of Crime Laboratory Directors/ Laboratory Accreditation Board。
(28) ＤＮＡラボの法科学者Ｇへのインタビュー（2012/03/12）。
(29) URL: http://www.ascld-lab.org/history/（2014/11/02 確認）。URL: http://www.ascld-lab.org/objectives/（2014/11/02 確認）。
(30) 一九九〇年に南オーストラリア州の法科学ラボが監査制度に参加することで、認定委員会によって認定された初のアメリカ国外のラボとなった。その後、ニュージーランド、カナダや香港の法科学ラボをはじめ数多くのアメリカ国外のラボが認定を受けることになる。URL: http://www.ascld-lab.org/history/（2014/11/02 確認）。
(31) URL: http://www.nite.go.jp/data/000001799.pdf（2016/06/10 確認）。
(32) ＤＮＡラボの法科学者Ｏへの参与観察記録（2011/08/23）。
(33) 五年経つと認定が失効するため、五年経過後に再度監査を受け、認定を更新する必要がある。なお一度認定されても毎年認定委員会によるラボの調査が行われ、業務に問題がないか確認される。ＥＳＲの法科学者Ｕへのインタビュー（2012/03/12）。
(34) ＤＮＡラボの法科学者Ｂとの私信（2014/07/29）。
(35) URL: http://www.des.wa.gov/SiteCollectionDocuments/About/1063/RFP/Add7_Item4ASCLD.pdf（2014/11/02 確認）。
(36) ＤＮＡラボの法科学者Ｍへのインタビュー（2012/03/05）。

(37) ＥＳＲの法科学者Ｕへのインタビュー（2012/02/23)。
(38) ＤＮＡラボの法科学者Ｍへのインタビュー（2012/03/05)。
(39) ＤＮＡラボの法科学者Ｇへのインタビュー（2012/03/12)。
(40) ＤＮＡラボの法科学者Ｒへのインタビュー（2014/07/11)。
(41) ＤＮＡラボの法科学者Ｇへのインタビュー（2012/03/12)。
(42) ＤＮＡラボの法科学者Ｇへのインタビュー（2012/03/12)。ＤＮＡラボの法科学者Ｚへのインタビュー（2014/07/30)。
(43) ＤＮＡラボの法科学者Ｍへのインタビュー（2014/07/10)。
(44) 鑑識ラボの法科学者Ｋへのインタビュー（2012/03/23)。
(45) ニュージーランド警察は、実際の鑑定業務に直接役立つ研究のために、年におよそ三〇万ニュージーランドドルをＥＳＲに提供している [Bedford 2011b: 288]。
(46) ＤＮＡラボの法科学者Ｂとの私信（2014/07/25)。
(47) 本書では、分かりやすくするために各ラボの実践を説明する際、被疑者という用語を使用したが、実際の鑑定書では被疑者ではなく、名前が使用されている。
(48) ＥＳＲの事務員へのトレーニングへの参与観察記録（2011/11/14)。
(49) ＤＮＡラボの法科学者Ｂとの私信（2014/07/25)。
(50) ＥＳＲの責任者Ｐとの私信（2011/12/08)。
(51) ＤＮＡラボの法科学者Ｇへのインタビュー（2012/03/12)。

第7章　法科学の「科学化」

——なぜ法科学ラボの実践は標準化されるのか

これまで、法科学ラボにおける鑑定実践の標準化に関して、ひとつの法科学ラボ内のレベル、法科学分野間レベル、そして国際的レベルという三つの異なる視点から考察してきた。法科学ラボでは、標準化された科学鑑定の実施が重視されており、法科学者たちは様々な戦略をとりながら実践の標準化を行っている。

本章ではこれまでの議論を受け、そもそもなぜ法科学ラボの実践の標準化が行われているのかを、法科学そのものの持つ特殊性に着目しながら、法科学の境界設定との関連で考察する。また、これまで法科学ラボにおける鑑定実践の標準化に関して問題が存在することも指摘してきたが、こうした問題がなぜ生じるのかを分析する。

1　ラボの多様性

本書では、ＳＴＳの研究で注目されてきた科学ラボとは異なる、法科学ラボでの科学鑑定に注目したが、第1章でも触れたように、その目的に応じてラボには様々なものが存在し、本書で着目した標準化に関する活動が行われている。

知識産出型の科学ラボ

科学ラボの目的は、実験や観察をとおして新たな知識や理論を生み出すことである。実験や観察により新たな結果が生み出される中で、それまでの知識や理論では説明が不可能となり新たな知識や理論、そして新たな科学分野が必要とされる。しかしこうした新たな科学的知や分野は簡単に誕生するものではなく、そのためには実験結果や観察結果の正当性をめぐる論争や、古い科学分野を保持したい人々との間で議論が行われる［cf. Kuhn 1962（1971）］。

新たな科学分野の成立に際しては教育カリキュラムや学会、学術雑誌の創設などが行われるが、カリキュラムや学会、雑誌の設立は、その分野が独自の標準化された知識体系を持つことを他の科学分野に証明するものである［cf. 福島 2013a: 53］。その知が標準化されていることが科学の要件として、すなわち科学の境界設定において重要であり、これまでみてきたように科学者たちは、ラボでの実践を標準化させ、実験結果や観察結果の再現性を互いに確認し、科学的知を標準化させることを目指している。

このように、新たな科学的知の産出を目的とした科学ラボにおいては、実験や観察により様々な結果が生み出される。そしてこの結果が積み重なることで、ラボでの実践の標準化やそれに基づいた実験結果や観察結果の標準化が行われ、新たな科学的知識や理論、科学領域が誕生していく。そしてこうした標準化や新たな科学領域の境界設定は、科学者共同体によって行われている。しかし、これ以外にも科学ラボは存在する。

検査ラボ

特定の物質が何か、ある物質が対象にどのくらい含まれているのかなどを判定するラボとして、検査ラボがある。検査ラボで何が行われているのかについては、ＳＴＳ研究者によってほとんど分析がなされていないために、本書ではあまり触れてこなかった。たとえばある基準値を設定し分析結果がそれより上か下かによって物質が何かを明らかにしたり、野菜に農薬が一定の基準値以上含まれているかどうか調べたりする検査を行うのが、検査ラボの目的であり、食品の安全性確認や環境汚染の調査などに貢献している。そして検査ラボにおいては、物質の化学的組成を考察する分析化学の知識や手法が利用されている［cf.「計測技術」編集委員会 2008; 中村ほか 2014; 食の安全・安心と健康に関わるセンシング調査研究委員会 2012］。

植物の中の残留農薬の測定や、油や牛乳、バターなどに含まれるビタミン量や毒物菌の測定、海の汚染度を測るために魚の中に残っている重金属量の測定を行っていた、セネガルの毒性学と分析化学のラボを調査したトーシグナントは、科学の中心と周縁という観点からこの検査ラボを分析している。このラボでは、独自の分析技術の改良が試みられた時期もあったが、予算不足や機器の故障などにより、しだいに定められた方法に則って検査を行うだけとなり、最終的には、ラボでは資料のサンプリングのみを行い、実際の検査は他国のラボに依頼するようになったという。この状況を彼女は、新しい知を生み出したり、新たな知を標準化したりする科学のリズムの速さに、科学の中心である西洋諸国のラボはついていけるが、旧植民地であり、科学の周縁であるセネガルのラボはついていくことができなかったと述べている［Tousignant 2013］。彼女は、イノベーションこそが科学の本質であるとしているが、物質の検査を行う検査ラボでは基本的にイノベーション、新たな科学的知の産出よりも、一定の基準に則ったルーティーンが行われているといえる［cf. Lezaun 2006］。新たな知の産出を目指した科学ラボにおいては、実験や観察の結果としてラボの実践や科学的知の標準化が行われていくが、検査ラボでは、たとえば国が定めた排水の基準値や排水の測定法に則り、工場排水に含まれる物質やその量が検査されるなど［中村ほか 2014］、すでに定められた基準値や標準化された検査手法を利用して物質の検査が行われている。

しかし、新たな科学的知の産出を目的とした科学ラボに関して、その実践や科学的知の標準化の難しさがＳＴＳの研究者によって明らかにされてきたように、検査ラボで利用される基準値や検査手法の標準化の困難さについても、ＳＴＳ研究の中で指摘がなされている。たとえばダンスバイは、大気中の有害物質に暴露された結果、癌になる可能性がどのくらいあるのかを検査する健康リスク評価法について検討している。そして、人によって何をリスクと捉えるのかが異なっているために、標準化されたリスク評価法を作成することの難しさを指摘している［Dunsby 2004］。検査ラボでは、すでに標準化された基準に基づいて検査がなされるため、ラボでの活動の結果として標準化が行われるわけではないが、そこで使用されている基準や手法の作成にあたっては論争が存在し、その標準化には難しさが付随する［cf. Ottinger 2010］。

知識産出を目的としない法科学ラボ

ラボにはその目的に応じていくつかの種類が存在していると思われるが、法科学ラボとは、検査ラボの一形態であるといえる。

法科学とは犯罪に関係する資料の採取方法や鑑定手法に関する知識の体系であり、新たな採取方法や鑑定方法を確立するための研究も行われてきた。たとえば毒物鑑定では一八世紀から一九世紀にかけて、ヒ素の化学的検出法が数多く開発され、液体を熱分解しヒ素を検出する方法や、ヒ素と硝酸塩が化学反応することを利用したヒ素同定の手法などが生み出された［Wagner 2006（2009）］。

また指紋鑑定はフォールズとハーシェルによってその手法が生み出された。彼らの研究結果はそれぞれ一八八〇年の『ネイチャー』に発表されている［Faulds 1880; Herschel 1880］。さらにフォールズとハーシェルはその後、個人識別の方法として指紋に着目したのはどちらが先かという、指紋鑑定に関する優先権をめぐって争っている［瀬田 2001: 36-37］。

これ以外にも歴史的に、法科学の各分野で新たな鑑定手法を生み出すための研究や、その結果の学術雑誌への投稿、一番先に発見するという栄誉をめぐる争いが行われてきており［cf. Bell 2008b; Erzinçlioglu 2004; Houck 2007］、こうした法科学者たちの活動は、新たな科学的知を産出することを目的としたラボで行われていることと類似しているようにもみえる。しかし鑑定手法がある程度確立した現在、法科学者たちがラボで主に行っているのは、各地の事件に関する資料の科学鑑定である。もちろん法科学ラボの中で鑑定方法の変更が行われ、それが第6章でみたような個々の法科学ラボの実践の違いに結びついているものの、まったく新しい鑑定手法の研究は、最近の法科学ラボの主目的ではない(1)［cf. Linacre 2013］。

そして、ＥＳＲのある職員が述べるように、法科学ラボで行われていることは、特定の物質が何かを明らかにする検査ラボでの活動とかなり類似している(2)。法科学の諸分野、ガラス鑑定や塗料鑑定、繊維鑑定などでは、それぞれの資料の形態などに着目した分析に加え、資料の化学的組成を明らかにすることも行われており、法科学ラボで行われていることと、物質を化学的に分析する検査ラボで行われていることは似かよっている。実際、ＥＳＲの前身の研究所では、食品や薬物に関する検査も行われ、ＥＳＲにも法科学ラボ以外に食品の検査を行うラボも存在する。さらに、何人かのＥＳＲの法科学者や技官は検査ラボでの勤務経験もあった。これらからは、検査ラボと法科学ラボとの互換性がみてとれる。

新たな科学的知の産出ではなく、資料が何か、犯罪とどのような関係があるのかを判断することを主目的とするという点で、法科学ラボは検査ラボのひとつの形といえる。しかし、それが対象としているのが犯罪という事象であることが、法科学ラボの特性を生み出している。

これまで、新たな知識や理論を産出するタイプのラボとは異なる、検査ラボの一形態である法科学ラボについて、その実践がどのように標準化され科学鑑定が実施されるのかを明らかにしてきた。以降では、なぜ法科学ラボの実践の標準化が行われるのか、そしてなぜ法科学ラボの実践の標準化には、これまで述べてきたような問題が付随するのかを、法科学の特性に着目して、法科学の境界設定との関係から考察する。

2　犯罪現場の復元

法科学の特徴は、それが過去に起こった出来事の復元を目指しているという点である。法科学は、特定の犯罪現場で何が起こったのかを明らかにすることを通して、犯罪捜査や裁判に貢献することを目指しており、この過去の犯罪を復元するということが法科学の独自性を生み出し、それがひいては法科学ラボの実践の標準化へとつながっている。

危険性をはらむ過去の復元

法科学のように過去に起こった出来事の復元を目的とした学問分野としては、考古学や古生物学、地質学なども存在する [Houck 2007: 34-35]。これらの領域に共通する課題は、過去に何が起こったのかは誰にも分からない、という点である。タイムマシンがない現在では、過去に起こったことを直接観察することはできず、残された様々な遺物から何が起こったのかが推定されていく。そしてこうした推定においては、それを行う人によって過去が自由に復元されてしまうという危険性が存在する。

たとえばグールドは、進化が直線的に起こったという考えの下で、様々な生物が直線的に配置される進化論の図が、大衆に受け入れられている様子を考察している［Gould 1995（1997）: 43–77］。彼によれば、古生物学における復元に付随する問題点として、一般の人々に対して提示される生命の歴史に関する図像が、古生物学のデータよりも人々の社会的嗜好や心理的願望を反映したものとなる場合が多いことが挙げられるという［Gould 1995（1997）: 49］。一九世紀半ば以降、生物進化の歴史を連作で描く絵画ジャンルが出現し、博物学者や古植物学者、古生物学者、画家によって、生物の進化が描写されてきた。しかしこれらの絵画を描いた人々は、進化を進歩と同等視し、進化とは人間という頂点を目指した過程であるという考え方に基づき、生物の歴史を海生無脊椎動物からホモ・サピエンスに向かって前進した一連の物語として描いている。こうした、人類を生物進化の歴史の頂点に立つものとして考えたがる誤った進化観、偏見により、絵画の中では実際の進化理論や化石記録とは異なる描写がなされているとグールドは主張する［Gould 1995（1997）: 49–69］。

またゾマーは、ネアンデルタール人を復元する際に、研究者がよってたつ考え方によって復元の仕方が異なると主張している。ネアンデルタール人がどのような格好をしていたのかは、現在の我々が窺い知ることは難しいが、ネアンデルタール人を野獣と考える研究者はその復元図を描く際に、服を着ていない毛むくじゃらの存在、人とは異なるものとして彼らを描き出している。それに対しネアンデルタール人をヒトと考える研究者たちは、その復元図において、装飾品をつけ毛皮の衣裳をまとった存在として彼らを描いている［Sommer 2006: 225–231］。

何が事実かを判断することが難しく、得られるデータも限られている過去の復元においては、それが復元を行う人の考えを反映し、実際とは異なる復元が行われてしまうという問題が生じる。そしてこうした問題は犯罪現場の復元においても同様であり、ともすれば自白の強要などによって、特定の考えに寄り添う形で事件が復元されてしまう危険性がある。

犯罪という要因

そして難しい過去の復元を目的とするということに加え、法科学が復元対象としているのが特定の犯罪という非常に複雑な対象であることが、法科学の独自性を生み出している。

考古学や古生物学、地質学においては過去に何が起こったのかに関する一般的な知識や理論を確立することが目的とされているが、法科学は特定の事件に特化したものである。法科学はある特定の犯罪現場で何が起こったのかを復元することを目的としており、それぞれの事件は、事件の内容や、それにかかわる人々、現場に残された手がかりなどがまったく異なっており、同じ事件はひとつもない。したがって、法科学者たちはそれぞれの事件に応じて鑑定を行っていく必要がある。

さらに、法科学が復元の対象とする犯罪という現象は社会性を持ったものである。たとえば、犯罪現場で見つかった繊維が被疑者の服のものだと分かっても、それと被疑者が犯人ということとは別の問題である。また、銃による殺人事件で被疑者が銃を発射したことが明らかになっても、それが故意か事故かは判断が難しく、銃器鑑定の結果のみならず目撃者証言など様々な情報の下で、裁判をとおしてその判断が下される。さらにいえば、ある行為が特定の国の法体系のもとでは犯罪となるが、別の国では犯罪とはならない場合もある。このように、何を犯罪とみなすのか、犯罪現場で何が起こり、誰にその責任があるのかは社会的に判断されるものである。犯罪は単に現場に残されたモノだけではなく、人や行為、法などが関係する非常に複雑な現象であり、法科学がその目的とする犯罪現場の復元は、こうした多種多様な要因を考慮に入れながら行われる。

犯罪現場の復元がもつ特性

法科学が対象とするのは過去に起こった特定の犯罪という様々な要素が絡み合う非常に複雑で、その復元が困難なものである。この困難さ、複雑さに対応するために、以下で議論するように法科学は多くの鑑定分野を持ち、また法科学者たちは科学的知識のみならず一般常識などの多様な知を利用しながら復元にあたっている［cf. Kirk 1963］。そして、そのことが法科学ラボの実践の標準化とそれに付随する問題へとつながっている。ここではまず、過去の特定の犯罪現場を復元することを目的とした法科学がどのような特性を持つのかを述べる。

（1）　複合科学

犯罪現場で何が起こったのかを復元する際には、単にモノだけではなくそれに関係する人や行為、法、特定の状況なども考慮に入れる必要があることは先にも述べたとおりだが、こうした犯罪の複雑さ、復元の困難さに対応するために、第4章で述べたように法科学には様々な鑑定分野が存在し、それぞれが資料に応じた鑑定を行うことで、より正確に犯罪現場の復元を行うことが目指されている。

ＤＮＡラボのある法科学者は、「大切なのは、私たち（の関わるＤＮＡ型鑑定――筆者注）はある事件っていうすごく大きなパズルのひとつのピースにすぎない、ということ。それだけではパズルを完成できないし、他にもいろいろな鑑定とか、関係者の証言とかを使ってパズルが作られる。パズル完成のためにＤＮＡ型鑑定はすごく重要かもしれないし、逆にまったく役に立たないこともある(3)」と述べ、最近ＤＮＡ型鑑定のみが、犯罪捜査や裁判で重視されることへの危惧を表明している。過去に起こった犯罪という複雑なひとつのパズルを完成させるためには、多様な側面から考察を行う必要があり、それが法科学の異種混合性という特性を生み出している。

（2）　わ　ざ

法科学は、様々な鑑定分野を含むことに加え、それがわざ的な要素を多分に含むという特徴も持つ。

たとえば、暴行事件で相手の衣服を破いたり、窃盗事件で相手からものを奪おうとした際にそれが破けてしまったりする。二つに分離したものが元々ひとつのものだったのか、また破れた原因が経年劣化によるものなのか、それとも何らかの力が加わって人為的に破れたものなのかを明らかにするのが型照合鑑定である。

この鑑定では、二つに破れたものを重ねあわせ、その裂け目が一致するかどうかが形態的に判断される。それにより二つのものが元々ひとつのものだったかどうか、さらにどういった原因で破損が生じたのかが検証される［Dijk and Sheldon 2004: 381-383］。こうした型照合鑑定に言及することで、ＥＳＲのある技官は法科学について、それが科学というよりもわざ（art）に近いと述べている。

型照合鑑定では、裂け目の形に注目する。でも、服を無理に破いた時にどういう裂け目になるかとか、服があまりに古くて自然に破れた時にその形がどうなるか、といったことについてデータがあまりない。もしデータがあったとしても、今鑑定している資料は唯一無二のものだから、データを使えるかどうかも分からない。でも、法科学者たちはこれまでいろいろな裂け目を見てきているから、その経験を使って、資料が何でそういう形になったのかがわかる。データとかを使っているわけではないから、法科学は科学というよりも、わざっぽい。(4)

資料の形態に着目して考察が行われるため、型照合鑑定とは定性的鑑定分野であるが、第4章でも述べたように、特にこうした定性的鑑定分野では、形態を解釈するために法科学者の熟練のわざが利用される。

さらにＤＮＡ型鑑定は定量的鑑定分野であり、そこでの鑑定結果はデータベースや統計的手法を利用して数値の形で自動的に産出されるが、こうしたＤＮＡ型鑑定でも法科学者自身の経験や知識が利用されることがある。ＤＮＡ型鑑定では、まず採取された血痕や精液、口腔粘膜細胞などの生物資料のＤＮＡプロファイルが明らかにされ、続いてプロファイルの比較をとおして、犯罪現場でみつかった資料が誰のものかが検討される。定量的鑑定分野であるＤＮＡ型鑑定では、そのプロセスがほとんど自動化されているが、複雑な資料、たとえば何人かのＤＮＡが混ざった資料などについては、法科学者のそれまでの鑑定経験やそれに基づいた知識が利用される。

犯罪には被害者や被疑者など複数の人が関係するため、現場で採取された資料に複数人のDNAが混ざっている場合が多い。資料に含まれるDNAが一人のものである場合には、第4章で述べたように自動的に鑑定結果が産出される。

しかし、資料に含まれるDNAが複数人のものであった場合には、より複雑な鑑定が必要となる。何人かのDNAが混ざった資料に関しては、DNA型鑑定をとおして、その資料に何人のDNAが含まれており、それぞれの人のDNAプロファイルは何か、さらに犯罪現場の資料が一体誰のものかが検討される。そして、「DNA型鑑定では普通データベースや統計的手法を使っているけれど、ある資料に一体何人のDNAが含まれているのかについては、主観的な判断が必要。これについてはひとつの標準化されたやり方がない[(5)]」とある法科学者が述べるように、定量的な手法で鑑定を行っているDNA型鑑定においても、複数人のDNAが混ざった資料に関しては、データの解釈において法科学者のわざが必要とされる。

犯罪とは、様々な人が関係し、また多様な行為が介在する複雑なものである。定量的手法は、DNAの塩基配列の繰り返し回数という単純な情報に着目し、さらに資料に含まれるDNAが一人のものという単純な状況において有効である。しかし、様々な要素が関係する犯罪を復元するためには、単純な情報や状況だけではなく、資料の多様な形態や何人ものDNAが含まれる資料なども検討する必要がある。そしてこうした複雑な資料に関する鑑定は、定量化、自動化することが難しく、法科学者のそれまでの経験や独自の知識といったわざが必要とされるのである[(6)]。

(3) 一般常識

犯罪現場の復元にあたっては一般常識も重要視される。犯罪は人々の生活の中で発生する。それゆえに、「法科学と科学（research science）の違いは、法科学では常識のもとで現場の状況を考えていること（……）。現場で何が起こったのかを明らかにする時は、一般常識も大切。普通ならどういう行動をとるのかを考える」[7]とある法科学者が述べるように、人々がどのような生活を送り、どのような行為をするのかに関する一般常識も法科学の中に含まれる。DNA型鑑定では通常、犯罪現場で見つかった資料が誰のものかが検討される。しかし近年、犯罪現場の資料がたとえば被疑者のものである可能性があったとして、なぜ現場に被疑者の資料（DNA）が残されたのかが裁判などで問われる場合がある。そのためDNA型鑑定を行う法科学者たちは、どのような行為の結果、被疑者のDNAが現場に残ったのかについても考察するようになっている[8]。そしてその際利用されるのが一般常識であると、法科学者たち（M、B）は次のように主張する。

筆者　DNA型鑑定はかなり専門化された、科学的なものだと思うのですが、それでも一般常識を使用するのですか？

M　そう。たとえば、ただ廊下ですれちがっただけで、首の後ろに、他人のDNAが大量に付着する可能性がどのくらいあるのかとか、そういうのは一般常識を使う[9]。

B　犯罪現場に脱ぎ捨てられた衣服があって、そこから得られたDNAプロファイルが被疑者のプロファイルと一致したとする。その場合鑑定書には、「このプロファイルの一致は、被疑者がこの服を着ていたことを必ずしも意味しない」というコメントを添える。一般的に考えて、被疑者が服を触ってそれで服にDNAが付着しただけかもしれないから[10]。

法科学者が扱っているのは、自然から切り離されラボの中で管理された対象ではない［cf. Knorr-Cetina 1995: 145］。法科学は、人々の日常生活の中で発生した犯罪に関連する資料を対象としており、犯罪現場の復元のためには日々の生活に関連する知も非常に重要なのである。

（4） 実務経験

このように犯罪現場の復元においては、様々な科学的知識だけではなく、わざや一般常識など多様な知識が必要となる。法科学には、科学以外のこうした多様な知識が含まれるという特性があるが、それは科学鑑定が科学者以外の人によって行われてきた、という点からもみてとることができる。法科学に含まれる様々な鑑定分野は、科学者のみならず、警察官や裁判官、顕微鏡専門家、銃を取り扱う軍人や鍛冶、靴職人など、犯罪捜査や裁判実務にかかわる人々の試行錯誤の中で誕生し発展してきた［cf. Paul 1990］。

法科学とは、実務家が長年培ってきたわざや一般常識などに強く依存したものであるといえる。後述するように、近年大学に法科学の教育カリキュラムが創設され、多くの学生がそこで法科学について学んでいるが、「大学で教えられているのは法科学の大枠だけで、細かい鑑定手法などは教えられていない[11]」、「実際に法科学ラボで鑑定を行う際にはこうしたカリキュラムはあまり役には立たない。それよりも多くの鑑定経験を積むことが重要[12]」と述べる職員もいる。これはすなわち、法科学に関して、大学で学べるような科学的知識だけではなく、実地の経験が非常に重視されているということの現れである。

（5） パッチワークとしての法科学

犯罪という複雑な事象を復元するために、現場に残された数多くの資料を利用し、多角的な観点から犯罪現場の分析が必要となる。そのために法科学には多様な資料を扱い、異なる視点から復元を行う様々な分野が存在する。さらに個々の犯罪はそれぞれ異なっており、また犯罪は人がかかわるものであるために、個々人がどのように考え、振る舞っているのかを考慮に入れることが必要になる。したがって、鑑定にあたる法科学者たちのそれまでの鑑定経験や、一般常識なども重要になる。複雑で復元が困難な過去の犯罪を対象とする法科学は、様々な鑑定分野や一般常識なども含めた多様な知を含んだ複合的なものであるといえる。法科学は、実務の要求から生まれたものであり、特定の犯罪という特殊な事象を対象とするために、科学的知以外の要素も多分に含んでいる。

第1章では、法科学を「犯罪解決のために犯罪捜査や裁判で利用される科学」と定義したが、これまで述べてきた法科学の特性を考慮に入れると、法科学とはそこにいろいろなものを含みこむパッチワークのようなものといえる。法科学は様々な科学的知識はもちろんのこと、わざや一般常識など、あらゆるものを含むことで、ある法科学者がたとえたように、犯罪という複雑なパズルに対応しているのである。そして、様々なものを含むというこうした法科学の特性が、本書で議論してきた法科学ラボの実践の標準化につながっている。

3　法科学の「科学化」

法科学の目的は特定の犯罪現場で何が起こったのかを復元し、その犯罪の解決に貢献することである。こうした法科学は多様な鑑定分野、わざ、一般常識など様々な知を含んでいる。しかし、実務に即しており多様な知を含む法科学の特性が問題になる場合がある。

法科学者とは誰なのか

ＥＳＲの法科学者は、鑑定結果について裁判で証言することがあるが、ある法科学者はそこで次のような問題が生じる場合があると述べる。

長年DNA型鑑定に携わってきた人と、弁護側の専門家として大学の遺伝学の教授とが証言台に立った場合、そしてその教授は法科学とは関係ないけれどすごくたくさんの論文を出していて、その業績が目を見張るものだった場合、誰が本当の専門家なのか（……）。法科学ラボの外の人には、どちらが正しいか分からなくて、違う方が選ばれることもある。[13]

裁判において法科学者たちは、科学的専門家として証言を行うが、時に大学に所属し、数多くの研究を行い、論文を書いている遺伝学者などの科学者が科学的専門家として、実務に当たる法科学者よりも信用される場合があるという。

また、ESRのある法科学者は、「自分はESRで法科学者（forensic scientist）として働いているけれど、法科学の学位を持っているわけではないから、法科学者ではないのではないかと思う。そもそも何をもって法科学者と定義できるのか」と述べている。[14] このように、科学的専門家として法科学者が信頼されなかったり、法科学者の定義に疑問が投げかけられたりする様子は、法科学がそこにいろいろなものを含み込んでおり、第1章で述べたような概略的な定義はあるものの、具体的に何が法科学かに関するコンセンサスが、人々の間に存在しないゆえに生じているといえるだろう。

法科学を定義する制度

こうした、多様な要素を含み込む法科学に関して、それが何なのか、法科学の定義を明確にしようという動きが世界的に生じている。こうした動きは、法科学とは何かその境界を定めること、すなわち法科学の境界設定といえるが、それは法科学に関する制度面、そして法科学の実践に関する側面両方に関して起こっている。本書でこれまで見てきた法科学ラボの実践の標準化とは、こうした法科学に関する境界設定の、実践面での動きを反映していると思われる。

法科学とは何か、その境界設定のために、法科学に関する様々な制度が設立されている。科学がそれとして成立するためには、教育カリキュラムや学会、学術雑誌などの制度的基盤が確立される必要があることは、これまで科学史の分野で検討されてきた［古川 1989; 井山・金森 2000: 36–40］。第1章で述べたように、犯罪に関連した資料について科学的知識を利用した鑑定が本格的に行われるようになったのは、一九世紀以降である。しかし法科学に関する教育カリキュラムや学会、学術雑誌などが創設されたのはここ数十年の間である。こうした制度の設立は、多様な知を含み実務家がその中心であった法科学を、制度の設立によって定義し、科学として成立させる動きであるといえる。

（1） 教育カリキュラム

世界初の法科学の教育カリキュラムが創設されたのは、一九三七年である。生化学の研究者であったカークは、わざ的部分の多かった法科学を特定の科学領域とすることを目指した。そのために彼は、一九三七年、カリフォルニア大学バークレー校の犯罪学研究所に、法科学の大学教育カリキュラムを設立した［Bell 2008a: 223; Houck 2007: 30］。カークの設立した法科学の大学教育カリキュラムは一九五五年に解体されたが［Bell 2008a: 223］、近年、大学で法科学の教育カリキュラムが数多く設立されている［Dale and Becker 2007: 107–202］。

ニュージーランドでは、オークランド大学に一九九五年、法科学の教育カリキュラムが創設された。これは大学院生を対象としたものであり、そこでは法科学とは何か、ESRでどのような鑑定を行っているのかに関する講義や、学位取得のための大学院生による研究などが行われている(15)。

ニュージーランドには、オークランド大学以外にもこうした教育カリキュラムを持つ大学が存在するが、オークランド大学においては、そのカリキュラムの設立当初から、ESRの職員が授業内容決定などにかかわり、大学での講義の三分の一をＥＳＲの職員が担当している。さらに修士課程や博士課程の学生に対して、ＥＳＲの職員が指導教員の一人となってＥＳＲのラボでの研究機会を提供しており、ＥＳＲは法科学教育に積極的に取り組んでいる[16]。

オークランド大学での教育カリキュラムは、自然科学、特に化学を専攻する学生が少なくなったことを受け、法科学という人々からの関心の高いカリキュラムを設置することで学生数を増やそうとした大学側の意図もあるもの[17]の、それに協力したＥＳＲからすると、法科学を科学分野として確立させるという目的もあったといえる。前述したように、裁判においては長年の鑑定実務経験よりも、大学に講座を持ち、研究を行っていることが、その人の科学的専門性の高さの現れと捉えられることがある。教育カリキュラムの設立によって、法科学の境界設定がなされ、法科学者とは何かが明確にされ、裁判における科学的専門家としての法科学者の立場が保証されるようになったといえる。またＥＳＲでは、職員に法科学の学位をとることを推奨しているが、これは、第3章で述べたような職員の鑑定能力の向上に加え、教育カリキュラムによって保証された科学者になることで、裁判でその証言を信用してもらうためと思われる。

（2）　学会と学術雑誌

また、教育カリキュラムだけではなく、学会や学術雑誌などの成立により科学が誕生していくが、法科学に関しても学会や学術雑誌などが設立されている。一九四八年に世界初の法科学学会として、アメリカ法科学学会（AAFS: American Academy of Forensic Sciences）が設立された。また、一九五九年イギリスに、法科学学会（FSSoc: Forensic Science Society、現在は法科学公認学会 CSFS: The Charted Society of Forensic Sciences）が創設された[18]。ニュージーランドに関連する学会としてはニュージーランドとオーストラリアの間で、オーストラリア・ニュージーランド法科学学会（ANZFSS: Australian and New Zealand Forensic Science Society）が一九八八年に成立し[19]、法科学に関連する人々の交流や、科学鑑定の品質の向上のために年次大会、シンポジウム、講演会などが行われている。

法科学に関連する学術雑誌としては、アメリカの『法科学雑誌（*Journal of Forensic Sciences*）』、イギリスの『科学と司法（*Science and Justice*）』、オーストラリアの『オーストラリア法科学雑誌（*Australian Journal of Forensic Science*）』などが一九四〇年代以降発行され、鑑定手法の改良に関連した論文の投稿が行われている(20)。

近年、法科学ラボに対する批判として、それが日々の業務に手一杯であり、科学的実践を行うラボとして新たな科学的知を生み出すための研究を行っていないという指摘がなされている［Linacre 2013; Mnookin *et al.* 2011; National Research Council 2009］。

こうした批判に対して、ESRは研究に積極的に取り組むことで対応している。ESRでは、職員が鑑定業務以外に、新たな鑑定方法の研究をすることを奨励している(21)。特にDNAラボは、研究のみを行う研究開発チーム（RDT: Research and Development Team）を持ち、そこではDNAラボの法科学者、オークランド大学から受け入れている修士課程や博士課程の大学院生を中心に、鑑定手法の改良のために研究が行われ、研究成果が学会や学術雑誌などに数多く発表されている(22)［Bedford and Mitchell 2004: 39］。学会や学術雑誌の成立により、様々な要素を含む法科学に、科学としてひとつの形が与えられたといえる。そして、こうした学会や学術雑誌での研究成果の公表を行うことで、ESRの職員たちは科学者として、裁判での信頼を得ようとしているといえる。

以上のように、様々な制度の設立により、法科学の境界設定が行われているが、こうした境界設定の動きは法科学ラボの実践そのものにまで及んでいる。後述するように、法科学の境界設定において、標準化されたものが科学とされ、科学としての条件を満たすように法科学ラボの様々な実践が標準化されているのである。

境界設定を担うもの

多様な要素を含み込む法科学に関して、その境界設定の試みが、制度面、実践面について世界的に生じているが、法科学の境界設定で重要な役割を果たしているのが、裁判である。科学鑑定の結果、すなわち法科学実践の結果は裁判の中で精査される。裁判とは法科学の内容を確認し、それがどのようにあるべきかを判断する場といえる［cf. Jasanoff 1998］。裁判で受け入れられないものは、法科学としては認められないのである。境界設定においては、何を科学の要件とするか、境界設定作業が行われるが、法科学に関しては何をその要件とするかが、裁判の中で定められていくといえる。

たとえば、第5章でも少し触れたが、アメリカでは科学鑑定の結果を裁判で証拠として採用するかどうかに関して、裁判所がフライ基準(23)（Frye rule）やドーバート基準（Daubert rule）といった基準を設けており、この基準をクリアしたものを科学的証拠として認めている。この基準の中では科学的証拠とはどのようなものを指すかが定められており、裁判所が科学とは何かを決めている。

そしてこうした基準の中で、標準化が科学の要件として重視されている。フライ基準では、特定の科学鑑定の結果を裁判で採用する場合は、科学鑑定で利用される原理や方法論が、科学者共同体の一般的な承認を受けていることが条件とされている。一方ドーバート基準では、理論や方法がピアレビューされていること、エラー率や標準手法が明らかにされていることなどが、特定の科学鑑定の結果が裁判で採用されるための条件として、必要とされる［cf. 勝又 2008; 徳永 2002］。

科学者共同体の承認やピアレビュー、標準的な手法の確立をその条件として挙げていることなどからも分かるように、何を科学的証拠とみなすかにおいて、その実践が標準化されていることが重視されているといえる。フライ基準やドーバート基準は、法科学だけを対象としたものではなく、医療や環境問題、食品リスクに関する訴訟など、科学が関連する裁判で議論の対象となる科学的証拠に対する基準であるが、こうした基準を設定することで、標準化されたものを科学と定め、裁判で利用される科学に対して、こうしたありようを求めているのである。

またニュージーランドでは、何を科学的証拠とみなすかに関して、証拠法（Evidence Act（2006））の中で定められている。そこでは、科学的証拠（scientific evidence）ではなく専門家意見証拠（expert opinion evidence）と表現されているものの、「専門家意見証拠とは、専門的な知識やトレーニング、研究に基づいた技能や経験を持った人によって提示された証拠である。専門家意見証拠は公判で他の証拠の理解や、事実認定のために有用であれば、証拠として採用される」と規定されている［Mahoney *et al.* 2014］。この規定は、ESRのある法科学者によると、「すべてのものを専門家意見証拠として含む、ということであり、何も意味していない」[24]ものともいえるが、実際の裁判においては、専門家として、該当分野に関する必要な専門的知識を持っていることを示す必要があるという［Mahoney *et al.* 2014］。そして裁判の中では、フライ基準やドーバート基準が採用されている［Freckelton and Selby 2009］。さらにこれまで見てきたように、裁判の中でESRのラボでの実践が標準化されていないことが批判されたように、ニュージーランドでも裁判では、標準化が科学の要件として重視されているといえる。

こうした裁判での規定以外にも、その実践が標準化されたものを科学として定める動きは他にもある。たとえば、第5章でも述べたように、アメリカ科学アカデミーが法科学に関する精査を行い、法学者、科学者（物理学、化学、生物学、工学、統計学、医学など）、法科学者によって報告書が出された。そのなかで、法科学ラボでとられている手法が、特に定性的鑑定分野に関しては、特定の犯罪現場から採取された資料の鑑定のために生み出された、経験などに依拠したものであり科学的精査を受けていないとして、法科学の科学性に疑問が呈されている。また、法科学の分野間で鑑定手法の科学性に差があることが指摘されている。そして、法科学に対して、鑑定結果を表現するための標準化された方法の確立や、鑑定方法の信頼性に関する研究と学術雑誌への投稿、バイアスやエラーを最小限にするための標準化された鑑定手法の確立、標準化された鑑定手法確立のためにアメリカ国立標準技術研究所（NIST: National

Institute of Standards and Technology）などとの協力などを要請している［National Research Council 2009］。

また、アメリカの法学者、認知神経科学者、法科学者、分子生物学者、ＳＴＳ研究者らが、法科学に対して、経験や主観によってたつのではなく、データや研究に裏打ちされた、標準化された科学鑑定を行うべきであると主張している［Mnookin *et al.* 2011］。

さらに、ヨーロッパ連合では、ヨーロッパ評議会が一九九二年に、司法制度の枠組みにおけるＤＮＡ型鑑定の利用に関する勧告を出しており、そのなかで、加盟国に対して、ＤＮＡ型鑑定の手法に関して国内及び国際的な標準化を要請している［Council of Europe, Committee of Ministers 1992］。

こうした法科学に対するその実践の標準化要請は、標準化に基づいた法科学の境界設定がなされている様子と見ることができる。実践が標準化されたものこそが科学である、という定義に則って、その定義に見合うように法科学ラボへの実践の標準化が求められているといえる。このように、何が法科学なのか、法科学の境界設定は、標準化を重視する形で法科学ラボ外部の様々な要素によって行われているが、その根本には裁判の影響があると思われる。アメリカ科学アカデミーの報告書や様々な科学者集団からの指摘、ヨーロッパ評議会の勧告などは、法科学が裁判で科学的証拠として認められるためにはどうあるべきかを述べているのである。

それが裁判の中で利用されるという特性上、法科学の境界設定は、裁判の影響を直接、間接的に受けて行われているといえる。そして、そこでは標準化が科学の要件として重視されている。

より客観的な鑑定へ

そしてこうした法科学の境界設定は、法科学の「科学化」といえる［cf. Frederiksen 2012; 笹倉 2013］。アメリカなどでは、ドーバート基準によって科学とはどうあるべきかが定められているにもかかわらず、裁判で実際にドーバート基準をどのように運用するかが、裁判官に任せられている。そのため、ドーバート基準を満たしていないような科学的証拠が受け入れられてきたという問題が指摘されている［Lynch *et al.* 2008; National Research Council 2009］。またニュージーランドでも、何を科学的証拠と認めるかに関して、その基準があいまいであり、科学ではないものも科学的証拠として採用されてしまうという批判がなされてきた［Helm 2015］。

しかし近年、本書でこれまで見てきたように、裁判で法科学のあり方が批判されるようになり、その実践の標準化が要請されるようになってきた。これは、法科学に含まれる多様な知を排除し、標準化された実践に基づいた「科学」として、法科学を確立しようという動きといえる。

犯罪解決のための有効なツールとして、科学鑑定の重要性が高まる中で、一九九〇年代から科学鑑定の見直しが進み、法科学ラボで具体的にどのような鑑定が行われているのかも裁判の中で精査されるようになってきた。その中で、個々の法科学者が、それぞれの事件に対応するために多様な知を利用しながら鑑定を行っていることが明らかになってきた［cf. Lynch *et al.* 2008］。こうした多様な要素からなる法科学のありようについて、近年では科学鑑定の内容そのものが批判され、法科学ラボの実践そのものを変更する動きが生じている。本書でみてきたように、多様な要素を含むパッチワークのような法科学は、裁判では科学としては認められず、法科学を科学とするために、法科学ラボの実践の標準化が求められている。科学では、ラボでの実践やそれによって生み出された結果の標準化が行われているが、こうした科学で行われているように法科学ラボの実践を標準化することで、様々な知を含む法科学を科学化し、わざなどの主観的な判断に頼り、人によって結果が変わってしまうような事態を避け、より客観的な鑑定が行えるようになると考えられているのである［cf. Frederiksen 2012; National Research Council 2009; Pyrek 2007］。

第1章で述べたように、境界設定とは科学と非科学とを分けることであり、境界設定それ自体が、ある事象の科学化といえるが、法科学に関する境界設定では、裁判の考える科学の姿へと法科学が変更されていく、という点で括弧付きの「科学化」が行われていると思われる。

標準化と科学化

こうした法科学の境界設定、科学化は裁判という法科学ラボ外部により行われるが、これに応えるために、本書で述べてきたように、法科学ラボの実践の標準化が遂行されている。法科学ラボとは、標準化された科学鑑定の実施に尽力することで、様々な知を含んだ法科学から、裁判で科学として認められる法科学が生成されていく場となっているといえる。

なお、第5章では法科学の諸分野の標準化が、ＤＮＡ型鑑定化という流れを伴って行われていると述べたが、ＤＮＡ型鑑定が他の鑑定分野の目標として設定されたのは、ＤＮＡ型鑑定が、すべての人が同じ実践を行うことを可能とする自動化や統計的手法、データベースなどを利用しており、裁判が理想とする、標準化された科学に近いからであると思われる［cf. Frederiksen 2012］。法科学諸分野のＤＮＡ型鑑定化を行い、さらに法科学ラボ内や国際的な鑑定実践の標準化を行うことで、最終的に標準化された科学としての法科学が生成されていく。法科学の科学化という大きな流れの中に、鑑定諸分野のＤＮＡ型鑑定化があると考えられる。

実像とは異なる科学化

しかし、こうした標準化を重視した形での法科学の境界設定、科学化には問題も存在する。ラボ内での実践を標準化するために詳細なマニュアルを作成したとしても、固定的なマニュアルでは流動的な現実に対処できず、マニュアルの変更やマニュアルとは異なる実践を正当化する必要があった。また、異なる鑑定分野間でその実践を標準化する際には、法科学諸分野がそもそも異なる文化に属しているために、その標準化が非常に困難であり、その将来は注視する必要がある。また国際的な標準化についても、法科学ラボの実践の地域性ゆえに、実践内容そのものの標準化ではなくアウトラインの標準化が行われている。

法科学ラボの実践の標準化には様々な問題が存在する。こうした問題が生じるのは、ある法科学者が、「裁判では、たとえば生物学が引き合いに出されて、生物学のラボでのように、世界中どこの法科学ラボでもまったく同じ鑑定をして、まったく同じ結果が出るはずだと考えられることがあるけれど、生物学だってそんなことはあり得ない[25]」と述べるように、裁判の考える科学が、これまでＳＴＳの研究者が明らかとしてきたような、様々な戦略やダイナミクスを持っている科学の実像とは異なっている場合があるからだと思われる。

従来のラボラトリー研究の中では、科学ではラボでの実践や科学的知の標準化が目指されているものの、実際はそれが難しく、標準化のために科学者たちが様々な戦略をとっていることが解明されてきた。ラトゥールは、科学の対象である自然は、本来様々な要素と相互作用し、多様なものを含んだ異種混合物であるにもかかわらず、科学者たちは様々な諸条件、実験手法や観察手法の標準化をとおして、その異種混合性の縮減を行っていると主張している。彼は、こうした異種混合性の縮減を「純化（purification）」と呼んでいる。そして、純化によって自然と関連する多様な実践、知識や理論などが標準化され、科学の対象である自然が様々な要素から切り離されそれ自体で成立する客体へと表面上は変化するが、その一方で標準化されなかったもの同士で交配が進み、実は自然に関する異種混合性が増幅されていくと述べている［Latour 1991（2008）］。科学とは一見、すべてのものを標準化し、自然をそれが依存する諸条件から切り離していくプロセスのように見えるが、それは理想的な科学の姿に過ぎないのである。

こうした科学の実情にもかかわらず、裁判の考える科学とは、ＳＴＳの研究者が描写してきた複雑なダイナミクスを持つ科学ではなく、その実践や科学的知がしっかりと標準化されているものであり、現実のそれとは必ずしも一致していない場合があるといえる。

したがって、現実とは異なる理想の科学を法科学の目標と設定し、法科学をその方向に変えていこうとするために、様々な問題が生じていると思われる。裁判の要請を受けて法科学を科学化するために、法科学ラボの実践は様々なレベルで標準化されている。しかし、裁判の考える科学が現実とは異なるそれであるために、法科学ラボの実践の標準化には、本書でみてきたような問題が発生し、法科学者たちはそれに様々な戦略をとることで対応しているのである。

4　科学の理想と現実の齟齬

以上、法科学ラボの実践の標準化と法科学の境界設定について述べてきたが、本節ではこれまでの議論をまとめるとともに、科学化について再考する。

理想的な科学へ

ＳＴＳ研究者が分析してきた科学ラボとは、実験や観察をとおして新たな知識や理論を産出することを目的としている。こうしたラボでは、実験や観察により多くの結果が得られ、ラボの実践やその結果を標準化し、新たな科学的知や新たな学問領域が誕生していく。実験や観察などのラボの実践や、知識や理論が標準化されていることは、科学がそれとして成立するために重要であり、科学者間の様々な論争や社会的相互作用の中で標準化や境界設定が行われる。本書では、これまでＳＴＳの研究で対象となってきた科学ラボとは異なる法科学ラボに着目し、その実践の標準化や法科学の境界設定がどのように行われるのかを分析してきたが、それはまさに外的な要因、主に裁判の要請の中で行われているといえる。

犯罪捜査や裁判の中で法科学の果たす役割が大きくなった結果、より客観的な鑑定のために、科学的知識のみならず多種多様な知を含んでいる法科学の変更が行われている。そしてそれは、法科学を、法科学の外部の人々の考える理想的な科学へと変えることといえる。過去に発生した特定の犯罪という複雑な事象を復元することを目的とする法科学は、扱う対象や手法を異にする鑑定分野やわざ、一般常識や実務経験など、科学的知のみならず様々なレベルの知を含んでいる。しかし、この法科学のありようは、裁判では科学としては認められない場合があり、より信頼性のある客観的な科学鑑定のために、法科学の変更、科学化が求められている。こうした法科学の境界設定の中で、制度の設立が促され、教育カリキュラムや学会、学術雑誌など、科学がそれとして成立するために必要とされる制度が、法科学についても近年世界的に構築されている。そして、制度面だけではなく法科学の科学化は、法科学ラボの実践面にも及んでいる。法科学の境界設定では、標準化が科学の要件として重視されており、法科学者たちはそれに応えるためにラボの様々な実践の標準化に尽力している。しかし、境界設定の中で目指される標準化されたものとしての科学が、これまでSTS研究者が明らかとしてきた科学の実情とは異なる場合があるために、法科学ラボにおける実践の標準化は、様々な問題をはらみながら特殊な形で行われている。

科学観のあいまいさ

本書では、裁判が理想とする科学観に基づいて、法科学が科学化されていることを分析したが、法科学の境界設定において考えられている理想的な科学とは、必ずしも本書で述べてきたような、様々な実践が標準化されたものというわけではない。前述したように、ニュージーランドでは、何を科学的証拠とするかの基準があいまいであるという指摘がなされてきた。またアメリカでも、ドーバート基準を裁判官が自由に解釈することで、ある時は科学者集団によって認められておらず、そのやり方が標準化されていない手続きに基づいた科学的証拠が証拠として採用され、またある時は、科学者の観点からすれば標準化されているにもかかわらず、資料の分析の際にとられた手法が標準化されたものとは言い難いとして、その手法に基づいた科学的証拠が証拠としては採用されないといった事態が生じている [Jasanoff 1997]。また、日本でも多くの科学者にとって、科学的とはいえない鑑定結果が証拠採用されたり、逆に非常に厳密な手続きに基づいていない限り、それを科学的証拠としては採用しないなど、裁判官の裁量によって何が科学で何が科学でないかが決められ、その判断基準が明確でないことが問題となっている [今村 2012; 森 2014; 矢澤 2013]。

裁判の考える科学は、非常に流動的であり、その時々に応じて何を科学とみなすのかが変わっている。第1章で、科学者たちが科学の特性として主張するものが、文脈によって変化することをギアリンが明らかにしたと述べたが、裁判でも同様の現象が生じている。そしてこうした様々な科学観の中でも、本書の対象となったニュージーランドでは近年、標準化された実践を行うという科学のありようが、裁判において理想的なものとみなされ、それに見合うように法科学ラボの実践の変更が促され、法科学者たちがそれに対応していた。また、二〇〇九年の法科学に関するアメリカ科学アカデミーの報告書以来、標準化されたものを、理想的な科学とみなす動きが世界的にも大きくなっているといえる [cf. Frederiksen 2012; National Research Council 2009]。ＥＳＲのある法科学者が「裁判官は何が科学かについて、よくわかっていない[26]」と述べるように、裁判の考える科学は様々に変化するあいまいなものであるが、近年は、科学の特性として標準化が重視され、それに基づいて法科学ラボの多様な実践の標準化が要請されていると思われる。

（1） ＤＮＡラボの法科学者Ｔへのインタビュー（2014/07/14）。
（2） ＥＳＲの補助員Ｎへのインタビュー（2011/03/14）。

（3）DNAラボの法科学者Mへのインタビュー（2014/07/10）。
（4）鑑識ラボの技官Dへのインタビュー（2012/03/21）。
（5）DNAラボの法科学者Oへのインタビュー（2014/07/30）。
（6）なおESRでは二〇一二年から、混合資料や微量資料のDNA型鑑定に関して、STRmix™と呼ばれるソフトウェアを利用しており、自動的に混合資料や微量資料の分析が行われはじめている。DNAラボの法科学者Lへのインタビュー（2014/07/21）。しかしこのソフトウェアを使用する場合でも、法科学者による判断が必要とされるという。DNAラボの法科学者Bとの私信（2014/07/29）。
（7）DNAラボの法科学者Gへのインタビュー（2012/03/12）。
（8）DNAラボの法科学者Rへのインタビュー（2014/07/11）。
（9）DNAラボの法科学者Mへのインタビュー（2014/07/10）。
（10）DNAラボの法科学者Bとの私信（2014/07/29）。
（11）DNAラボの法科学者Eへのインタビュー（2014/07/14）。
（12）物証ラボの法科学者Hへのインタビュー（2014/07/21）。
（13）DNAラボの法科学者Mへのインタビュー（2012/03/05）。
（14）DNAラボの法科学者Gへの参与観察記録（2012/03/30）。
（15）オークランド大学の教員Iへのインタビュー（2014/07/23）。
（16）物証ラボの法科学者Aへのインタビュー（2014/07/15）。
（17）鑑識ラボの法科学者Fへのインタビュー（2014/07/22）。
（18）URL: http://www.forensic-science-society.org.uk/AboutUs（2014/11/20確認）。URL: http://www.csofs.org（2016/12/12確認）。
（19）オーストラリア・ニュージーランド法科学学会の前身であるオーストラリア法科学学会（Australian Forensic Science Society）が一九七一年に成立し、それがニュージーランドの会員も受け入れる形で一九八八年にオーストラリア・ニュージーランド法科学学会となった。URL: http://anzfss.org/about/（2014/09/30 確認）。
(20) ＤＮＡラボの法科学者Ｏへのインタビュー（2014/07/30）。
(21) ＤＮＡラボの法科学者Ｐへのインタビュー（2014/07/21）。
(22) ＥＳＲで行われている研究としては、鑑識ラボでは、犯罪現場を三次元で再現するための技術開発、ＤＮＡラボでは mRNA とレーザー顕微解剖（LMD: Laser Microdissection、顕微鏡とレーザーを使用して、精液と膣液の混ざった資料から、精子のみを採取する装置）の研究、ウェリントンの鑑識ラボでは血痕がどのように飛び散るかについての研究がある。
(23) ＤＮＡラボの法科学者Ｔへのインタビュー（2014/07/14）。
(24) 一九二三年の裁判の判決をもとにしている［徳永 2002］。
(25) ＤＮＡラボの法科学者Ｂとの私信（2012/03/02）。
(26) ＤＮＡラボの法科学者Ｂとの私信（2014/07/25）。
(27) ＥＳＲの法科学者Ｚへのインタビュー（2011/12/23）。

第8章 ラボラトリー研究を超えて
——結びにかえて

本書の目的は、法科学ラボという、ＳＴＳの研究の中でこれまであまり対象となってこなかったタイプのラボにおいて、そこでどのように標準化が行われるのかを多角的に検討することによって、法科学ラボで何が行われているのか、そして法科学がいかに生成されるのかを、それに付随する問題も含めて解明することであった。本章ではこれまでの議論をまとめる。

1　法と科学の交錯

ジャサノフは、生殖医療や終末期医療、医療過誤、食品リスクや環境問題にかかわる訴訟やＤＮＡ型鑑定が証拠として利用された刑事裁判などの、科学がかかわる裁判の判決を検討する中で、裁判という場において何が科学的といえるのかが定められていくと主張している。さらに法と科学とが裁判において相互作用しながら法なるもの、科学なるものを共に生み出していると指摘している［Jasanoff 1997］。ジャサノフの分析は、科学の境界設定について裁判側からの視点であるが、本書では法科学ラボという科学の現場に着目し、裁判でなされた法科学の境界設定に対して、科学側が具体的にどのように対応しているのかを、標準化を論点として詳細に描き出してきた。ジャサノフの述べるように、裁判の中で法科学の境界設定が行われるものの、事態はそれほど単純ではなく、現場の法科学者たちはその境界設定に対して様々な戦略をとっている。

法科学を成立させているもの

今日、科学が我々の日常生活におよぼす影響は甚大となり、もはやそれなしでは社会生活を営むことは難しいと思われる。こうした巨大な力を持つ科学に対して、これまで数多くのＳＴＳ研究者による分析がなされ、科学的知が生み出される複雑なダイナミクスが検討されてきた。

ＳＴＳの研究者が対象としてきた科学ラボでは、新たな科学的知の産出のための実験や観察が行われる。そして実験や観察などの実践や、そこから生まれた知識や理論が標準化されていることが、科学の特性として重視される。こうした標準化やそれに基づく境界設定においては科学が相容れない二つの原理、すなわち誰よりも早く新しい発見をすることを目指した競争原理と、新しい知や領域は同業の科学者集団に認められなくてはいけないという共同原理の中にあるために、ラボごとに、また国際的なラボ間で科学者たちが複雑な戦略をとっていることがこれまで分析されてきた。そして、新たな知や技術を生み出す異分野間の科学的プロジェクトにおいて、異なる文化に属する科学分野が、互いの異なる実践や認識ゆえに生じる問題を避けるために、それぞれの分野を緩やかにつなぐ中間物を作り出し、協働している様子が検討されてきた。

これに対し本書で検討してきた法科学ラボでは、新たな科学的知の産出は目的とはされておらず、資料の鑑定をとおして、多様な要素が関係する犯罪現場で何が起こったのかを復元し、犯罪を解決するという法が絡む巨大なシステムの一端が担われている。こうした特殊な活動を行う法科学ラボに関しては、これまでみてきたように、裁判といったラボ外部の要因によって、何が法科学か、その境界設定が行われ、それに基づいてラボの実践の標準化が要請されていた。法科学ラボにおける標準化や法科学の境界設定の特徴は、それが法科学者自身によってではなく、外部要素の主導によってなされることである。裁判以外の他の要因が法科学ラボに影響を与える場合もあるが、そこでもその根底には法の考え方が息づいている。犯罪の解決、すなわち最終的には裁判での裁定に貢献するというその目的ゆえに、法科学を法科学として成立させているのは裁判などの法的要素であり、そうした外部の影響を受けるがゆえに、法科学ラボでの実践の標準化や法科学の境界設定は特殊な形で行われ、また問題が生じている。

多様なレベルで標準化される科学鑑定

法科学とは、過去に起こった特定の犯罪を復元することを目的としている。犯罪とは様々な要素を含んでおり、またそれが過去に起こったものである、という点でその復元には複雑さ、困難さが付随する。これを克服するために法科学は、科学的知識のみならず、法科学者のそれまでの経験や知識などのわざや人々の生活に根ざした一般常識も含む。また、複雑な犯罪の解決のために多くの資料が利用されるため、法科学はその文化を異にする多くの鑑定領域を含む。このように科学的知識のみならず、多種多様な知を含み、それらをすべて犯罪の復元のために利用するのが法科学である。法科学は、多くの知を利用して犯罪現場を復元し、犯罪解決への貢献を目指すものであり、新たな科学的知の産出を目的とする科学とは様相を異にする。もちろん、たとえばＤＮＡ型鑑定の手法の確立など、個々の鑑定手法の改良や新しい鑑定手法を生み出したりすることも、行われてはいる。しかし、法科学の現場である法科学ラボの主要な目的は、個々の資料の鑑定であり、研究を主目的としているわけではない。

こうした独自性を持つ法科学であるが、科学鑑定が犯罪捜査や裁判でますます重視されるようになると、科学的知以外の多様な知識を含む法科学の科学性が裁判で疑問視されるようになる。そして、わざなどに頼ることのない、より客観的な鑑定をする必要性が提唱されることとなった。

法科学を科学へと変更していくこと、つまり法科学の科学化とは、裁判による法科学の境界設定といえるが、その科学化、境界設定に際しては、標準化が重要な要素として利用されている。たとえばひとつの法科学ラボにおいて、誰がやっても同じ結果が出ることを保証するために、ラボでの活動がすべてマニュアルにまとめられているが、これはひとつのラボにおいてその活動が標準化されていることを意味する。また、異なる法科学分野間でその実践をひとつにまとめるということは、異なる分野の法科学ラボ間でその実践を標準化するということである。さらに、鑑定実践を一国内のみならず、国際的に標準化することも行われている。

法科学者たちは、法科学ラボの実践をミクロからマクロまで様々なレベルで標準化すること、つまり多様なレベルで標準化された科学鑑定を実施することを試みているが、この背景には、裁判が標準化されたものを科学であると考え、法科学ラボにその実践の標準化を促しているという要因がある。裁判では、人によって異なる結果が出ることや、異なる鑑定分野の実践の違いが批判されており、法科学ラボに対し、ラボ内で、法科学分野間で、また国際的に標準化された科学鑑定を行うことが求められている。

旧来のＳＴＳ研究が明らかとしてきたように、科学ラボでは、実験や観察によって多くのデータが産出された結果として、標準化や境界設定が必要とされ、科学者自身によってそれらが行われる。それに対し法科学ラボでは、外的な要因によって法科学の境界設定が行われる。そして法科学ラボの様々な実践を標準化することで、法科学ラボの外部、裁判が考える科学へと法科学が科学化され、その境界設定が達成されているのである。

法と科学の違いと問題

しかし、裁判の考える科学は必ずしも実際の状況とはあっていない場合がある。たとえば科学ラボにおいては、実験や観察はある程度自由に行われており、それをすべてマニュアル化することは困難であり、ひとつのラボ内で厳格かつ詳細なマニュアルを作成し、実践を標準化することは通常行われていない。また異なる分野間でその実践を標準化することは、それに代わってあいまいな中間物が生み出されることはあるものの、通常、科学的協働ではあまり行われない。また国際的な標準化についても、科学の地域性ゆえに、ラボでの実践を国際的に標準化し、実験結果や観察結果の再現性を保証し科学的知を国際的に標準化することの難しさは、これまでＳＴＳの研究の中で指摘されてきたとおりである。

裁判では、こうした実情があまり考慮されず、科学では標準化がなされており、法科学も科学となるためにはその実践が標準化される必要があるという考えのもと、法科学ラボに対する実践の標準化が要請される。しかしその要請は科学の実態とは異なっているために、これまでみてきたような問題が生じているのである。裁判の考える理想の科学観に則って、法科学の境界設定や法科学ラボの実践の標準化が行われ、それゆえに法科学者たちは問題に直面し、それを解決するための戦略、たとえばマニュアルを適宜変更させたり、鑑定実践の標準化ではなくアウトラインの標準化を行ったりするなどの対応をしている。

かつてアメリカでは、科学がかかわる裁判の中で、科学的手法とは言い難いやり方で関連資料が分析され、その結果が証拠として採用されるなど、裁判において採用される科学的証拠の基準が低く、こうした分析を担うものは「ジャンクサイエンス（junk science）」として批判され世界的に問題とされた［cf. Huber 1993］。科学的に精度の低い分析結果が科学的証拠として採用されてきた背景には、裁判が考える科学が実際のそれよりも、より広く捉えられていたという問題があると思われる。こうした裁判の考える寛大な科学観は、科学者などから批判されるが［cf. Jasanoff

1997]、近年では科学観が、標準化に基づいたより厳格なものへとシフトしていっているように思われる。そしてこうした厳格な科学観に見合うように、法科学がその実践の標準化を求められるようになったといえよう。法科学の科学化は、ジャンクサイエンスを排除するという意味では非常に理にかなっており、それによって科学鑑定の科学的精度は確かに向上したといえる。しかし、同時に科学化で理想とされている科学が、現実のそれよりも厳しいという問題もあるといえる。

ジャンクサイエンスを科学と認めていたように寛大なものであろうと、また近年の厳格なものであろうと、裁判の考える科学は実際のそれと違っている場合がある。裁判が法の原理で動いており、そこに関連する人々は法の専門家であって科学の専門家ではないことから、科学の現実の状況を把握しにくく、その結果実情とは異なる科学のありようが法科学に求められるという悲劇が生じている。しかし、この悲劇的状況をなんとか好転させるために、法科学者たちは多様な戦略をとり、要請に対応しているのである。

藤垣は、科学的知とは日々書き換えられ、更新されていくものであり、その意味で科学とは本来柔軟なものであるにもかかわらず、時に科学の非専門家である人々はこのことを忘れ、科学に対する要求水準を上げ、科学を堅実で不動のものとみなす傾向があると主張する。そして、こうした「固い」科学観から「柔軟な」科学観へと人々の認識を修正する必要があると述べている［藤垣 2005a］。科学者と科学の非専門家との間でその科学観が異なっている、両者の間にギャップが存在するという指摘は、ＳＴＳの文脈で数多く論じられてきた［藤垣 2005b; 藤垣・廣野 2008; Hackett *et al.* 2008; Jasanoff *et al.* 2005］。法科学でも、法科学者とその非専門家とでは、科学観が異なっており、非専門家、すなわち裁判における科学観は近年、徐々に固くなってきていると思われる。

科学者とその非専門家との間で科学観が異なっていたとしても、新たな知の産出を目指す科学においては、ラボでの実践の結果は主に同業である科学者に向けられたものであるために、非専門家がその独自の科学観に基づいて、ラボでの実践に直接的に介入することはそれほど多くないように思われる［cf. Fukushima 2013］。これに対して、法科学とは犯罪捜査や裁判に資することを目的としており、法科学ラボでの実践がその非専門家の活動と直結している。それゆえに法科学に関しては、科学鑑定の結果を利用する非専門家、主に司法関係者から、法科学ラボの実践そのものが影響を受けるという特性がある。そしてこうした非専門家の科学観に則って、法科学の境界設定や法科学ラボの様々な実践の標準化が、課題を含みながらも行われていくのである。

2　科学のさらなる理解のために

最後に、残った課題と今後の展望を述べて結びとしたい。本書は、ＳＴＳ研究者の大きな関心を引いてきた、新たな知の産出を目指した科学ラボではなく、法科学ラボに焦点を合わせてきた。法科学ラボとは、特定の検査を行う検査ラボの一形態といえるが、検査ラボと法科学ラボとの関係性をより詳細に考察する必要があると思われる。実際、ＥＳＲで働いていた職員の中には、検査ラボでの勤務経験のある人もおり、両者の業務には互換可能な部分も存在する。また彼らの話によると、検査ラボでもＥＳＲで行われているようなマニュアルによるラボの実践の標準化や、国際的な監査組織による標準化などが行われている場合があるという(1)。

法科学ラボは、その結果が犯罪捜査や裁判で利用されるために、その標準化がこうした検査ラボより厳しかったり、また検査ラボでは本書で考察したような、異なる分野間の標準化は行われていなかったりするなど、検査ラボと比較したとしても、本書で明らかとしてきた法科学ラボの特性はまだその魅力を保てると思われるが、検査ラボと法科学ラボとの比較は今後のさらなる考察課題としたい。

また、本書の考察結果がニュージーランド以外のより一般的な文脈でも応用できるのか、という課題が存在する。

これまで述べてきたように、ＥＳＲでみられる法科学の境界設定や標準化の動きは、イギリスやアメリカなど世界各地で起こっていることでもある。したがってこの研究は、ニュージーランドの事例研究にとどまらず、より一般的な法科学ラボに関する分析としての側面も持っているといえる。

＊

本書では、ニュージーランドの法科学ラボに関する実践の標準化と法科学の境界設定を検討し、裁判の要請を受けることで、それが従来ＳＴＳの文脈で検討されてきた科学ラボにおけるそれらとは、異なる形で行われていることを明らかとし、科学鑑定の複雑なありようや法科学の特性を解明した。一九七〇年代に始まったラボラトリー研究は、その歴史の中で多様な科学分野のラボの実践や、ラボとその外部との関係性を描き出してきた。しかし旧来のラボラトリー研究で分析されてきた以外にも、科学的活動を行っているラボは数多く存在する。本書では、こうしたこれまで対象となってこなかったラボに関する研究の第一歩として、法科学ラボに着目し、科学者集団の中で行われてきたラボの実践の標準化や科学としての境界設定を、ラボ外部の社会的要素との関連性に基づいて検討するという新しい観点を導入した。こうした新たな対象や分析枠組みによって、これまで明らかにされてこなかった、ラボの実践や科学の境界設定と社会とのより複雑なダイナミクスが示せたと思われる。本書が、新たな知の産出を目指した科学ラボに焦点化し、ある種のタイプのラボの分析については飽和状態となっているラボラトリー研究の、次のステップへの突破口となれば幸いである。

（1）　ＥＳＲの法科学者Ｕへのインタビュー（2012/02/23）。ＥＳＲの補助員Ｎへのインタビュー（2012/03/14）。

あとがき

「思っていたのとは違って、すごく地味でしょ?」
「今日は退屈な作業しかないけど、ごめんね。」

ESRでの調査中、自嘲気味な笑顔とともに、こうした声をかけられることが多かった。推理小説好きの母の影響で、幼い頃から犯罪捜査や裁判、法科学に関する多くのフィクションに触れてきた筆者にとって、確かに実際の法科学ラボの様子は想像の中のそれとは異なっていた。ESRの職員にとっても同様のようで、就職前に思い描いていた科学鑑定の姿と、現実のそれとのギャップに驚いたと述べる人が多くいた。しかし、科学の現場に関して、対象者にとっては当たり前のこととして見過ごされている現象に光をあてることを目指す研究者としての立場からすれば、彼らが「地味」、「退屈」という日々の中にも数多くのドラマティックな場面が存在していた。本書をとおして、ESRの職員たちが心配していたような実際の科学鑑定や法科学の退屈さではなく、社会科学の分析対象としての魅力、重要性が少しでも示せていればよいと思う。

また、科学が我々の生活になくてはならないものとなってから久しいが、一方で科学を原因として様々な問題も発生しており、今日では科学への不信も増している。法科学についても、犯罪解決のためにその重要性や人々からの期待の増大の一方で、それが逆に冤罪を引き起こしてしまうといった悲劇も生じている。こうした問題は、法科学の現場、法科学ラボの内実が明らかになっていないために、法科学への無理解や過信によって生じたとも考えられる。科学と共存していくためには、その有用性だけではなく、問題や限界も含めた科学の実情を認識することが必要といえる。法科学ラボという科学の現場のひとつを描き出した本書により、単に科学を盲目的に礼賛するのでも、頭ごなしに疑うのでもない、科学と真摯に向き合う態度の可能性が開けていけばと切に願う。

本書は、二〇一五年に東京大学大学院総合文化研究科に提出した博士論文「法・犯罪・科学——ニュージーランドにおける法科学ラボラトリーの民族誌」を加筆、修正したものである。執筆にあたり、多くの方々に助けていただいた。すべての方のお名前を述べることができないのが心苦しいが、ここに感謝の意を表したい。

まず、東京大学の福島真人先生には、長年にわたりご指導いただいた。先生からいただいた多くの助言やアイデアがこの本の底流となっている。また、調査地であるＥＳＲは福島先生からご紹介いただいた研究所である。日本から来た、科学を対象とした分析という一見よくわからない研究を行っていた筆者をいぶかしんでいたＥＳＲの職員の方々に対し、先生がユーモアと熱意あふれるメールで、筆者の研究の意義を伝えてくださり、その後の調査を円滑に行うことができた。まさに、福島先生なくしてはこの本は誕生しなかったといえる。

また、東京大学の橋本毅彦先生、津田浩司先生、立教大学の木村忠正先生、国際基督教大学の山口富子先生から多くの的確なご指摘をいただき、本書の議論を深めることができた。橋本先生は、福島先生とともに本書の出版の重要性を説いてくださり、それが刊行へと結びついた。さらに、東京大学文化人類学研究室の先生方や学生の皆さんからも本書や研究に対する数多くの示唆をいただいた。また学生時代をともに過ごした山口まりさんには、本書の草稿を繰り返し読んでいただき、有意義なコメントをいただいた。

調査対象地である、ＥＳＲの職員の方々にも深くお礼を申し上げたい。ＥＳＲでの調査は、Johanna Veth さんがコーディネーターとして、すべての調整を行ってくれた。筆者の話をじっくり聞いてくれ、調査がうまくいかない場合にはいつも助け舟をだし、筆者を励ましてくれた。本当に感謝している。また、調査の申し出を受け入れてくださったＥＳＲの経営陣の方々にも心からお礼を申し上げる。調査対象となった鑑識ラボ、ＤＮＡラボ、物証ラボの職員の方々は、多忙の中、参与観察調査やインタビュー調査に快く応じてくださった。それ以外の職員の方々も、いつも優しい言葉をかけてくれ、彼らの同僚のひとりのように扱ってくれた。加えて、ニュージーランドでの調査中は、Louise Hyatt さんとそのご家族に生活面でいろいろとお世話になった。Hyatt 家の人々は本当の家族のように筆者に接してくれ、長い調査期間中、筆者を常に助けてくれた。

本書の出版は、東京大学出版会の神部政文さん、後藤健介さんのご尽力によるところが大きい。筆者の無茶な要望を受け入れてくださり、良い本を作り上げるという目標に向かって共に歩んでくださった神部さん、ＳＴＳのさらなる発展のために本書の重要性を力強く指摘してくださり、出版を後押ししてくださった後藤さんには心からお礼をお伝えしたい。

本書のもととなった調査は、日本学術振興会科学研究費補助金（特別研究員奨励費 JP09J10239）および公益財団法人日工組社会安全研究財団（二〇一三年度若手研究助成）の助成を受けて行われ、本書の刊行は日本学術振興会科学研究費補助金（研究成果公開促進費 JP16HP5122）の助成を受けた。深くお礼を申し上げる。

最後に家族への感謝を述べたい。実家に帰るたびに筆者をいつも優しく励ましてくれた今は亡き祖父母、穏やかに、時に冗談を交えながら筆者を応援してくれた兄、筆者の体調を絶えず気にかけてくれた双子の妹、どんな時でも寄り添っていてくれた末の妹には本当に感謝している。そして、筆者を常に暖かく見守ってくれ、法科学に興味を持つきっかけに加え、惜しみない援助を与えてくれた両親には言葉にできないほど感謝している。家族からの励ましが執筆の原動力となっている。

鈴木　舞

著者紹介

鈴木　舞（すずき・まい）

東京大学地震研究所特任研究員.

東京大学大学院総合文化研究科博士課程修了．博士（学術）.

専門は科学技術社会論，文化人類学.

科学鑑定のエスノグラフィ

ニュージーランドにおける法科学ラボラトリーの実践

2017年1月25日　初　版

［検印廃止］

著　者　鈴木《すずき》　舞《まい》

発行所　一般財団法人　東京大学出版会

代表者　古田元夫

153-0041 東京都目黒区駒場 4-5-29

http://www.utp.or.jp/

電話 03-6407-1069　Fax 03-6407-1991

振替 00160-6-59964

印刷所　株式会社三秀舎

製本所　誠製本株式会社

ISBN 978-4-13-060318-8　Printed in Japan

索　引

［た行］

［な行］

［は行］

参考文献

Abraham, John　1994　Distributing the Benefit of the Doubt: Scientists, Regulators, and Drug Safety. *Science, Technology, and Human Values* 19(4): 493–522.

――― 1995　*Science, Politics and the Pharmaceutical Industry: Controversy and Bias in Drug Regulation*. London: UCL Press.

赤根敦　2010　『DNA 鑑定は万能か――その可能性と限界に迫る』化学同人.

Alder, Ken　1998　Making Things the Same: Representation, Tolerance and the End of the Ancien Régime in France. *Social Studies of Science* 28(4): 499–546.

Altick, Richard D.　1970　*Victorian Studies in Scarlet: Murders and Manners in the Age of Victoria*. New York: Norton（村田靖子訳　1988　『ヴィクトリア朝の緋色の研究』国書刊行会).

青柳まちこ（編）　2008　『ニュージーランドを知るための 63 章』明石書店.

Bainbridge, Scott　2010　*Shot in the Dark: Unsolved New Zealand Murders from the 1920s and '30s*. Sydney: Allen and Unwin.

Balding, David J.　2005　*Weight of Evidence for Forensic DNA Profiles*. Chichester: John Wiley and Sons.

Barley, Stephen R. and Beth A. Bechky　1994　In the Backrooms of Science: The Work of Technicians in Science Labs. *Work and Occupations* 21(1): 85–126.

Bärmark, Jan and Göran Wallén　1980　The Development of an Interdisciplinary Project. In *The Social Process of Scientific Investigation*. Karin D. Knorr, Roger Krohn, and Richard Whitley（eds.), pp. 221–235. Dordrecht: D. Reidel Publishing.

Barnett, Stephen（ed.）　1985　*New Zealand in the Wild*. Auckland: William Collins Publishers.

Bass, William M. and Jon Jeferson　2003　*Death's Acre: Inside the Legendary Forensic Lab the Body Farm Where the Dead Do Tell Tales*. New York: G. P. Putnam.（相原真理子訳　2008　『実録死体農場』小学館).

Bauer, Henry H.　1990　Barriers Against Interdisciplinarity: Implications for Studies of Science, Technology, and Society（STS), *Science, Technology, and Human Values* 15（1): 105–119.

Bawden, Patricia　1987　*The Years Before Waitangi: A Story of Early Maori/European Contact in New Zealand*. Auckland: P. M. Bawden.

Beccaria, Cesare　1984　Dei delitti e delle pene. In *Edizione nazionale delle opera di Cesare Beccaria*, vol. 1: *Dei delitti e delle pene*, a cura di Gianni Francioni con le edizioni italiane del "Dei dellitti e delle pene" di Luigi Firpo, pp. 15–129. Milano: Mediobanca.（小谷眞男訳　2011　『犯罪と刑罰』東京大学出版会）.

Bedford, Keith R.　2011a　Forensic Science Service Provider Models: Is There a "Best" Option?　*Australian Journal of Forensic Sciences* 43(2–3): 147–156.

———　2011b　Forensic Science Services. *New Zealand Law Journal*: 285–288.

Bedford, Keith R. and Jim W. Mitchell　2004　Chemistry in ESR, Auckland. *Chemistry in New Zealand* 68(1): 38–39.

Belich, James　1996　*Making Peoples: A History of the New Zealanders, from Polynesian Settlement to the End of the Nineteenth Century*. Auckland: Allen Lane/Penguin Books.

Bell, Suzanne　2008a　*Encyclopaedia of Forensic Science* (Revised Edition). Facts on Files Science Library.

———　2008b　*Crime and Circumstance: Investigating the History of Forensic Science*. Westport, Conn. and London: Praeger.

Benson, Douglas　1993　The Police and Information Technology. In *Technology in Working Order: Studies of Work, Interaction, and Technology*. Graham Button (ed.), pp. 81–97. London: Routledge.

Berger, Charles E. H., John Buckleton, Christophe Champod, Ian W. Evett, and Graham Jackson　2011　Evidence Evaluation: A Response to the Court of Appeal Judgment in *R v T*. *Science and Justice* 51(2): 43–49.

Berger, P. L.　1963　*Invitation to Sociology: A Humanistic Perspective*, New York: Doubleday.

Bimber, Bruce and David H. Guston　1995　Politics by the Same Means: Government and Science in the United States. In *Handbook of Science and Technology Studies: Revised Edition*. Sheila Jasanoff, Gerald E. Markle, James C. Petersen, and Trevor Pinch (eds.), pp. 554–571. Thousand Oaks and London: Sage.

Blitzer, Herbert, Karen Stein-Ferguson, and Jeffrey Huang　2008　*Understanding Forensic Digital Imaging*. Indianapolis: Academic Press.

Broad, William and Nicholas Wade　1982　*Betrayers of the Truth: Fraud and Deceit*

in the Halls of Science. New York: Simon and Schuster.（牧野賢治訳　2014『背信の科学者たち――論文捏造はなぜ繰り返されるのか？』講談社）.

Brown, Guy and Peter Llewellyn　1991　*Traces of Guilt: Science Fights Crime in New Zealand*. New Zealand: Collins.

Brown, Phil, Sabrina McCormick, Brian Mayer, Stephen Zavestoski, Rachel Morello-Frosch, Rebecca Gasior Altman, and Laura Senier　2006　"A Lab of Our Own": Environmental Causation of Breast Cancer and Challenges to the Dominant Epidemiological Paradigm. *Science, Technology, and Human Values* 31(5): 499–536.

Bucchi, Massimiano　2004　*Science in Society: An Introduction to Social Studies of Science*. London and New York: Routledge.

Buckleton, John　2009　Validation Issues around DNA Typing of Low Level DNA. *Forensic Science International: Genetics* 3(4): 255–60.

Burney, Ian and Neil Pemberton　2013　Making Space for Criminalistics: Hans Gross and *fin-de-siècle* CSI. *Studies in History and Philosophy of Biological and Biomedical Sciences* 44(1): 16–25.

Burri, Regula Valérie　2013　Visual Power in Action: Digital Images and the Shaping of Medical Practices. *Science as Culture* 22(3): 367–387.

Busch, Lawrence　2011　*Standards: Recipes for Reality*. Cambridge, Mass: MIT Press.

Butler, John M. 2005　*Forensic DNA Typing, Second Edition: Biology, Technology, and Genetics of STR Markers*. Boston: Elsevier Academic Press.（福島弘文・五條堀孝監訳，藤宮仁・玉田一生・福間義也・長崎華奈子訳　2009『DNA 鑑定とタイピング――遺伝学・データベース・計測技術・データ検証・品質管理』共立出版）.

Butlercor, M. John　2015　U. S. Initiatives to Strengthen Forensic Science and International Standards in Forensic DNA. *Forensic Science International: Genetics* 18:4–20.

Byers, Michele and Val Marie Johnson (eds.)　2009　*The CSI Effect: Television, Crime, and Governance*. Lanham: Lexington Books.

Callon, Michel　1986a　The Sociology of an Actor-Network: The Case of the Electric Vehicle. In *Mapping the Dynamics of Science and Technology: Sociology of Science in the Real World*. Michel Callon, John Law, and Arie Rip (eds.), pp. 19–34, Basingstoke: MacMillan.

———　1986b　Some Elements of a Sociology of Translation: Domestication of the Scallops and the Fishermen of St. Brieuc Bay. In *Power, Action, and Belief: A New*

Sociology of Knowledge? John Law (ed.), pp. 196-233. London: Routledge and Kegan Paul.

——— 2012 Society in the Making: The Study of Technology as a Tool for Sociological Analysis. In *The Social Construction of Technological Systems: New Directions in the Sociological and History of Technology* (Anniversary Edition). Wiebe E. Bijker, Thomas P. Hughes, and Trevor Pinch (eds.), pp. 77-97. Cambridge, Mass.: MIT Press.

Cambrosio, Alberto and Peter Keating 1995 *Exquisite Specificity: The Monoclonal Antibody Revolution.* New York and Oxford: Oxford University Press.

Carrabine, Eamonn, Paul Iganski, Maggy Lee, Ken Plummer, and Nigel South 2004 *Criminology: A Sociological Introduction.* London: Routledge.

Carracedo, Angel, Marı´a Sol Rodriguez-Calvo, Carmela Pestoni, Marı´a Victoria Lareu, Susana Bellas, Antonio Salas, and Francisco Barros 1997 Forensic DNA Analysis in Europe: Current Situation and Standardization Efforts, *Forensic Science International* 86(1-2): 87-102.

Castel, Patrick 2009 What's Behind a Guideline?: Authority, Competition and Collaboration in the French Oncology Sector. *Social Studies of Science* 39(5): 743-764.

Cole, Simon A. 1998 Witnessing Identities: Latent Fingerprinting Evidence and Expert Knowledge. *Social Studies of Science* 28(5-6): 687-712.

——— 2001 *Suspect Identities: A History of Fingerprinting and Criminal Identification.* Cambridge, Mass.: Harvard University Press.

——— 2005 A Surfeit of Science: The 'CSI Effect' and the Media Appropriation of the Public Understanding of Science. *Public Understanding of Science* 24(2): 130-46.

Collins, Harry M. 1990 *Artificial Experts: Social Knowledge and Intelligent Machines.* . Cambridge, Mass.: MIT Press.

——— 1992 *Changing Order: Replication and Induction in Scientific Practice.* Chicago: University of Chicago Press.

Collins, Harry M. and Martin Kusch 1998 *The Shape of Actions: What Humans and Machine Can Do.* Cambridge, Mass.: MIT Press.

Coopmans, Catelijne, Connor Graham, and Haslina Hamzah 2012 The Lab, the Clinic, and the Image: Working on Translational Research in Singapore's Eye Care Realm. *Science, Technology and Society* 17(1): 57-77.

Cordiner, Steve J., SallyAnn Harbison, Sue K. Vintiner, and Wayne Chisnall 2003 A

Brief History of Forensic DNA Testing in New Zealand. *New Zealand Science Review* 60(1): 39–42.

Council of Europe, Committee of Ministers 1992 *Recommendation* No. R(92):1. (https://rm.coe.int/CoERMPublicCommonSearchServices/DisplayDCTMContent?documentId=09000016804e54f7 2016/11/06 確認).

Cyriax, Oliver 2005 *The Encyclopedia of Crime: Revised and Updated by Colin and Damon Wilson*. Prahan, Vic.: Hardie Grant.

Dale, W. Mark and Wendy S. Becker 2007 *The Crime Scene: How Forensic Science Works*. New York: Kaplan.

Daston, Lorraine and Peter Galison 2007 *Objectivity*. New York: Zone books.

Demeritt, David 2006 Science Studies, Climate Change and the Prospects for Constructivist Critique. *Economy and Society* 35(3): 453–479.

Derksen, Linda 2000 Towards a Sociology of Measurement: The Meaning of Measurement Error in the Case of DNA Profiling. *Social Studies of Science* 30(6): 803–845.

Dijk, Ted Van and Paul Sheldon 2004 Physical Comparison Evidence. In *The Practice of Crime Scene Investigation*. John Horswell (ed.), pp. 361–385. Boca Raton, Fla. and London: CRC Press.

Doak, Stephen and Dimitris Assimakopoulos 2007 How Forensic Scientists Learn to Investigate Cases in Practice. *R&D Management* 37(2): 113–122.

独立行政法人製品評価技術基盤機構認定センター 2007 「JIS Q 17025 (ISO/IEC 17025 (IDT)) 試験所及び校正機関の能力に関する一般要求事項の理解のために——試験所・校正機関及び認定審査員のための解説（第 6 版）」(http://www.nite.go.jp/data/000001799.pdf 2016/11/06 確認).

Dolby, R. G. A. 1979 Reflections on Deviant Science. In *On the Margins of Science: The Social Construction of Rejected Knowledge*. Roy Wallis (ed.). Keele: University of Keele.（高田紀代志・杉山滋郎・下坂英・横山輝雄・佐藤正博訳 1986 「逸脱科学に関する考察」『排除される知』ロイ・ウォリス（編），pp. 305–374，青土社.

Donald, A. 2001 The Wal-Marting of American Psychiatry: An Ethnography of Psychiatric Practice in the Late 20th Century. *Culture, Medicine and Psychiatry* 25(4): 427–439.

Doyle, Julie 2007 Picturing the Clima(c)tic: Greenpeace and the Representational Politics of Climate Change Communication. *Science as Culture* 16(2): 129–150.

Duncker, Elke　2001　Symbolic Communication in Multidisciplinary Cooperations. *Science, Technology, and Human Values* 26(3): 349–386.

Dunsby, Joshua　2004　Measuring Environmental Health Risks: The Negotiation of a Public Right-to-know Law. *Science, Technology, and Human Values* 29(3): 269–290.

Durant, John　1993　What Is Scientific Literacy? In *Science and Culture in Europe*. John Durant and Jane Gregory (eds.), pp. 129–137. London: Science Museum.

Duster, Troy　2003　*Backdoor to Eugenics*. New York: Routledge.

Edmond, Gary　2004　Judging Facts: Managing Expert Knowledges in Legal Decision-making. In *Expertise in Regulation and Law*. Gary Edmond (ed.), pp. 136–165. Aldershot: Ashgate.

Eischen, Kyle　2001　Commercializing Iceland: Biotechnology, Culture, and Global-local Linkages in the Information Society. Center for Global, International and Regional Studies. (http://www.escholarship.org/uc/item/6kw524cr　2014/06/08 確認).

江間有沙　2013　「科学知の品質管理としてのピアレビューの課題と展望——レビュー」『科学技術社会論研究』10: 29–40.

Emsley, John　2008　*Molecules of Murder: Criminal Molecules and Classic Cases*. Cambridge: Royal Society of Chemistry. (山崎昶訳　2010　『殺人分子の事件簿——科学捜査が毒殺の真相に迫る』化学同人).

Engelhardt, H. Tristram and Arthur L. Caplan (eds.)　1987　*Scientific Controversies: Case Studies in the Resolution and Closure of Disputes in Science and Technology*. Cambridge: Cambridge University Press.

Erzinclioglu, Zakariah　2004　*Illustrated Guide to Forensics: True Crime Scene Investigations*. London: Carlton Books.

ESR (The Institute of Environmental Science and Research)　2009a　*Forensic Service Centre Method Manual* (Unpublished).

———　2009b　*Forensic Biology Procedures Manual* (Unpublished).

———　2009c　*Physical Evidence Method Manual* (Unpublished).

———　2011a　*Forensic Business Group Quality and Procedures Manual* (Unpublished).

———　2011b　*Physical Evidence Method Manual* (Unpublished).

———　2012　*ESR Annual Report 2011*. (http://www.esr.cri.nz/SiteCollectionDocuments/ESR/Corporate/PDF/ESRAnnualReport2011webversion.pdf　2014/08/23 確認).

——— 2013 *Protecting New Zealand's Health and Wellbeing: An Introduction to Our Work and People* (Unpublished).

——— 2014 *ESR Annual Report 2013.* (http://www.esr.cri.nz/SiteCollectionDocuments/ESR/Corporate/PDF/ESR_ANNUAL_Report2013_web.pdf 2014/08/23 確認).

——— 2015a *DNA Techniques Available for Use in Forensic Case Work.* (http://www.esr.cri.nz/assets/FORENSIC-CONTENT/Images-and-PDFs/DNA-techniques-for-use-in-Forensic-casework-PUBLIC-WEB.pdf 2016/12/12 確認).

——— 2015b *ESR's Laser Scanning Technology.* (http://www.esr.cri.nz/assets/FORENSIC-CONTENT/Images-and-PDFs/ESR-laser-scanning-intro.pdf 2016/12/12 確認).

——— 2016 *Access to STRmix™ Software by Defence Legal Teams.* (http://strmix.esr.cri.nz/assets/Uploads/Defence-Access-to-STRmix-April-2016.pdf 2016/07/31 確認).

Evett, Ian W. 1991 Interpretation: A Personal Odyssey. In *The Use of Statistics in Forensic Science.* Collin G. G. Aitken and David A. Stoney (eds.), pp. 9–22. Boca Raton, Fla. and London: CRC Press.

——— 1998 Towards a Uniform Framework for Reporting Opinions in Forensic Science Casework. *Science and Justice* 38(3): 198–202.

Evett, I. W., G. Jackson, J. A. Lambert, and S. McCrossan 2000 The Impact of the Principles of Evidence Interpretation on the Structure and Content of Statements. *Science and Justice* 40(4): 233–239.

Faulds, Henry 1880 On the Skin-furrows of the Hand. *Nature* 22: 605.

Fortun, Michael and Everett Mendelsohn (eds.) 1999 *The Practices of Human Genetics.* Dordrecht: Kluwer Academic Publishers.

Fox, Nick J. 2011 Boundary Objects, Social Meanings and the Success of New Technologies, *Sociology* 45(1): 70–85.

Freckelton, Ian and Hugh Selby 2009 *Expert Evidence: Law, Practice, Procedure and Advocacy* (4th Edition). Sydney: Thompson Reuters.

Frederiksen, Soren 2012 The National Academy of Sciences, Canadian DNA Jurisprudence and Changing Forensic Practice. *Manitoba Law Journal* 35(1): 111–141.

French, Anne and Richard Norman 1999 *Delivering a Science Business: How ESR, a Provider of Specialist Scientific Services, Manages Its Relationship with Clients and*

Develops a Viable Business. Wellington: Victoria University of Wellington.
Friedlander, Michael W. 1995 *At the Fringes of Science.* Boulder: Westview Press.（田中嘉津夫・久保田裕訳 1997『きわどい科学――ウソとマコトの境域を探る』白揚社）.
Fuchs, Stephan 1992 *The Professional Quest for Truth: A Social Theory of Science and Knowledge.* Albany: SUNY Press.
藤垣裕子 2005a 「〈固い〉科学観再考――社会構成主義の階層性」『思想』5: 7-47.
――― （編） 2005b 『科学技術社会論の技法』東京大学出版会.
藤垣裕子・廣野喜幸（編） 2008 『科学コミュニケーション論』東京大学出版会.
Fujimura, Joan H. 1992 Crafting Science: Standardized Packages, Boundary Objects, and "Translation". In *Science as Practice and Culture.* Andrew Pickering (ed.), pp. 168-211. Chicago: University of Chicago Press.
――― 1996 *Crafting Science: A Sociology of the Quest for the Genetics of Cancer.* Cambridge, Mass.: Harvard University Press.
藤山秋佐夫 1996a 「ゲノムを考える」『ゲノム生物学』藤山秋佐夫・松原謙一（編）, pp. 1-14, 共立出版.
――― 1996b 「ヒトゲノム計画」『ゲノム生物学』藤山秋佐夫・松原謙一（編）, pp. 55-79, 共立出版.
藤山秋佐夫・松原謙一（編） 1996 『ゲノム生物学』共立出版.
福島真人 2001 『暗黙知の解剖――認知と社会のインターフェイス』金子書房.
――― 2009a 「リサーチ・パス分析――科学的実践のミクロ戦略について」『日本情報経営学会誌』29(2): 26-35.
――― 2009b 「知識移転の神話と現実――バイオ系ラボでの観察から」『研究技術計画』24(2): 163-171.
――― 2010 『学習の生態学――リスク・実験・高信頼性』東京大学出版会.
――― 2011a 「組織としてのラボラトリー――科学のダイナミズムの民族誌」『組織科学』44(3): 37-52.
――― 2011b 「ラボと政策の間――ケミカル・バイオロジーにみる研究, 科学共同体, 行政」『科学技術社会論研究』8: 96-112.
――― 2012 「因果のネットワーク――複雑なシステムにおける原因認識の諸問題」『日本情報経営学会誌』32(2): 3-12.
――― 2013a 「臨床実践現場における科学とは」『理学療法学』40(1): 50-55.
――― 2013b 「科学の防御システム――組織論的『指標』としての捏造問題」『科学

技術社会論研究』10: 69–81.
Fukushima, Masato 2013 Between the Laboratory and the Policy Process: Research, Scientific Community, and Administration in Japan's Chemical Biology. *East Asian Science, Technology and Society: An International Journal* 7: 7–33.
——— 2016 Constructing Failure in Big Biology: The Socio-technical Anatomy of Japan's Protein 3000 Project. *Social Studies of Sciences* 46(1): 7–33.
船山信次 2008 『毒と薬の世界史——ソクラテス，錬金術，ドーピング』中央公論新社.
古畑種基 1959 『法医学ノート』中央公論社.
古川安 1989 『科学の社会史——ルネサンスから20世紀まで（増訂版）』南窓社.
Galbreath, Ross 1998 *DSIR: Making Science Work for New Zealand*. Wellington: Victoria University Press.
Galison, Peter 1997 *Image and Logic*. Chicago: University of Chicago Press.
現代化学編集グループ 2013 「アカデミックの分析化学と科学鑑定の違い——元科学警察研究所副所長瀬田季茂博士に聞く」『現代化学8月号』509: 32–34.
Gerber, Samuel M. 1983 A Study in Scarlet: Blood Identification in 1875. In *Chemistry and Crime from Sherlock Holmes to Today's Courtroom*. Samuel M. Gerber (ed.), Washington, D. C.: American Chemical Society.（山崎昶訳 1986 「緋色の研究——1875年における血液同定」『化学と犯罪』サミュエル M. ガーバー（編），pp. 61–69，丸善.
Gieryn, Thomas F. 1983 Boundary-work and the Demarcation of Science from Non-science: Strains and Interests in Professional Ideologies of Scientists. *American Sociological Review* 48(6): 781–795.
Gilbert, Walter 1991 Towards a Paradigm Shift in Biology. *Nature* 349: 99.
Gillispie, Charles Coulston 1960 *The Edge of Objectivity: An Essay in the History of Scientific Ideas*. Princeton, N. J.: Princeton University Press.
Goff, M. Lee 2000 *A Fly for the Prosecution: How Insect Evidence Helps Solve Crimes*. Cambridge, Mass.: Harvard University Press.（垂水雄二訳 2002 『死体につく虫が犯人を告げる』草思社）.
Gould, Stephen Jay 1995 Ladders and Cones: Constraining Evolution by Canonical Icons, In *Hidden Histories of Science*. Robert B. Silvers (ed.), New York Review of Books.（渡辺政隆・大木奈保子訳 1997 「梯子図と逆円錐形図——進化観を歪める図像」『消された科学史』ロバート・シルヴァーズ（編），pp. 43–77，みすず書房）.

Grace, Victoria, Gerald Midgley, Johanna Veth, and Annabel Ahuriri-Driscoll 2011 *Forensic DNA Evidence on Trial: Science and Uncertainty in the Courtroom*. Arizona: Emergent Publications.

Grierson, Philip J. Hamilton 1903 *The Silent Trade : A Contiribution to the Early History of Human Intercourse*. Edinburgh: W. Green and Sons.（中村勝訳 1997『沈黙交易——異文化接触の原初的メカニズム序説』ハーベスト社）.

Gross, Hans 1906 *Criminal Investigation: A Practical Handbook for Magistrates, Police Officers, and Lawyers*. Madras: Krishnamachari.

Hackett, Edward J., Olga Amsterdamska, Michael Lynch, and Judy Wajcman（eds.） 2008 *The Handbook of Science and Technology Studies: Third Edition*. Cambridge, Mass.: MIT Press.

Hacking, Ian 1999 *The Social Construction of What?* Cambridge, Mass.: Harvard University Press.（出口康夫・久米暁訳 2006『何が社会的に構成されるのか』岩波書店）.

Halfon, Saul 1998 Collecting, Testing and Convincing: Forensic DNA Experts in the Courts. *Social Studies of Science* 28(5-6): 801-828.

Halpern, Megan K. 2012 Across the Great Divide: Boundaries and Boundary Objects in Art and Science, *Public Understanding of Science* 21(8): 922-937.

Hamlin, Christopher 2013 Forensic Cultures in Historical Perspective: Technologies of Witness, Testimony, Judgment（and Justice?）. *Studies in History and Philosophy of Biological and Biomedical Sciences* 44(1): 4-15.

Harbison, SallyAnn and Jo-Anne Bright New Zealand's DNA Profile Databank: Celebrating 20 Years of Success.（http://www.esr.cri.nz/assets/ABOUT-ESR-CONTENT/Images/SallyAnn-Harbison-PRINT.pdf 2016/11/06確認）.

Harriman, Norman F. 1928 *Standards and Standardization*. New York: McGraw-Hill Book.

Harris, Chad Vincent 2011 Technology and Transparency as Realist Narrative. *Science, Technology, and Human Values* 36(1): 82-107.

橋本一径 2010『指紋論——心霊主義から生体認証まで』青土社.

橋本毅彦 2013『「ものづくり」の科学史——世界を変えた〈標準革命〉』講談社.

林真理・廣野喜幸 2002「近代生物学の思想的・社会的成立条件」『生命科学の近現代史』廣野喜幸・市野川容孝・林真理（編），pp. 1-34，勁草書房.

Hedgecoe, Adam and Paul Martin 2003 The Drugs Don't Work: Expectations and

the Shaping of Pharmacogenetics. *Social Studies of Science* 33(3): 327-364.

——— 2008 Genomics, STS, and the Making of Sociotechnical Futures. In *The Handbook of Science and Technology Studies: Third Edition*. Edward J. Hackett, Olga Amsterdamska, Michael Lynch, and Judy Wajcman (eds.), pp. 817-839. Cambridge, Mass.: MIT Press.

Heinrick, Jeffrey 2006 Everyone's an Expert: The CSI Effect's Negative Impact on Juries. *The Triple Helix* Fall: 59-61.

Heller, Chaia and Arturo Escobar 2003 From Pure Genes to GMOs: Transnationalized Gene Landscapes in the Biodiversity and Transgenic Food Networks. In *Genetic Nature/Culture: Anthropology and Science beyond the Two-culture Divide*. Alan H. Goodman, Deborah Heath, and M. Susan Lindee (eds.), pp. 155-175. Berkeley, CA: University of California Press.

Helm, Devon 2015 *Digesting the Double Helix: Receptions and Misconceptions of DNA Evidence in the New Zealand Criminal Trial* (Bachelor Dissertation).

Herschel, William J. 1880 Skin Furrows of the Hand. *Nature* 23: 76.

Hicks, Diana 1992 Instrumentation, Interdisciplinary Knowledge, and Research Performance in Spin Glass and Superfluid Helium Three, *Science, Technology, and Human Values* 17(2): 180-204.

Hilgartner, Stephen 1995 The Human Genome Project. In *Handbook of Science and Technology Studies: Revised Edition*. Sheila Jasanoff, Gerald E. Markle, James C. Petersen, and Trevor Pinch (eds.), pp. 302-315. Thousand Oaks and London: Sage.

Hindmarsh, Richard and Barbara Prainsack (eds.) 2010 *Genetic Suspects: Global Governance of Forensic DNA Profiling and Databasing*. Cambridge: Cambridge University Press.

平川秀幸 2002 「実験室の人類学――実践としての科学と懐疑主義批判」『科学論の現在』金森修・中島秀人（編），pp. 23-62，勁草書房.

廣重徹 2008 『近代科学再考』筑摩書房.

久岡康成 2005 「当事者主義と弾劾主義の交錯」『立命館法学』2/3: 417-437.

Hogle, Linda F. 2008 Emerging Medical Technologies. In *The Handbook of Science and Technology Studies: Third Edition*. Edward J. Hackett, Olga Amsterdamska, Michael Lynch, and Judy Wajcman (eds.), pp. 841-873. Cambridge, Mass.: MIT Press.

Hollein, Harry 2002 *Forensic Voice Identification*. London: Academic Press.

Horswell, J. and M. Edwards　1997　Development of Quality Systems Accreditation for Crime Scene Investigators in Australia. *Science and Justice* 37(1): 3-8.

Houck, Max M.　2007　*Forensic Science: Modern Methods of Solving Crime.* Westport, CT: Praeger.

法科学鑑定研究所　2009　『犯人は知らない科学捜査の最前線！』メディアファクトリー.

Hubbard, By Ruth and Elijah Wald　1999　*Exploding the Gene Myth: How Genetic Information is Produced and Manipulated by Scientists, Physicians, Employers, Insurance Companies, Educators, and Law Enforcers* (2nd edition). Boston: Beacon Press.（佐藤雅彦訳　2000　『遺伝子万能神話をぶっとばせ――科学者・医者・雇用主・保険会社・教育者および警察や検察は，遺伝がらみの情報をどのように生産し，操作しているか』東京書籍）.

Huber, Peter W.　1993　*Galileo's Revenge: Junk Science in the Courtroom* (Reprint Edition). New York: Basic Books.

Hughes, Thomas P.　2012　The Evolution of Large Technological Systems. In *The Social Construction of Technological Systems: New Directions in the Sociological and History of Technology* (Anniversary Edition). Wiebe E. Bijker, Thomas P. Hughes, and Trevor Pinch (eds.), pp. 45-76. Cambridge, Mass.: MIT Press.

Hughson, W. G. M. and A. J. Ellis　1981　*A History of Chemistry Division.* (Unpublished).

井田良　2006　『基礎から学ぶ刑事法（第３版）』有斐閣.

今村核　2012　『冤罪と裁判』講談社.

伊勢田哲治　2011　「疑似科学をめぐる科学者の倫理」『社会と倫理』25: 101-119.

石塚道子　1987　「クレオール語」『文化人類学事典　縮刷版』石川栄吉・梅棹忠夫・大林太良・蒲生正男・佐々木高明・祖父江孝男（編），p. 236，弘文堂.

井山弘幸・金森修　2000　『現代科学論――科学をとらえ直そう』新曜社.

Jasanoff, Sheila　1997　*Science at the Bar: Law, Science, and Technology in America.* Cambridge, Mass.: Harvard University Press.

――― 1998　The Eye of Everyman: Witnessing DNA in the Simpson Trial. *Social Studies of Science* 28(5-6): 713-740.

――― 2008　Making Order: Law and Science in Action. In *The Handbook of Science and Technology Studies: Third Edition.* Edward J. Hackett, Olga Amsterdamska, Michael Lynch, and Judy Wajcman (eds.), pp. 761-786. Cambridge, Mass.: MIT

Press.
Jeffrey, Paul　2003　Smoothing the Waters: Observation on the Process of Cross-disciplinary Research Collaboration. *Social Studies of Science* 33(4): 539-562.
Jeffreys, Alec J., Victoria Wilson, and Swee Lay Thein　1985　Hypervariable "Minisatellite" Regions in Human DNA. *Nature* 314: 67-73.
Jeffreys, Harold　1961　*Theory of Probability* (Third Edition). Oxford: Oxford University Press.
地引嘉博　1984　『現代ニュージーランド――その歴史を創った人びと』サイマル出版会.
Johnson, Paul, Robin Williams, and Paul Martin　2003　Genetics and Forensics: Making the National DNA Database. *Science Studies* 16(2): 22-37.
Jordan, Kathleen and Michael Lynch　1992　The Sociology of a Genetic Engineering Technique: Ritual and Rationality in the Performance of the Plasmid Prep. In *The Right Tool for the Job: At Work in Twentieth-century Life Science*. Adele E. Clarke and Joan H. Fujimura (eds.), pp. 77-114. Princeton, N. J.: Princeton University Press.
――― 1998　The Dissemination, Standardization and Routinization of a Molecular Biological Technique. *Social Studies of Science* 28(5-6): 773-800.
鎌谷直之　2007　『遺伝統計学入門』岩波書店.
勝又義直　2005　『DNA 鑑定――その能力と限界』名古屋大学出版会.
――― 2008　「裁判所における科学鑑定の評価について」『日本法科学技術学会誌』13(1): 1-6.
川端博（監修）　1997　『拷問の歴史――ヨーロッパ中世犯罪博物館』河出書房新社.
Kaye, Brian H.　1995　*Science and the Detective: Selected Reading in Forensic Science*. Weinheim and New York: Wiley-VCH.（二階堂黎人（監修）　1996　『最後の名探偵――科学捜査ファイル』原書房）.
Kay, Lily E.　1999　In the Beginning Was the Word: The Genetic Code and the Book of Life. In *The Science Studies Reader*. Mario Biagioli (ed.), pp. 224-233. New York: Routledge.
Keating, Peter and Alberto Cambrosio　2003　*Biomedical Platforms: Realigning the Normal and the Pathological in Late-Twentieth-Century Medicine*. Cambridge, Mass.: MIT Press.
「計測技術」編集委員会　2008　『食品の安全・安心を守る分析・評価技術：食品分析・

評価装置のすべてがわかる』日本工業出版.

Keller, Evelyn Fox　2000　*The Century of the Gene*. Cambridge, Mass.: Harvard University Press.（長野敬・赤松眞紀訳　2001　『遺伝子の新世紀』青土社）.

菊池聡　2012　『なぜ疑似科学を信じるのか――思い込みが生み出すニセの科学』化学同人.

King, Michael　2003　*The Penguin History of New Zealand*. Penguin Books.

Kirk, Paul　1963　Criminalistics: A New and Independent Discipline Evolves from Modern Techniques and New Concepts of Individualization. *Science* 140: 367–370.

Kirschner, Suzanne R. and William S. Lachicotte　2001　Managing Managed Care: Habitus, Hysteresis and the End(s) of Psychotherapy. *Culture, Medicine and Psychiatry* 25(4): 441–456.

Klein, Julie T.　1990　*Interdisciplinarity: History, Theory, and Practice*. Detroit: Wayne State University Press.

Kleinman, Daniel Lee　2003　*Impure Cultures: University Bioloy and the World of Commece*. Madison, Wis.: University of Wisconsin Press.

Knorr-Cetina, Karin　1981　*The Manufacture of Knowledge: An Essay on the Constructivist and Contextual Nature of Science*. Oxford: Pergamon Press.

———　1991　Epistemic Cultures: Forms of Reason in Science. *History of Political Economy* 23 (1): 105–122.

———　1995　Laboratory Studies: The Cultural Approach to the Study of Science. In *Handbook of Science and Technology Studies: Revised Edition*. Sheila Jasanoff, Gerald E. Markle, James C. Petersen, and Trevor Pinch (eds.), pp. 140–166. Thousand Oaks and London: Sage.

———　1999　*Epistemic Cultures: How the Sciences Make Knowledge*. Cambridge, Mass.: Harvard University Press.

Kruse, Corinna　2010　Forensic Evidence: Materializing Bodies, Materializing Crimes. *European Journal of Women's Studies* 17(4): 363–377.

———　2012　Legal Storytelling in Pre-trial Investigation: Arguing for a Wider Perspective on Forensic Evidence. *New Genetics and Society* 31(3): 299–309.

———　2013　The Bayesian Approach to Forensic Evidence: Evaluating, Communicating, and Distributing Responsibility. *Social Studies of Science* 43(5): 657–680.

Kuhn, Thomas S.　1962　*The Structure of Scientific Revolutions*. Chicago: University of Chicago Press.（中山茂訳　1971　『科学革命の構造』みすず書房）.

Kula, Witold　1986　*Measures and Men*. Princeton, N. J.: Princeton University Press.

栗本慎一郎　1979　『経済人類学』東洋経済新報社.

Lane, Brian　1992　*The Encyclopedia of Forensic Science*. London: BCA.

Latour, Bruno　1987　*Science in Action: How to Follow Scientists and Engineers through Society*. Cambridge, Mass.: Harvard University Press.（川崎勝・高田紀代志訳　1999『科学が作られているとき——人類学的考察』産業図書）.

———　1991　*Nous N'Avons Jamais Eté Modernes: Essai d'anthropologie Symétrique*, Paris: La Découverte.（川村久美子訳　2008「解題」『虚構の「近代」——科学人類学は警告する』新評論）.

Latour, Bruno and Steve Woolgar　1986　*Laboratory Life: The Construction of Scientific Facts*（First Princeton Printing）. Princeton, N. J.: Princeton University Press.

Lave, Jean and Etienne Wenger　1991　*Situated Learning: Legitimate Peripheral Participation*. Cambridge: Cambridge University Press.（佐伯胖訳，福島真人（解説）2004『状況に埋め込まれた学習——正統的周辺参加』産業図書）.

Law, John　2012　Technology and Heterogeneous Engineering: The Case of Portuguese Expansion. In *The Social Construction of Technological Systems: New Directions in the Sociological and History of Technology*（Anniversary Edition）. Wiebe E. Bijker, Thomas P. Hughes, and Trevor Pinch（eds.）, pp. 105-127. Cambridge, Mass.: MIT Press.

Law, John and Rob Williams　1982　Putting Facts Together: A Study of Scientific Persuasion. *Social Studies of Science* 12(4): 535-558.

Leary, Gordon　1985　The Role of DSIR in Forensic Science. In *The Expert Witness: The Interface between the Expert and the Law*. The University of Auckland, Centre for Continuing Education（ed.）, pp. 119-136. Auckland: The Centre.

Leonelli, Sabina　2012　When Humans Are the Exception: Cross-species Databases at the Interface of Biological and Clinical Research. *Social Studies of Science* 42(2): 214-236.

Leslie, Myles　2010　Quality Assured Science: Managerialism in Forensic Biology. *Science, Technology, and Human Values* 35(3): 283-306.

Lezaun, Javier　2006　Creating a New Object of Government: Making Genetically Modified Organisms Traceable. *Social Studies of Science* 36(4): 499-531.

Linacre, Adrian　2013　Towards a Research Culture in the Forensic Sciences. *Australian Journal of Forensic Sciences* 45(4): 381-388.

Livingstone, David N.　2003　*Putting Science in Its Place: Geographies of Scientific Knowledge*. Chicago: University Of Chicago Press.（梶雅範・山田俊弘訳　2014　『科学の地理学――場所が問題になるとき』法政大学出版局）.

Lucy, David　2005　*Introduction to Statistics for Forensic Scientists*. Chichester: John Wiley and Sons.

Lundy v R [2014] NZCA 576.

Lynch, Michael　1985　*Art and Artifact in Laboratory Science: A Study of Shop Work and Shop Talk in a Research Laboratory*. London: Routledge Kegan and Paul.

――― 1998　The Discursive Production of Uncertainty: The OJ Simpson "Dream Team" and the Sociology of Knowledge Machine. *Social Studies of Science* 28(5-6): 829-868.

――― 2013　Science, Truth, and Forensic Cultures: The Exceptional Legal Status of DNA Evidence. *Studies in History and Philosophy of Biological and Biomedical Sciences* 44(1): 60-70.

Lynch, Michael and Ruth McNally　2005　Chains of Custody: Visualization, Representation, and Accountability in the Processing of Forensic DNA Evidence. *Communication and Cognition* 38(3-4): 297-318.

Lynch, Michael and Sheila Jasanoff　1998　Contested Identities: Science, Law and Forensic Practice. *Social Studies of Science* 28(5-6): 675-686.

Lynch, Michael and Simon A. Cole　2005　Science and Technology Studies on Trial: Dilemmas of Expertise. *Social Studies of Science* 35(2): 269-311.

Lynch, Michael, Simon A. Cole, Ruth McNally, and Kathleen Jordan　2008　*Truth Machine: The Contentious History of DNA Fingerprinting*. Chicago: University of Chicago Press.

前川啓治　2005　「解説　オーストラリア・ニュージーランド」『講座　世界の先住民族，ファースト・ピープルズの現在――09 オセアニア』綾部恒雄（監修），前川啓治・棚橋訓（編），pp. 18-29，明石書店.

Mahoney, Richard, Elisabeth McDonald, Scott Optiocan, and Yvette Tinsley　2010　*The Evidence Act 2006: Act and Analysis, Second Edition*. Wellington: Brookers.

――― 2014　*The Evidence Act 2006: Act and Analysis, Third Edition*. Wellington: Brookers .

Malinowski, Bronislaw　1926　*Crime and Custom in Savage Society*. London: Kegan Paul, Trench, Trubner.（青山道夫訳　2002　『未開社会における犯罪と慣習　付文化

論　新版』新泉社).
Malkoc, Ekrem and Wim Neuteboom　2006　The Current Status of Forensic Science Laboratory Accreditation in Europe. *Forensic Science International* 167: 121-126.
Marie, Jenny　2008　For Science, Love and Money: The Social Worlds of Poultry and Rabbit Breeding in Britain, 1900-1940, *Social Studies of Science* 38(6): 919-936.
Marriner, Brian　1991　*Forensic Clues to Murder: Forensic Science in the Art of Crime Detection*. Arrow Books Limited.
松本三和夫　1998　『科学技術社会学の理論』木鐸社.
McGoey, Linsey　2009　Pharmaceutical Controversies and the Performative Value of Uncertainty. *Science as Culture* 18(2): 151-164.
McGrayne, Sharon Bertsch　2011　*The Theory That Would Not Die: How Bayes' Rule Cracked the Enigma Code, Hunted Down Russian Submarines, and Emerged Triumphant from Two Centuries of Controversy*. New Haven, Conn.: Yale University Press. (冨永星訳　2013　『異端の統計学ベイズ』草思社).
Merton, Robert King　1949　*Social Theory and Social Structure: Toward the Codification of Theory and Research*. New York: Free Press. (森東吾・森好夫・金沢実・中島竜太郎訳　1961　『社会理論と社会構造』みすず書房).
Micklos, David, Greg Freyer, and Crotty, David A.　2003　*DNA Science: A First Course* (2nd Edition). New York: Cold Spring Harbor Laboratory Press. (清水信義・蓑島伸生・工藤純監訳　2006　『DNA サイエンス（第 2 版)』医学書院).
Miller, Hugh　1998　*Forensic Fingerprints: Remarkable Real-Life Murder Cases Solved by Forensic Detection*. London: Headline.
宮尾龍蔵　2001　「ニュージーランド」『経済の発展・衰退・再生に関する研究会報告書』pp. 190-210, 財務総合政策研究所. (http://www.mof.go.jp/pri/research/conference/zk051/zk051i.pdf　2014/09/30 確認).
宮武公夫　2007　「序――科学技術の人類学へ向けて」『文化人類学』71(4): 483-490.
溝口元・松永俊男　2005　『生物学の歴史』放送大学.
Mnookin, Jennifer L., Simon A. Cole, Intiel E. Dror, Barry A. J. Fisher, Max M. Houck, Keith Inman, David H. Kaye, Jonathan J. Koehler, Glenn Langenburg, D. Michael Risinger, Norah Rudin, Jay Siegel, and David A. Stoney　2011　The Need for a Research Culture in the Forensic Science. *58 UCLA Law Review* 725: 725-779.
森炎　2014　『教養としての冤罪論』岩波書店.
森島恒雄　1975　『魔女狩り』岩波書店.

村松秀　2006　『論文捏造』中央公論新社.
邑本俊亮　2005　「認知地図」『認知心理学キーワード』森敏昭・中條和光（編），pp. 102-103，有斐閣.
Myers, Natasha　2008　Molecular Embodiments and the Body-work of Modeling in Protein Crystallography. *Social Studies of Science* 38(2): 163-199.
中村栄子・酒井忠雄・本水昌二・手嶋紀雄　2014　『環境分析化学』裳華房.
中村禎里　2013　『生物学の歴史』筑摩書房.
National Research Council　1992　*DNA Technology in Forensic Science.* Washington, DC: National Academies Press.
——　1996　*The Evaluation of Forensic DNA Evidence.* Washington, DC: National Academies Press.
——　2009　*Strengthening Forensic Science in the United States: A Path Forward.* Washington, DC: National Academies Press.
Nelkin, Dorothy (ed.)　1992　*Controversies: Politics of Technical Decisions.* Thousand Oaks and London: Sage.
Nelsen, Bonalyn J.　1997　Work as a Moral Act: How Emergency Medical Technicians Understand Their Work. In *Between Craft and Science: Technical Work in U. S. Settings.* Stephen R. Barley and Julian E. Orr (eds.), pp. 154-184, Ithaca, NY: Cornel University Press.
Nelson, Donald F.　1986　*The History of Forensic Science in New Zealand: Notes of a Lecture Given in 1986 at Chemistry Division.* (Unpublished).
根本光宏　1998a　「英国及びニュージーランドにおける国立試験研究機関の民営化について」『科学技術庁，科学技術政策研究所，調査資料；057』.（http://hdl.handle.net/11035/812　2014/06/06/確認）.
——　1998b　「諸外国における国立研究所の民営化の動きについて」『科学技術計画』13(1/2): 20-27.（http://ci.nii.ac.jp/els/110003775599.pdf?id=ART0004997606&type=pdf&lang=jp&host=cinii&order_no=&ppv_type=0&lang_sw=&no=1408761234&cp=　2014/08/23確認）.
Newton, Michael　2008　*The Encyclopedia of Crime Scene Investigation.* New York: Checkmark Books.
日本弁護士連合会人権擁護委員会（編）　1998　『DNA鑑定と刑事弁護』現代人文社.
日本生物物理学会（編）　2001　『新・生物物理の最前線——生命のしくみはどこまで解けたか』講談社.

ニュージーランド学会（編） 2007 『ニュージーランド百科事典』春風社.
New Zealand Helard 2015/04/01 Guilty for Second Time: Jury Finds Mark Lundy Killed His Wife and Daughter.（http://www.nzherald.co.nz/nz/news/article.cfm?c_id=1&objectid=11426348 2016/11/06 確認）.
——— 2015/04/15 Mark Lundy: What the Murder Trial Jury Did Not Know.（http://www.stuff.co.nz/dominion-post/news/67763653/mark-lundy-what-the-murder-trial-jury-did-not-know 2016/11/06 確認）.
——— 2015/04/16 Mark Lundy Pre-Trial Decision Divided Court of Appeal Judges.（http://www.stuff.co.nz/dominion-post/news/wellington/67797431/mark-lundy-pretrial-decision-divided-court-of-appeal-judges 2016/11/06 確認）
O'Brien, Bill 2007 *Invisible Evidence: Forensics in New Zealand*. Auckland: David Bateman.
O'Connell, Joseph 1993 Metrology: The Creation of Universality by the Circulation of Particulars. *Social Studies of Science* 23: 129–174.
荻野太司 2007a 「ニュージーランドの司法制度改革に関する序論的考察（一）——最高裁判所の設立をめぐって」『広島法学』30(4): 21–46.
——— 2007b 「マオリとニュージーランド陪審制度に関する一考察——歴史展開と陪審の構成の問題を中心に」『日本ニュージーランド学会誌』14: 40–51.
岡田良徳 2001 「デイヴィッド・ロンギ——反核政策の推進者・行革の責任者」『ニュージーランドの思想家たち』ニュージーランド研究同人会（編），pp. 155–179，論創社.
——— 2012 「ニュージーランドにおける経済展開の敏捷性と軌道修正の有効性——ニュージーランドからの教訓と課題」『「小さな大国」ニュージーランドの教えるもの——世界と日本を先導した南の理想郷』日本ニュージーランド学会・東北公益文科大学ニュージーランド研究所（編），pp. 109–131，論創社.
岡崎康司・隅藏康一（編） 2011 『理系なら知っておきたいラボノートの書き方 改訂版——論文作成，データ捏造防止，特許に役立つ書き方＋管理法がよくわかる！』羊土社.
O'Malley, Michael 1990 *Keeping Watch: A History of American Time*. New York: Viking.（高島平吾訳 1994 『時計と人間——アメリカの時間の歴史』晶文社）.
Orsman, Elizabeth and Harry Orsman 2003 *The New Zealand Dictionary*（2nd Edition, Reprinted）. Aukland: New House.
Ottinger, Gwen 2010 Buckets of Resistance: Standards and the Effectiveness of Citi-

zen Science. *Science, Technology, and Human Values* 35(2): 244–270.

Oudin, Bernard　2010　*Le Crime: Entre Horreur et Fascination*. Découvertes Gallimard. Paris: Gallimard.（河合幹雄（監修），遠藤ゆかり訳　2012『殺人の歴史』創元社）.

Owen, David　2004　*Hidden Evidence: Forty True Crimes and How Forensic Science Helped Solve Them*. London: New Burlington Books.

Paul, Philip　1990　*Murder under the Microscope: The Story of Scotland Yard's Forensic Science Laboratory*. London: Macdonald.

Pádár, Zsolt, Mónika Nogel, and Gábor Kovács　2015　Accreditation of Forensic Laboratories as a Part of the "European Forensic Science 2020" Concept in Countries of the Visegrad Group. *Forensic Science International: Genetics Supplement Series* 3: 412–413.

Paylor, Richard　2009　Questioning Standardization in Science. *Nature Methods* 6: 253–254.

Petty, JuLeigh and Carol A. Heimer　2011　Extending the Rails: How Research Reshapes Clinics. *Social Studies of Science* 41(3): 337–360.

Phillips, Christophe J.　2016　The Taste Machine: Sense, Subjectivity, and Statistics in the California Wine World. *Social Studies of Sciences* 46(3): 461–481.

Pinch, Trevor J. and Wiebe E. Bijker　2012　The Social Construction of Facts and Artifacts: Or How the Sociology of Science and the Sociology of Technology Might Benefit Each Other. In *The Social Construction of Technological Systems: New Directions in the Sociology and History of Science*. Wiebe E. Bijker, Thomas P. Hughes, and Trevor Pinch (eds.), pp. 11–44. Cambridge, Mass.: MIT Press.

Platt, Richard　2003　*Crime Scene: The Ultimate Guide to Forensic Science*. New York: Dorling Kindersley.

Polanyi, Michael　1966　*The Tacit Dimension*. Garden City, NY: Doubleday and Kegan.（佐藤敬三訳　1980『暗黙知の次元——言語から非言語へ』紀伊國屋書店）.

Popper, Karl　1959　*The Logic of Scientific Discovery*. London: Hutchinson.（大内義一・森博訳　1971・1972『科学的発見の論理』恒星社厚生閣）.

Porter, Glenn　2007　Visual Culture in Forensic Science. *Australian Journal of Forensic Sciences* 39(2): 81–91.

Porter, Theodore M.　1992　Quantification and the Accounting Ideal in Science. *Social Studies of Science* 22(4): 633–651.

Prainsack, Barbara and Martin Kitzberger 2009 DNA Behind Bars: Other Ways of Knowing Forensic DNA Technologies. *Social Studies of Science* 39(1): 51–79.

Pyrek, Kelly M. 2007 *Forensic Science under Siege: The Challenges of Forensic Laboratories and the Medico-legal Investigation System*. Amsterdam and Boston Elsevier Academic Press.

Rabeharisoa, Vololona and Michel Callon 2004 Patients and Scientists in French Muscular Dystrophy Research. In *States of Knowledge: The Co-Production of Science and Social Order*. Sheila Jasanoff (ed.), pp. 142–160. London and New York: Routledge.

Rabinow, Paul 1996 *Making PCR: A Story of Biotechnology*. Chicago: Chicago University Press.(渡辺政隆訳 1998 『PCR の誕生——バイオテクノロジーのエスノグラフィー』みすず書房).

Radcliffe-Brown, Alfred Reginald 1957 *A Natural Science of Society*. Glencoe IL.: Free Press.

Rajan, Kaushik Sunder 2006 *Biocapital: The Constitution of Postgenomic Life*. Durham: Duke University Press.(塚原東吾訳 2011 『バイオ・キャピタル——ポストゲノム時代の資本主義』青土社).

Redmayne, Mike, Paul Eoberts, Colin Aitken, and Graham Jackson 2011 Forensic Science Evidence in Question. *Criminal Law Review* 5: 347–356.

Ribeiro, Rodrigo 2007 The Language Barrier as an Aid to Communication. *Social Studies of Science* 37(4): 561–584.

Robins, Cynthia S., Suzanne R. Kirschner, and William S. Lachicotte 2001 Generating Revenues: Fiscal Changes in Public Mental Health Care and the Emergence of Moral Conflicts among Care-Givers. *Culture, Medicine and Psychiatry* 25(4): 457–466.

Rochlin, Gene I. 1996 Reliable Organizations: Present Research and Future Directions. *Journal of Contingencies and Crisis Management* 4(2): 55–59.

Rochlin, Gene I. and Alexandra von Meier 1994 Nuclear Power Operations: A Cross-cultural Perspective. *Annual Review of Energy and the Environment* 19: 153–187.

Rose, Nikolas 2007 *The Politics of Life Itself: Biomedicine, Power, and Subjectivity in the Twenty-first Century*. Princeton, N. J.: Princeton University Press.

Rose, Philip 2002 *Forensic Speaker Identification*. London and New York: Taylor

and Francis.
Roth, Wolff-Michael and Michael Bowen G.　2001　"Creative Solutions" and "Fibbing Results": Enculturation in Field Ecology. *Social Studies of Science* 31(4): 533-556.
榊佳之　2007　『ゲノムサイエンス――ゲノム解読から生命システムの解明へ』講談社.
Sandiford, Anna　2010　*Expert Witness*. Auckland: HarperCollins.
Sankoff, Peter　2007　Constituents in the Trial Process: the Evolution of the Common Law Criminal Trial in New Zealand. In *Criminal Justice in New Zealand*. Julia Tolmie and Warren Brookbanks (eds.), pp. 193-226. Wellington: LexisNexis.
笹倉香奈　2013　「科学的証拠の「科学化」に向けて――米国科学アカデミー報告書から何を学ぶべきか」『改革期の刑事法理論　福井厚先生古稀祝賀論文集』浅田和茂・葛野尋之・後藤昭・高田昭正・中川孝博（編），pp. 321-346，法律文化社.
佐島直子　2012　「変化するニュージーランド――「改革」の光と影，ボルジャー政権の7年間を中心に」『社会関係資本研究論集』3: 109-138.
Schneider, Peter M.　1998　DNA Databases for Offender Identification in Europe: The Need for Technical, Legal and Political Harmonisation. (https://www.promega.com/~/media/files/resources/conference%20proceedings/ishi%2002/oral%20presentations/11.pdf　2016/06/01 確認).
Schneider, Peter M. and Peter D. Martin　2001　Criminal DNA Databases: the European Situation. *Forensic Science International* 119(2): 232-238.
Schwartz, Adina　2005　A Systemic Challenge to the Reliability and Admissibility of Firearms and Toolmark Identification. *The Columbia Science and Technology Law Review* 4: 1-42.
Schweitzer, N. J. and Michael J. Saks　2007　The CSI Effect: Popular Fiction about Forensic Science Affects Public Expectations about Real Forensic Science. *Jurimetrics* 47: 357-364.
瀬川晃　1998　『犯罪学』成文堂.
瀬田季茂　2001　『科学捜査の事件簿――証拠物件が語る犯罪の真相』中央公論新社.
――――　2005　『続　犯罪と科学捜査――DNA型鑑定の歩み』東京化学同人.
瀬田季茂・井上堯子（編）　1998　『犯罪と科学捜査』東京化学同人.
Shapin, Steven　1989　The Invisible Technician. *American Scientist* 77(6): 554-563.
Shelton, Donald E., Young S. Kim, and Gregg Barak　2006　A Study of Juror Expectations and Demands Concerning Scientific Evidence: Does the "CSI Effect" Exist? *Vanderbilt Journal of Entertainment and Technology Law* 9: 331-368.

司法研修所（編） 2013 『科学的証拠とこれを用いた裁判の在り方』法曹会.
椎橋邦雄 1997 「アメリカ民事訴訟における専門家証人の証人適格」『早稲田大学法学』72(4): 187-202.
下坂英・杉山滋郎・高田紀 1987 『科学と非科学のあいだ——科学と大衆』木鐸社.
新村出（編） 1998 「ロット」『広辞苑 第五版』p. 2856, 岩波書店.
——— 2009a 「応用科学」『広辞苑 第六版』p. 355, 岩波書店.
——— 2009b 「ピペット」『広辞苑 第六版』p. 2385, 岩波書店.
Shostak, Sara 2005 The Emergence of Toxicogenomics: A Case Study of Molecularization. *Social Studies of Science* 35(3): 367-403.
Sims, Benjamin 2005 Safe Science: Material and Social Order in Laboratory Work. *Social Studies of Science* 35(3): 333-366.
Singleton, Vicky 1998 Stabilizing in Stabilities: The Role of the Laboratory in the United Kingdom Cervical Screening Programme. In *Differences in Medicine*. Marc Berg and Annemarie Mol (eds.), pp. 86-104. Durham: Duke University Press.
Sismondo, Sergio 2008 Science and Technology Studies and an Engaged Program. In *The Handbook of Science and Technology Studies: Third Edition*. Edward J. Hackett, Olga Amsterdamska, Michael Lynch, and Judy Wajcman (eds.), pp. 13-31. Cambridge, Mass: MIT Press.
——— 2010 *An Introduction to Science and Technology Studies: Second Edition*. West Sussex and Malden, MA.: Wiley-Blackwell.
Snow, Charles Percy 1993 *The Two Cultures*. Cambridge: Cambridge University Press.（松井巻之助訳 2011 『二つの文化と科学革命』みすず書房）.
Sommer, Marianne 2006 Mirror, Mirror on the Wall: Neanderthal as Image and "Distortion" in Early 20th-century French Science and Press. *Social Studies of Science* 36(2): 207-240
Sommerlund, Julie 2006 Classifying Microorganisms: The Multiplicity of Classifications and Research Practices in Molecular Microbial Ecology. *Social Studies of Science* 36(6): 909-928.
Star, Susan Leigh and James R. Griesemer1 1989 Institutional Ecology, "Translations" and Boundary Objects: Amateurs and Professionals in Berkeley's Museum of Vertebrate Zoology, 1907-39. *Social Studies of Science* 19(3): 387-420.
Star, Susan Leigh and Karen Ruhleder 1996 Steps Toward an Ecology of Infrastructure: Design and Access for Large Information Spaces, *Information Systems*

Research 7(1): 111-134.

Stuff 2015/04/25 Fresh Hope for Unsolved Cold Cases Is on Its Way as the DNA Profile Bank Turns 20. (http://www.stuff.co.nz/national/health/67924645/Fresh-hope-for-unsolved-cold-cases-is-on-its-way-as-the-DNA-profile-bank-turns-20 2016/11/06 確認).

杉山滋郎 2002 「科学教育——本当は何が問題か」『科学論の現在』金森修・中島秀人(編), pp. 91-115, 勁草書房.

Sundberg, Mikaela 2007 Parameterizations as Boundary Objects on the Climate Arena. *Social Studies of Science* 37(3): 473-488.

Swanson, Charles, Neil Chamelin, Territo Leonard, and Robert Taylor 2011 *Criminal Investigation: Eleventh Edition*. McGraw-Hill Education.

食の安全・安心と健康に関わるセンシング調査研究委員会(編) 2012 『食の安全・安心とセンシング——放射能問題から植物工場まで』共立出版.

高山淳司 1981 「ポパーにおける境界設定の問題」『奈良大学紀要』10: 121-128.

Taroni, Franco, Colin Aitken, Paolo Garbolino, and Alex Biedermann 2006 *Bayesian Networks and Probabilistic Inference in Forensic Science*. Chichester: John Wiley & Sons.

舘野義男 2008 『バイオインフォマティクス——生命情報学を考える』裳華房.

寺沢浩一 2000 『日常生活の法医学』岩波書店.

The Ministry of Research, Science and Technology 1994 *The Science System in New Zealand*. The Ministry of Research, Science and Technology.

Tiago, Moreira 2012 Health Care Standards and the Politics of Singularities: Shifting In and Out of Context. *Science, Technology, and Human Values* 37(4): 307-331.

徳永光 2002 「DNA 証拠の許容性——Daubert 判決の解釈とその適用」『一橋法学』1 (3): 807-860.

東京大学生命科学教科書編集委員会(編) 2011 『文系のための生命科学 第2版』羊土社.

Tousignant, Noemi 2013 Broken Tempos: Of Means and Memory in a Senegalese University Laboratory. *Social Studies of Science* 43(5): 729-753.

Traweek, Sharon 1992 *Beamtimes and Lifetimes: The World of High Energy Physicists*. Cambridge, Mass.: Harvard University Press.

内山常雄 2004 「線条痕の画像解析」『日本写真学会誌』67(4): 361-370.

Veth, Johanna and Gerald Midgley 2010 Finding the Balance: Forensic DNA Profil-

ing in New Zealand. In *Genetic Suspects: Global Governance of Forensic DNA Profiling and Databasing.* Richard Hindmarsh and Barbara Prainsack (eds.), pp. 288-308. Cambridge: Cambridge University Press.

和田明子　2007 『ニュージーランドの公的部門改革――New Public Management の検証』第一法規.

和田祐一　1987 「ピジン語」『文化人類学事典　縮刷版』石川栄吉・梅棹忠夫・大林太良・蒲生正男・佐々木高明・祖父江孝男（編），pp. 626-627，弘文堂.

Wargner, E. J.　2006　*The Science of Sherlock Holmes: From Baskerville Hall to the Valley of Fear, the Real Forensics Behind the Great Detective's Greatest Cases.* Hoboken, N. J.: Wiley.（日暮雅通訳　2009 『シャーロック・ホームズの科学捜査を読む――ヴィクトリア時代の法科学百科』河出書房新社）.

Waldby, Catherine　2001　Code Unknown: Histories of the Gene. *Social Studies of Science* 31(5): 779-791.

Wallis, Roy (ed.)　1979　*On the Margins of Science : The Social Construction of Rejected Knowledge.* Keele: University of Keele.（高田紀代志・杉山滋郎・下坂英・横山輝雄・佐藤正博訳　1986 『排除される知――社会的に認知されない科学』青土社）.

渡辺公三　2003 『司法的同一性の誕生――市民社会における個体識別と登録』言叢社.

Watson, James Deway and Francis Harry Compton Crick　1953　A Structure for Deoxyribose Nucleic Acid. *Nature* 171: 737-738.

Weaver, Roslyn, Yenna Salamonson, Jane Koch, and Glenn Porter　2012　The CSI Effect at University: Forensic Science Students' Television Viewing and Perceptions of Ethical Issues. *Australian Journal of Forensic Sciences* 44(4): 381-391.

Weinberg, Samantha　2003　*Pointing from The Grave: A True Story of Murder and DNA.* London: Hamish Hamilton.（戸根由紀恵訳　2004 『DNA は知っていた』文藝春秋）.

Williams, Robin and Paul Johnson　2008　*Genetic Policing: The Use of DNA in Criminal Investigations.* Cullompton and Portland: Willan Publishing.

Wilson-Wilde, M. Linzi, James Brandi, and Stephen J. Gutowski　2011　The Future of Forensic Science Standards. *Forensic Science International: Genetics Supplement Series* 2(1): e333-e334.

Woolgar, Steve　1988　*Science: The Very Idea.* London and New York: Routledge.

Wylie, Caitlin Donahue　2015　'The Artist's Piece is Already in the Stone': Constructing Creativity in Paleontology Laboratories. *Social Studies of Science* 45(1): 31-55.

Wynne, Brain　1995　Public Understanding of Science. In *Handbook of Science and Technology Studies: Revised Edition.* Sheila Jasanoff, Gerald E. Markle, James C. Peterson, and Trevor Pinch（eds.）, pp. 361–391. Thousand Oaks and London: Sage.

山村武彦　2006　『ポリグラフ鑑定——虚偽の精神生理学』誠信書房.

山内進　2000　『決闘裁判——ヨーロッパ法精神の原風景』講談社.

安田徳一　2010　『初歩からの集団遺伝学（第２版）』裳華房.

矢澤昇治（編）　2014　『再審と科学鑑定——鑑定で「不可知論」は克服できる』日本評論社.

Zeiss, Ragna and Peter Groenewegen　2009　Engaging Boundary Objects in OMS and STS? Exploring the Subtleties of Layered Engagement. *Organization* 16(1): 81–100.

Zenzen, Michael and Sal Restivo　1982　The Mysterious Morphology and Immiscible Liquids: A Study of Scientific Practice. *Social Science Information* 21(3): 447–473.

Zuiderent-Jerak, Teun　2007　Preventing Implementation: Exploring Intervention with Standardization in Healthcare. *Science as Culture* 16(3): 311–329.